高等院校计算机教育系列教材

局域网组建、管理与维护
(第 4 版)(微课版)

刘永华　赵艳杰　主　编

清华大学出版社
北京

内 容 简 介

本书较系统地介绍了局域网组建技术、管理技术以及网络系统维护技术等方面的内容，涵盖了计算机网络组建、管理与维护所需的相关知识。与第 3 版相比，本版删减了一些陈旧的理论知识，对部分知识点进行了优化整合，增加了一些局域网实用技术与案例，使知识体系更符合当前局域网的技术发展。

本书共分为 10 章，主要内容包括局域网设计与构建、计算机网络设备、交换技术及配置、路由技术及配置、无线局域网、搭建网络服务、网络互联、局域网安全技术、网络管理与维护技术、网络系统集成案例分析，另附有参考实验和工程项目训练。

本书内容系统完整、知识丰富、实用性强，是一本理论和实践相结合的技术书籍，适合高等院校计算机科学与技术专业、网络工程专业、通信工程专业、软件工程专业等电子信息类的本科生使用，也适合计算机、通信、系统集成等领域高职高专学生、成人教育学生以及相关科技人员使用。

图书在版编目(CIP)数据

局域网组建、管理与维护：微课版/刘永华，赵艳杰主编. —4 版. —北京：清华大学出版社，2023.1
（2025.6 重印）

高等院校计算机教育系列教材

ISBN 978-7-302-61766-2

Ⅰ. ①局… Ⅱ. ①刘… ②赵… Ⅲ. ①局域网—高等学校—教材 Ⅳ. ①TP393.1

中国版本图书馆 CIP 数据核字(2022)第 161837 号

责任编辑：石　伟
封面设计：杨玉兰
责任校对：徐彩虹
责任印制：曹婉颖
出版发行：清华大学出版社

    网　　　址：https://www.tup.com.cn, https://www.wqxuetang.com
    地　　　址：北京清华大学学研大厦 A 座　　　邮　　编：100084
    社 总 机：010-83470000　　　　　　　　　邮　　购：010-62786544
    投稿与读者服务：010-62776969, c-service@tup.tsinghua.edu.cn
    质量反馈：010-62772015, zhiliang@tup.tsinghua.edu.cn
    课件下载：https://www.tup.com.cn, 010-62791865
印 装 者：涿州市般润文化传播有限公司
经　　销：全国新华书店
开　　本：185mm×260mm　　　印　张：18.75　　　字　数：454 千字
版　　次：2006 年 6 月第 1 版　2023 年 1 月第 4 版　　印　次：2025 年 6 月第 3 次印刷
定　　价：59.00 元

产品编号：095490-01

前　　言

局域网是与用户联系最为紧密的通信网络，是应用最为广泛的一种网络形态。大多数企事业单位都可以通过局域网实现文件管理、数据管理、应用服务、打印机共享、电子邮件收发及其他各种通信服务功能。如何对局域网进行合理规划、组建与管理，使其更好地为用户服务，是网络工程人员必修的一门课程。

本书以完整的局域网组建过程以及管理、维护为基础，结合具体的案例介绍计算机网络设计及实施的各阶段采用的比较成熟的思路和结构。本书以局域网设计与构建过程做为纲领，后面每一章进行专题知识介绍，在知识点的讲解方面注重理论与实践结合，注重实验与实训，着重培养学生分析问题、解决问题的能力。

全书由 10 章组成：第 1 章介绍局域网设计与构建，第 2 章介绍计算机网络设备，第 3 章介绍交换技术及配置，第 4 章介绍路由技术及配置，第 5 章介绍无线局域网，第 6 章介绍搭建网络服务，第 7 章介绍网络互联，第 8 章介绍局域网安全技术，第 9 章介绍网络管理与维护技术，第 10 章介绍网络系统集成案例分析。另有附录 A 参考实验，附录 B 工程项目训练。

与第 3 版相比，本书做了较大调整，删减了一些陈旧的理论知识，对部分知识点进行了优化整合，增加了"网络设备实现远程配置""交换机端口安全配置"等局域网实用技术与案例，使知识体系更符合当前局域网的技术发展。

本书内容系统完整、知识丰富、实用性强，是一本理论和实践相结合的技术书籍，适合高等院校计算机科学与技术专业、网络工程专业、软件工程专业和通信工程专业等电子信息类专业的本科生学习，也适合计算机、通信、系统集成等领域高职高专学生、成人教育学生以及相关科技人员使用。

本书由刘永华、赵艳杰主编，刘永华负责通稿整理。其中刘永华完成了第 1～5 章的编写，赵艳杰完成了第 6～10 章的编写。陈茜、张淑玉、董春平完成了附录 A、附录 B 的编写，同时对本书部分章节的编写提出了宝贵意见并对全书进行了校对。

由于作者水平有限，加之时间仓促，疏漏之处在所难免，敬请广大读者批评指正。

编　者

目　　录

教学资源获取方法.pdf.png

高等院校计算机教育系列教材

第 1 章
局域网设计与构建

本章学习目标

本章从局域网搭建前的用户需求分析开始，到最后工程竣工时的测试与验收、相关文件的归档，对局域网搭建过程中所涉及的问题进行了整体介绍。如何确定局域网设计方案是本章的重点。学完本章，读者可以掌握以下内容。

- ↳ 局域网搭建的整个流程。
- ↳ 网络需求分析与工程论证。
- ↳ 局域网设计方案的提出。
- ↳ 网络产品选型原则。

在计算机网络的规划与构建过程中，首先应该建立一个"系统"的概念，并遵循一定的技术方法让这个系统有机地运转起来。按 ANSI(美国国家标准协会)的定义，系统是组织起来的人、机器和方法，以完成一组具体指定功能的集合。

要完成一个网络系统的规划，首先应当有一套系统的规划方法，尽量做到有根据、有条理，对所建系统要求的业务功能、技术规范、性能要求等方面都有明确的了解，并建立相应的技术文档，作为今后系统管理、维护与使用的一项依据。对于一个网络系统来说，一个好的系统规划是成功进行网络设计与实现的前提。

通常采用系统工程的方法来开展网络规划与实现。设计方法规范化后，可将局域网的实现过程分为如图 1-1 所示的几个重要步骤。将用户需求作为设计依据，再按流程图一步一步进行设计即可。

图 1-1　局域网组建的实现过程

1.1　确定网络设计目标

1.1.1　需求分析

1. 用户需求信息的获得

对任何一项工程而言，需求分析总是首要的。在为用户设计一套局域网方案时，首先要弄清楚客户的具体需求，这对方案的设计和设备的选择起着决定性的作用。用户需求分析做得越细，对网络工程目标的确定、新系统的设计和实施方案的制定越有利，后期开发中可能出现的问题也就越少。

用户需求分析首先要进行的是用户基本情况的调研，以获取用户的需求信息。用户的问题一般是实际存在的问题或要求，往往不是用计算机网络的技术语言来表达，这就需要设计人员能够将用户的需求或问题用准确的计算机网络术语描述出来。用户的问题可能是多种多样的，但系统分析员应该能利用自己分析问题的能力和对网络的准确理解，对用户提出的问题给出确切定义，完成最初始的工作。

以下是一个具体的分析实例，从中可观察用户问题与其分析结果表达方式的不同。

(1) 用户问题：有很多文件要存储，大家都用。

分析结果：需要一个大容量服务器，估计磁盘容量为 XG 字节。

(2) 用户问题：很多人要同时使用这个软件。

分析结果：需要该软件的多用户版本。

(3) 用户问题：应用系统要求可靠性很高，工作不能间断。

分析结果：系统需要作磁盘镜像或双机热备份处理，可以给出不同的性能/价格预算。

……(其他的用户问题及分析结果从略)

在用户需求分析环节中，一般有以下方面的信息需要了解。

(1) 地理布局。了解用户所在的楼宇及办公场所的物理位置和分布情况、相互之间的距离、建筑结构概况。如果要进行结构化综合布线或智能大厦的设计，则要获得建筑物的建筑施工图，了解大楼的建筑结构、配电间或管道井及计算机机房的位置分布与电源系统的结构等信息，了解附近是否有强电磁干扰、有无通信线路架设或埋设的限制等。

(2) 用户设备类型与数量。了解用户总人数，用户群之间的关系，共需要多少用户终端，以及个人计算机、服务器及其他设备(如 IP 电话、视频设备)的数量。

(3) 网络服务。了解用户单位需要哪些网络服务，如数据库和程序的共享、文件的传送与存取、用户设备之间的逻辑连接、电子邮件、网络互联、虚拟终端等。

(4) 容量和性能。网络容量是指在任何时间间隔内网络能承担的通信量。网络性能一般用网络的响应时间或端到端时延来表示。通常，当网络的通信量接近其最大容量时，响应时间就变长，网络性能就恶化。只有掌握了网络要负担的通信量以及用户对响应时间的要求，才能选择网络的类型及其配置，以便更好地满足用户的需求。

(5) 系统兼容。了解用户原有的计算机环境(如果有的话)，计算机网络系统的功能、拓扑结构、计算机终端数量与分布，原有系统软件和数据库的种类、版本，以及应用软件的功能。大多数用户都比较适应原有的计算机环境，使用新的网络会面临着使用环境改变的问题。同时，用户都不希望浪费原有的设备资源，这就要求在新的网络规划中要充分考虑这一点。

(6) 经费预算。用户的网络系统建设可以使用的经费是有一定限额的，如果规划超过了这一限额，用户会难以接受，所以在需求分析时就要首先确定可能获得的经费预算。

(7) 其他需求。如人员的培训要求等。

2. 需求分析的基本工作

指在基本情况调研的基础上，对准备建立在计算机网络上的有关业务进行分析，解决哪些部分可以实现计算机网络化等问题。然后提出网络系统的概要设想，形成系统概要设计书。基本的用户需求分析工作可按如下步骤进行。

(1) 现行计算机环境和业务的调查分析，对计算机系统和业务现状进行调查和分析。

(2) 调查、分析和整理用户的需求与存在的问题，研究解决办法，包括对硬件环境和应用软件开发的需求。

(3) 提出实现网络系统的设想，在需求调查的基础上对系统进行概要设计，可以根据不同要求提出多个方案。

(4) 计算成本、效益和投资回收期。新系统的框架建成后，就要估算建成这个系统所需要的成本，分析网络系统建成后可能带来的各种效益(包括经济效益和社会效益)，计算投资的回收期。

(5) 设计人员内部对所设想的网络系统进行评价，给出多种设计方案的比较。

(6) 编制系统概要设计书，对网络系统做出分析和说明。用户需求分析的主要结果就是"系统概要设计"，这是组网工程的纲要性文件。

(7) 概要设计的审查。验证基本调研的结果是否与用户的需求一致，重点是对系统概要设计书进行审查。基本调研审查由设计人员、管理人员共同参与，特别要通过质量管理人员的参与来保证整个网络系统的质量。

(8) 把基本调研情况连同系统概要设计书提交给用户，并做出解释。

(9) 用户对基本调研的工作和系统概要设计书进行评价，提出意见。

(10) 研究系统概要书，设计人员采纳用户意见，对系统概要设计书进行修改，使用户需求分析的工作获得用户的最终认可。用户负责人应在系统概要设计书上签字，表示认可。

1.1.2　工程论证

1．工程论证概述

工程论证是为了弄清所定义的项目是否能实现和是否值得实施进行研究。论证的过程实际是一次大大简化了的系统分析和系统设计的过程。在投入大量资金前研究工程的可能性，能减少所冒的风险，即使研究结论是不值得进行的，花在可行性研究上的精力也不算白费，因为它避免了一次更大的浪费。

在论证过程中，需要从经济、技术、运行和法律等诸多方面进行论证，以做出明确的结论供用户参考。

(1) 在经济方面，需要论证局域网的设计有没有经济效益，花费如何，多长时间可以收回成本。

(2) 在技术方面，论证现有技术如何实现这一方案，有没有技术难点，建议采用的技术先进程度怎样，系统有无可扩展性，可满足未来多少年内的增长需求，系统是否有冗余，所提供的稳定性能否满足用户要求。

(3) 运行可行性是指工程的运行方式是否可行，如工程中是否有一定的安全措施能保证网络的正常运行，系统中有无安全漏洞。

(4) 法律可行性是指工程的实施会不会在社会上或政治上引起侵权、破坏或其他责任问题。

若工程经过论证是可行的，则应按照国家制定的有关规定写出系统开发和建设的可行性报告。

2．可行性报告的撰写

可行性报告将向用户和上级主管部门说明拟议中的网络开发建设的必要性、可行性，以及可产生的经济效益和社会效益，分析用户目前的信息技术使用状况和不足，给出系统设计的具体内容、硬件选型方案和可供选择的其他技术方案，给出与应用系统的关系说明，计算网络建设所需的经费预算，提出完成规划设计的其他保证等，作为审批立项的参考。

可行性报告一般可以按照下述内容编写。

(1) 可行性研究的前提。

- 项目要求，如系统应具备的功能、性能、数据流动方式、安全要求、与其他系统的关系、完成期限等。
- 项目目标，如提高自动化程度、处理速度、人员利用率，提供信息服务和应用信息平台等。
- 项目的假定条件和限制条件，如系统运行寿命、系统方案的比较、经费的来源和限制、法律和政策方面的限制、运行环境和开发环境的限制、可利用的信息和资源等。
- 可行性研究的方法，说明使用的基本方法和策略、系统的评价方法等。
- 评价尺度，说明对系统进行评价时所使用的主要尺度，如费用、功能、开发时间和用户界面等。

(2) 现有状况的分析。分析用户目前的计算机使用情况，以进一步说明组建新的计算机网络的必要性，具体内容如下。

- 目前的计算机系统的基本情况，以及数据信息处理的方法和流程。
- 计算机系统承担的工作类型和工作量。
- 现有系统在处理时间、响应速度、数据存储能力、功能等方面的不足。
- 现有系统的运行和维护人员的专业技术类别和数量。
- 计算机系统的费用开支、人力、设备、房屋空间等。

(3) 建议的网络系统方案。说明建议的网络系统方案如何实现基本目标，具体内容如下。

- 方案的概要，以及为实现目标和要求将使用的方法和理论依据。
- 建议的网络系统对原有系统的改进。
- 技术方面的可行性，如系统功能目标的技术保障、工程人员的数量和质量、规定期限内完成工程的计划和依据。
- 建议的网络系统带来的影响，包括新增设备和可使用的老设备的作用、现存的软件和新软件的适应及匹配能力、用户在人员数量和技术水平方面的要求、信息的保密安全、建筑物的改造要求和环境实施要求、各项经费开支等。
- 建议的网络系统存在的局限性，以及这些问题未能消除的原因。

(4) 可供选择的其他网络系统方案。

- 提出各种可供选择的方案，说明每种方案的特点和优缺点。
- 与建议的方案比较，指出未被选中的原因。

(5) 投资与效益分析。

- 对建议的方案说明所需要的费用，包括基本建设费用(如设备、软件、房屋和环境改造、线路租用等)、研究开发费用、测试和验收费用、管理和培训费用、非一次性支出费用等。
- 对建议的方案说明能够带来的效益，如日常开支的缩减、管理运行效率的改进、其他方面效率的提高，也可以说明可能的社会效益。
- 给出建议的网络系统的收益/投资比值和投资的回收周期。
- 当一些关键因素，如系统生命周期长度、系统的工作负荷量、工作负荷的类型、处理的速度要求、设备的配置等产生变化时，估计对收益和开支的影响。

(6) 社会因素。

- 法律方面的可行性，包括合同责任、专利侵犯等。
- 用户的工作制度、行政管理等方面是否允许使用该方案。
- 用户工作人员是否已具备使用该系统的能力。

(7) 结论。可行性研究报告应给出研究结论，并做出简要说明，这些结论主要如下。

- 可以立即开始实施。
- 需要等待某些条件满足后才能实施。
- 需要对系统目标做出某些修改后才能实施。
- 不能实施或不必实施。

1.1.3　网络设计原则

要进行计算机网络设计，第一步是根据用户的需求分析，确立计算机网络的设计目标。网络设计目标是建立一个可以满足客户的业务和技术需求的功能完整的网络。一个成功的网络设计要为网络容量留出余地，而且应该采用新技术，能适应网络规模扩大的需求。设计还应该有效地利用现有的资源，保护前期投资。针对不同的组织和不同情况，网络设计的目标也不尽相同，但是任何网络设计都要遵循如下特定的原则。

1. 功能性

在未完全了解要完成的任务之前，进行网络设计是根本不可能的。把所有的需求集中起来通常是一件非常复杂而困难的工作，但网络的最终功能应该实现其设计目标。网络必须是可运行的，也就是说，网络能完成用户提出的各项任务和需求，应为用户到用户、用户到组织机构的各种应用提供速度合理、功能可靠的连接。在设计时，设计人员要经常问自己"要完成的功能是什么"，从而将目标集中在要完成的任务上。

网络设计的目的是使用方便，是用户毫无困难地使用网络服务，在连接到网络时可以得到较好的性能，而且不需要用户过多参与。一般来说，一个网络越安全，可用性就越差，一个完全安全的网络是没有用的，因为没有通信流可以通过它。

2. 可缩放性

所设计的网络必须是可缩放的，比如一栋房子的拆迁所造成的部分网络中断，并不影响整个网络。计算机网络设计更要考虑网络必须能够随着组织机构规模的增长而增长，同时可随着组织机构数目的增加而增大。也就是说，最初的网络设计可以根据网络规模的变化而扩展规模，即最初的设计不必作较大修改就可扩展到整个网络。网络除了具有应付增加更多用户、更多站点的应变能力外，还应具有增加应用的应变能力。

具有增加应用的应变能力非常重要。开始时，一个网络也许只要求具有资源共享的功能，但随着用户对网络需求的不断扩大，又有了新的要求，如 IP 电话、网络视频会议等。那么，所设计的网络就应该具有这种增加应用的应变能力。

3. 可适应性

网络设计必须着眼于未来技术的发展。网络对新技术的实现不应有限制。在网络的设计和安装中，在适应性和成本有效性之间应该进行权衡。例如，VoIP(Voice over IP)和多播是今天互联网络中快速流行的新技术，通过使用提供了具有网络扩展和升级选项的硬件和软件都能实现这些功能。

4．可管理性

网络应提供方便的检测和管理功能以保证网络稳定运行。在考虑网络管理时，应该与考虑网络设计时一样细心，网络运行应该符合最初的设计目标。如果网络管理员要求实现非常方便的管理，设计时可能就要花费大量时间。设计出一个易于管理的网络，网络设计人员的威望会与日俱增。

5．成本有效性

网络设计成本必须控制在财政预算的限制之内。超出财政预算、想入非非的设计方案，再好也是空中楼阁。网络设计人员必须找出导致预算超支的具体设计要求以及相应的解决方案。如果不存在可以降低成本的解决方案，那么应该将这些信息反馈给用户，以便他们能够根据获得的信息做出相关的决策调整，或增加财政预算。

总体规划设计、分步实施是解决财政困难行之有效的方法。但建议基础设计，如布线系统、光缆铺设等，最好一步到位。

通过需求分析和工程论证，兼顾以上设计原则，整个网络的设计目标也就确定下来了，下一步的工作就是针对既定的网络设计目标进行整体网络规划与设计。

1.2　确定网络设计方案

建设一个网络并不是一件简单的事，需要具备网络的基本知识，知道局域网的构成。我们把这些知识串连起来，结合用户的需求，便可形成一个设计方案的大体结构。形成设计方案，工作量占一个网络工程的 30%～40%，剩下的则是工程实现的问题。

1.2.1　网络拓扑层次化结构设计

1．常见网络拓扑结构

网络拓扑结构是建设网络信息系统首先要考虑的问题，它对整个网络的运行效率、技术性、可靠性和费用等方面都有着重要的影响。在有线局域网中，常用的拓扑结构有总线型结构、环型结构、星型结构、网状结构与树型结构。

(1)　总线型拓扑结构

在总线型拓扑结构中，局域网的各个结点都连接到一个单一连续的物理线路上，如图 1-2 所示。由于各个结点之间通过同轴电缆直接相连，因此总线型拓扑结构所需要的电缆长度是最小的。

常见的使用总线型拓扑的局域网有 Ethernet、ARCnet 和 Token Bus。总线型拓扑结构的一个重要特征就是可以在网中广播信息，网络中的每个站点几乎可以同时收到每一条信息。总线型拓扑结构的优点是价格低廉，某个站点失效不会影响到其他站点。但它的缺点也很明显，由于共用一条传输信道，任一时刻只能有一个站点发送数据，而且介质访问控制比较复杂。总线型结构网络随着以集线器为中心的星型网络的出现而逐渐被市场淘汰。

图 1-2　总线型拓扑结构

(2) 环型拓扑结构

在环型拓扑结构中，连接网络中各结点的电缆构成一个封闭的环，如图 1-3 所示，信息在环中必须沿着每个结点单向传输，因此环中任何一段出现故障都会使各站点之间的通信受阻，所以在某些环型拓扑结构中，如 FDDI，在各站点之间连接了一个备用环，当主环发生故障时，由备用环继续工作。目前环型拓扑结构并不常见于小型局域网中，而更多应用于长途光纤通信网络中。

图 1-3　环型拓扑结构

(3) 星型拓扑结构

在星型拓扑结构中，网络中的各结点都连接到一个中心设备上，由该中心设备向目的结点传送信息，如图 1-4 所示。星型拓扑结构方便了大型网络的维护和调试，电缆的安装检验也相对容易。由于在星型拓扑结构中所有工作站都与中心结点相连，所以移动某个工作站十分简单。早期星型网的核心设备为集线器(Hub)，随着网络技术的发展，集线器已被交换机替代。

(4) 网状拓扑结构

网状拓扑结构主要特点是每一个结点至少与其他两个结点相连，如图 1-5 所示。网状拓扑结构具有较高的可靠性，在结点间存在两条以上的通信路径，当一条路径发生故障时，还可以通过另一条路径把信息送至目的结点。但其结构复杂，实现起来费用较高，不易管理和维护。在局域网中，网状拓扑一般用于对健壮性要求较高的网络，而广域网大多采用网状结构。

(5) 树型拓扑

当局域网的规模比较大，而且网络覆盖的用户存在行政或业务隶属关系时，一般采用树型拓扑结构组网。树型拓扑是星型拓扑的一种变形，它将原来用单独链路直接连接的结点通过多级处理主机进行分级连接，如图 1-6 所示。

树型拓扑结构有如下特点：在局域网中存在主干通信介质和分支通信介质；计算机和网络设备之间的连接存在分级关系，连接关系呈树状。

图 1-4 星型拓扑结构

图 1-5 网状拓扑结构

图 1-6 树型拓扑结构

2. 层次化网络模型设计

确立网络的拓扑结构是整个网络方案规划设计的基础，在实际网络中，网络拓扑类型往往不是单一的，而是多种网络拓扑的混合体。这样，如何合理应用多种网络拓扑，便成了网络设计学的一部分。在网络设计中，没有一种设计方法可以适合所有的网络。网络设计方法众多且更新很快，思科(Cisco)公司提出的结构化设计模型(Hierarchical Network Design Model)是目前最被市场认可的一种设计方法，这种方法使用分级三层模型建立整个网络的拓扑结构。在分级三层模型中，网络可以被划分为核心层(Core Layer)、分布层(Distribution Layer)和接入层(Access Layer)，如图 1-7 所示。

图 1-7 分级三层设计模型

对应于网络拓扑，每一级都有一组各自不同的功能。通过分级方法，可以用设计模型建立非常灵活和缩放性极好的网络。

分级三层设计模型既可应用于局域网，也可应用于广域网、城域网。但在不同网络中其表示的内容并不一样。以行政部门的等级划分为例，站在全省讲核心层就是省政府，分布层是地市级政府，接入层是各级县政府。在一个部门内，核心层是部门的领导，分布层是中层干部，接入层是普通职员。我们不要拘泥于每一层到底是什么，而应把它看作是一种化整为零的设计思想，各个层次既相对独立又相互关联。在具体实施时，可以把重点放在解决某一层次的问题上，由此把复杂的问题简单化。

在三层拓扑结构中，通信数据被接入层导入网络，然后被分布层聚集到高速链路上流向核心层；从核心层流出的通信数据被分布层发散到低速链路上，经接入层流向用户。

在分层网络中，核心层处理高速数据流，其主要任务是数据交换；分布层负责聚合路由路径，收敛数据流量；接入层负责将流量导入网络，执行网络访问控制等网络边缘服务。

按照分层结构规划网络拓扑时，应遵守以下基本原则。

● 网络中因为拓扑结构改变而受影响的区域应被限制到最小程度。
● 路由器(及其他网络设备)应传输尽量少的信息。

下面以园区网络设计为例来讲解分级三层结构法的使用。图 1-8 所示为一个简单的园区网分级模型。

图 1-8　园区网三层分级模型

(1) 核心层

核心层是园区网的主干部分，其主要目的是尽可能快地交换数据。核心层不应涉及复杂的数据包操作或者减慢数据交换速度的操作。应该避免在核心层中使用像访问控制列表和数据包过滤之类的功能。核心层主要负责以下几项工作。

● 提供交换区块间的连接。
● 提供到其他区块的访问。
● 尽可能快地交换数据帧或数据包。

核心层一般采用高端交换机。核心交换机要求能提供多点广播转发和选路，以及用于可扩展的多点广播选路的独立于协议的多点广播协议，而且还要保证能提供园区网主干所需的带宽和性能。

(2) 分布层

分布层也叫汇聚层，是网络接入层和核心层之间的分界点。该层提供了边界定义，并对潜在的复杂数据包进行处理。在园区网环境中，分布层能执行众多功能，其中包括以下内容。

- 虚拟局域网(VLAN)聚合。
- 部门级和工作组接入。
- VLAN 间的路由。
- 广播域或组播域的定义。
- 介质转换。
- 安全。

总之，分布层可以被归纳为能提供基于策略的连通性的分层。它可将大量从接入层过来的低速链路通过少量高速链路导入核心层，实现通信量的聚合。同时，分布层可屏蔽经常变化的接入层对相对稳定的核心层的影响，从而可以隔离接入层拓扑结构的变化。

(3) 接入层

接入层是直接与用户打交道的层次，接入层的基本设计目标包括以下 3 个。

- 将流量导入网络。
- 提供第二层服务，比如基于广播或介质访问控制(MAC)地址的 VLAN 成员资格和数据流过滤。
- 访问控制。

需要指出的是，VLAN 的划分一般是在接入层实现的，但 VLAN 之间的通信必须借助分布层的三层设备才能实现。

接入层由于是用户接入网络的入口，所以也是黑客入侵的门户。接入层通常用包过滤策略提供基本的安全性，以保护局部网免受网络内外的攻击。

接入层的主要准则是能够通过低成本、高端口密度的设备提供安全功能。相对于核心层采用的高端交换机，接入层就是"低端"设备，我们常称之为工作组交换机或接入层交换机。因为园区网接入层往往已到用户桌面，所以有人称之为桌面交换机。

3. 层次化网络结构的变型

上面介绍了一个典型园区网的三层划分情况，拓扑结构呈树状。但需要注意的是，并不是所有网络都具有这三层，并且每一层的具体设备配置情况也不一样。比如当网络很大时，核心层可由多个冗余的高端交换机组成，如图 1-9 所示，核心层网络拓扑呈网状，并向下树型延伸；又比如当构建超级大型网络时，该网络可以进行更进一步的划分，整个网络分为四级，分别为核心层、骨干层、分布层及接入层。相反，当网络较小时，核心层可能只包含一个核心交换机，该设备与分布层上所有的交换机相连；如果网络更小的话，核心层设备可以直接与接入层设备连接，分层结构中的分布层被压缩掉了，如图 1-10 所示。显然，这样设计的网络易于配置和管理，但是其扩展性不好，容错能力较差。

图 1-9 核心层采用冗余高端交换机   图 1-10 核心层与接入层连接

使用分级模型，有利于设计的实现，在这种情况下，许多站点有相似的拓扑，而且模块化的体系结构促进了技术的逐渐迁移。有效使用分级设计模型的指导准则如下。

- 选择最适合需求的分级模型。边界作为广播的隔离点，同时还作为网络控制功能的焦点。
- 网络的各层不要总是完全网状的。如果访问层路由器是直接连接的，或是不同站点的分布层路由器是直接相连的(不通过主干线连接起来)，就会成为网状连接。但是核心层连接通常是网状的，这是因为要考虑电路冗余和网络收敛速度等因素。
- 不要把终端工作站安装在主干网上。如果主干网上没有工作站，可以提高主干网的可靠性，使管理通信量和增大带宽更为简单。把工作站安装在主干网上，还可能导致更长的收敛时间。
- 把 80%的通信量控制在本地工作组内部，能让工作组局域网(LAN)运行良好。尽管 8/2 原则现已渐渐转变为 2/8 原则，但仍可以通过合理设计使通信尽量局部化，尽量将联系较多的人员分配在同一子网或同一 VLAN 中，从而较高程度地实现通信隔离，这样既缓解了网络压力，又能保证安全性。

1.2.2 IP 地址规划

IP 地址的合理分配对网络管理起到重要作用。IP 地址分配需要遵守一定的规则。

1. 体系化编址

体系化其实就是结构化、组织化，以企业的具体需求和组织结构为原则，对整个网络地址进行有条理的规划。规划的一般过程是从大局、整体着眼，然后逐级由大到小分割、划分。最好在网络组建前配置一张 IP 地址分配表，对网络各子网指定相应的网络 ID，对各子网中的主要层次指定主要设备的网络 IP 地址，对一般设备指定所在的网段。最好还列出各子网之间以及与相邻子网的路由表配置，表 1-1 是一个 IP 地址编址示例。

表 1-1　IP 地址编址示例

子网	网络 ID	服务器地址	路由器地址	客户机网段
子网 1	192.168.1.0	192.168.1.1～192.168.1.5	192.168.1.10	192.168.1.11～192.168.1.254
子网 2	192.168.2.0	192.168.2.1～192.168.2.5	192.168.2.10	192.168.2.11～192.168.2.254
子网 3	192.168.3.0	192.168.3.1～192.168.3.5	192.168.3.10	192.168.3.11～192.168.3.254

从网络总体来说，体系化编址的原则是使相邻或者具有相同服务性质的主机或办公群在 IP 地址上连续，这样便于在各个区块的边界路由设备上进行有效路由汇总，使整个网络结构清晰，路由信息明确，也能减小路由器的路由表。而每个区域的地址与其他的区域地址相对独立，也便于灵活管理。

2．持续可扩展性

这里所说的可扩展性就是在初期规划时为将来的网络拓展考虑，眼光要放得长远一些，在将来很可能增大规模的区块留出较大的余地。

IP 地址最开始是按有类划分的，A、B、C 各类标准网段都只能严格地按照规定使用地址。但现在发展到了无类阶段，由于可以自由规划子网的大小和实际的主机数，使得地址资源的分配更加合理，这无形中就增大了网络的可拓展性。虽然在网络初期一段可能很长的时间里，未合理考虑余量的 IP 地址规划也能满足需要，但是当一个局部区域出现高增长或整体的网络规模不断增大时，不合理的规划就很可能必须重新部署局部甚至整体的 IP 地址，这对一个中大型网络来说就绝不是一件轻松的事情了。

我们知道，IPv4 仍是现行的 IP 协议，其地址通常是用圆点分隔的 4 个十进制数字表示，每一个数字对应于 8 个二进制的比特串。在早期分类的 IP 地址时代，IP 地址分为两部分(网络号、主机号)，网络地址分为 A、B、C、D、E 五类。A 类地址的 4 个字节中，第一个字节代表网络号，剩下的 3 个字节代表主机位，首字节范围是 1～127。B 类地址的前两个字节代表网络号，剩下的两个字节代表主机位，首字节范围是 128～191。C 类地址的前 3 个字节代表网络号，剩下的 1 个字节代表主机位，首字节范围是 192～223。D 类地址为多播地址，E 类地址为保留地址，专门供实验用。

除此之外，还有一些特殊的 IP 地址，如 IP 地址 127.0.0.1 为本地回环测试地址；255.255.255.255 为广播地址；0.0.0.0 代表任何网络；网络号全为 0 的地址代表本网络或本网段；网络号全为 1 的地址代表所有的网络；主机位全为 0 的地址代表某个网段的任何主机地址；主机位全为 1 的地址代表该网段的所有主机。

随着网络的发展，出现了划分子网的 IP 地址。用来标识网络号位数的便是子网掩码，它用于辨别 IP 地址中哪部分为网络地址，哪部分为主机地址，是由连续的 1 和连续的 0 组成的 32 位地址。划分子网可以将原有的 A、B、C 类网段进一步划分，而原来的 A、B、C 三类地址分别对应的子网掩码称为默认子网掩码，全 1 位数分别为 8 位、16 位和 24 位。

现在，无类别的 IP 地址得到了广泛使用，子网掩码变为"掩码"，可以自由划分网络位和主机位，完全打破了 A、B、C 这样的固定类别划分，如 192.168.10.32/28，它的掩码是 255.255.255.240，最后一个字节是 11110000，也就是只剩 4 位为主机位，前 28 位为网络位。由于 192.*.*.* 属于 C 类地址，24 位掩码，也就是说多用了 4 位作为网络位。使用这样的子网掩码可得到 $2^x-2(x$ 代表多占的掩码位)个子网，这里减掉的两个是主机位全 0 和全 1 的地址。这样一来一个 C 类子网就被划分成多个可用的小子网。

如果网络中使用的路由选择协议支持变长子网掩码(VLSM)，就可以使用真正的分级寻址设计方法。在 TCP/IP 中，可以在核心层使用 8 位子网掩码，在分布层使用 16 位子网掩码，而在接入层使用 24 位子网掩码。在分级设计中，认真分配地址可以实现路由选择表中路由的有效汇总。下面举例说明这个问题。

假设 10.0.0.0 是分配给整个网络的网络号，那么在核心层可选择一个 8 位子网掩码。核心层的子网和子网掩码应该是 10.0.0.0 和 255.0.0.0，这样接入层和分布层的所有路由变量都不能被外部网络获得。核心层会向任何外部网络说：如果你的 IP 包地址是 10.anything，就发送到我这里吧。分布层的典型子网和子网掩码的组合是 10.1.0.0/16。在分布层，路由器会对任何外部网络说：如果你的 IP 包地址是 10.1.anything，就发到我这里来吧。依次，接入层可使用 24 位子网掩码，接入层典型的子网和子网掩码的组合是 10.1.1.0/24。

当使用分级地址设计来实现 IP 地址分配时，可满足网络的可缩放性和稳定性要求。

3．按需分配公网 IP

相对于私有 IP 而言，公网 IP 不能由自己设置，而是由互联网服务提供商(ISP)等机构统一分配和租用的。这就造成了公网 IP 很稀缺，所以对公网 IP 必须按实际需求分配。例如，对外提供服务的服务器群组区域，不仅要够用，还要预留出余量；而员工部门是仅需要浏览 Internet 等基本需求的区域，可以通过网络地址转换(NAT)使多个结点共享一个或几个公网 IP；最后，那些只对内部提供服务，或只限于内部通信的主机不用分配公网 IP。具体的分配必须根据实际需求进行合理规划。当然，如果企业内部网络不与外网连接，则不用申请就可以使用公网 IP 地址，如 A、B 类地址，这样网络所连接的用户比 C 类网络大许多，可以满足一些大中型企业的网络规划需求。

另外，由于现在的 IPv4 网络正在向 IPv6 过渡，将来很可能出现一段很长的 IPv4 和 IPv6 共存的时期，所以现在构建网络时应尽量考虑对 IPv6 的兼容性，选择能支持 IPv6 的设备和系统，以降低升级过渡时的成本。

4．静态和动态分配地址的选择

决定使用静态 IP 地址分配方式还是使用动态主机配置协议(DHCP)动态 IP 分配方式，需要从这两类分配机制的优缺点谈起。

首先，动态分配地址中，由于地址是由 DHCP 服务器分配的，便于集中统一管理，并且每个新接入的主机通过非常简单的操作就可以正确获得 IP 地址、子网掩码、默认网关、域名系统(DNS)等参数，在管理的工作量上比静态地址要减少很多，而且越大的网络减少越明显。而静态分配地址正好相反，需要先指定哪些主机要用到哪些 IP 且绝对不能重复，然后再去客户机上逐个设置必要的网络参数；当主机区域迁移时，还要释放 IP，并重新分配新的区域 IP 和配置网络参数。这需要一张详细记录 IP 地址资源使用情况的表格，并且要根据变动实时更新，否则很容易出现 IP 冲突等问题。可以想象在一个大规模的网络中这个工作量是多么大。但是在一些特定的区域，如服务器群区域，每台服务器都有一个固定的 IP 地址，这个工作在绝大多数情况下都是需要的。

其次，动态分配 IP 地址可以做到按需分配。当某个 IP 地址不被主机使用时，能释放出来供别的新接入主机使用，这可以在一定程度上高效地利用 IP 资源。DHCP 的地址池只要能满足同时使用的 IP 峰值就可以。而静态分配必须考虑更大的使用余量，很多临时不接入网络的主机并不会释放掉 IP，而且由于是临时性地断开和接入，手动释放和添加 IP 参数明显是很累人的工作，所以这时必须考虑使用更大的 IP 地址段，以确保有足够多的 IP 资源。

最后，动态分配要求网络中必须有一台或几台稳定且高效的 DHCP 服务器。因为当 IP 管理和分配操作集中的同时，故障点也相应集中起来了，只要网络中的 DHCP 服务器出现故障，整个网络就有可能瘫痪，所以在很多网络中 DHCP 服务器不止一台，而是另有一台或一组热备份的 DHCP 服务器，在平时它们可以分担地址分配的工作量。另外，客户机在与 DHCP 服务器通信时，如地址申请、续约和释放等，都会产生一定的网络流量，虽然不大，但还是要考虑到的。而静态分配就没有以上两个缺点，且静态地址还有一个最吸引人的优点，就是比动态分配更容易定位故障点。在大多数情况下，企业网管在分配静态地址时，都会有一张 IP 地址资源使用表，所有的主机和特定 IP 都会一一对应起来，在出现了故障或者对某些主机进行控制管理时，工作比动态地址分配要简单得多。

到底何种情况使用动态分配，何种情况使用静态分配呢？肯定要按实际的网络结构和需求来考虑，其中最重要的一个决定因素是网络规模的大小，这直接决定了网络管理的工作量。简单地说，大型企业和远程访问的网络适合动态地址分配，而小企业网络和那些对外提供服务的主机则适合静态地址分配。

1.2.3 网络布线设计

确定网络的逻辑拓扑结构、IP 子网等设计方案之后，下面要做的便是确定网络的布线方案，这决定了网络的实际物理布局。

网络布线方案主要讨论怎样设计布线系统，这个系统有多少信息量、多少语音点，怎样通过水平干线、垂直干线、楼宇管理子系统把它们连接起来，需要选择哪些传输介质(线缆)，需要哪些线材(槽管)及其材料价格如何，施工有关费用需多少等问题。

1. 结构化布线系统

结构化布线系统是一种模块化、灵活性极高的建筑物和建筑群内的信息传输系统。结构化综合布线系统(SCS)是一种集成化的通用传输系统，它利用双绞线或光缆来传输建筑物内的多种信息。结构化布线也叫综合布线，是一套标准的继承化分布式布线系统。结构化布线就是用标准化、简洁化、结构化的方式对建筑物中的各种系统(网络、电话、电源、照明、电视、监控等)所需要的各种传输线路进行统一的编制、布置和连接，形成完整、统一、高效、兼容的建筑物布线系统。图 1-11 所示便是一个网络的布线方案结构图。

通常网络中的传输介质有双绞线与光缆等。通信介质在局域网中的分布大致遵循以下原则：双绞线用于桌面和同一楼层内的布线，光缆用于楼间布线，如表 1-2 所示。可以看出，双绞线主要用于室内布线，光缆主要用于户外布线。

图 1-11　网络的布线方案结构图

表 1-2　通信介质分布

通信介质	分布位置
双绞线	桌面布线
	同一楼层布线
	楼层交换机互连
光缆	楼与楼间交换机互联
	楼层交换机互连
	桌面布线(用在极少数的高性能计算场所)

2. 结构化布线子系统

一个完整的结构化布线系统一般由以下 6 个部分组成。

- 工作区子系统。
- 水平子系统。
- 垂直干线子系统。
- 设备间子系统。
- 布线配线间子系统。
- 建筑群子系统。

对于上述的 6 个部分，不同的结构化布线系统产品的叫法有所不同。例如，有的把工作区子系统叫作用户端子系统，把水平子系统叫作平面楼层子系统，把布线配线间子系统叫作管理子系统，把设备间系统叫作机房子系统。无论用什么名称，一个完整的结构化布线系统都是由这 6 部分组成，各部分的功能与相互间的关系也是相同的。6 个组成部分相互配合，就可以形成结构灵活、适合多种传输介质与多种信息传输的结构化布线系统。

如图 1-12 所示为结构化布线系统的示意图。

图 1-12　结构化布线系统示意图

(1)　工作区子系统

工作区子系统由终端设备连接到信息插座的跳线组成，它包括信息插座、信息模块、网卡和连接所需的跳线，并在终端设备和输入/输出(I/O)之间搭接，相当于电话配线系统中连接话机的用户线及话机终端的部分。典型的工作区子系统如图 1-13 所示。终端设备可以是电话、微机和数据终端，也可以是仪器仪表、传感器的探测器。

图 1-13　工作区子系统

(2)　管理(布线配线)间子系统

许多大楼在综合布线时考虑在每一楼层都设立一个管理间，用来管理该层的信息点，摒弃了以往几层共享一个管理间子系统的做法，这也是布线的发展趋势。

在管理间一般有以下设备。

● 机柜。
● 集线器。
● 信息点集线面板。
● 语音点 S110 集线面板。
● 集线器的整压电源线。

作为管理间子系统，应根据管理信息点的多少安排使用房间的大小。如果信息点多，就应该考虑单独设立一个房间来放置系统；信息点少时，就没有必要单独设立一个管理间，可选用墙上型机柜来处理该子系统。

(3)　设备间子系统

设备间子系统是一个公用设备的存放场所，也是设备日常管理的地方。在设计设备间时，应注意以下几点。

- 设备间应设在位于干线综合体的中间位置。
- 设备间尽可能靠近建筑物电缆引入区和网络接口。
- 设备间应在服务电梯附近，便于装运笨重设备。
- 设备间内要注意：室内无尘土，通风良好，要有较好的照明亮度；要安装符合机房规范的消防系统；使用防火门，墙壁使用阻燃漆；提供合适的门锁，至少要有一个安全通道。
- 防止可能的水害(如暴雨成灾、自来水管爆裂等)带来的灾害。
- 防止易燃易爆物的接近和电磁场的干扰。
- 设备间空间(从地面到天花板)应保持 2.55m 高度的无障碍空间，门高为 2.1m，门宽为 0.9m，地板承重压力不能低于 $4.095kN/m^2$。

(4) 水平子系统

水平布线是将电缆线从管理间子系统的配线间接到每一楼层的工作区的信息输入/输出(I/O)插座上。水平子系统的设计涉及水平子系统的传输介质和部件集成，主要有 6 点。

- 确定线路走向。
- 确定线缆、槽、管的数量和类型。
- 确定电缆的类型和长度。
- 订购电缆和线槽。
- 如果打吊杆走线槽，计算需要用多少根吊杆。
- 如果不用吊杆走线槽，计算需要用多少根托架。

设计者要根据建筑物的结构特点，从路由(线)最短、造价最低、施工方便、布线规范等方面考虑。由于建筑物中的管线比较多，往往遇到一些相互矛盾的问题，所以，设计水平子系统时必须折中考虑，优选最佳的水平布线方案。一般可采用以下三种类型。

① 直接埋管布线方式

直接埋管布线方式如图 1-14 所示，由一系列密封在现浇混凝土里的金属布线管道或金属馈线走线槽组成。这些金属管道或金属线槽从水平间向信息插座的位置辐射。根据通信和电源布线的要求、地板厚度和占用的地板空间等条件，直接埋管布线方式可采用厚壁镀锌管或薄型电线管。这种方式在老式的设计中非常普遍。

图 1-14　直接埋管布线方式

② 先走线槽再走支管布线方式

这种方式的线槽通常悬挂在天花板上方,用在大型建筑物或布线系统比较复杂且需要有额外支撑物的场合。用横梁式线槽将电缆引向所要布线的区域,由弱电井出来的缆线先走吊顶内的线槽,到各房间后,经分支线槽从横梁式电缆管道分叉后将电缆穿过一段支管引向墙柱或墙壁,贴墙而下到本层的信息出口(或贴墙而上,在上一层楼板钻一个孔,将电缆引到上一层的信息出口),最后端接在用户的插座上,如图 1-15 所示。

图 1-15　先走线槽再走支管布线方式

③ 地面线槽布线方式

地面线槽布线方式就是从弱电井出来的线走地面线槽到地面出线盒或由分线盒出来的支管走到墙上的信息出口。由于地面出线盒、分线盒或柱体直接走地面垫层,因此这种方式适用于大开间或需要打隔断的场合。

(5) 垂直干线子系统

垂直干线子系统的任务是通过建筑物内部的传输电缆,把各个管理间的信号传送到设备间,直到传送到最终接口,再通往外部网络。它既要满足当前的需要,又要适应今后的发展。

垂直干线子系统包括以下内容。

● 供各条干线接线间之间的电缆走线用的竖向或横向通道。

● 主设备间与计算机中心间的电缆。

垂直干线子系统的结构是一个星型结构,如图 1-16 所示。垂直干线子系统负责把各个管理间的干线连接到设备间。

图 1-16　垂直干线子系统星型结构

确定从管理间到设备间的干线路由时,应选择干线段最短、最安全和最经济的路由,在大楼内通常有电缆孔方法(如图 1-17 所示)和电缆井方法(如图 1-18 所示)。

图 1-17 电缆孔方法

图 1-18 电缆井方法

(6) 建筑群子系统

建筑群子系统也称楼宇管理子系统。一个企业或某政府机关可能分散在几幢相邻建筑物或不相邻建筑物内办公，但彼此之间的语音、数据、图像和监控等系统可用传输介质和各种支持设备(硬件)连接在一起。连接各建筑物的传输介质和各种支持设备(硬件)组成一个建筑群综合布线系统，连接各建筑物的缆线组成建筑群子系统。

在建筑群子系统中，电缆布线方法有以下 4 种：架空电缆布线(如图 1-19 所示)、直埋电缆布线、管道系统电缆布线、隧道内电缆布线。

图 1-19 架空电缆布线法

1.2.4 安全设计

从本质上讲，网络安全就是网络上的信息安全，是指网络系统的硬件、软件及其系统的数据受到保护，不因偶然的或恶意的原因遭到破坏、更改和泄露，系统能够连续可靠地正常运行。广义地说，凡是涉及网络信息的保密性、安全性、可用性、真实性和可控性的相关技术和理论都是网络安全所要研究的内容。网络安全的内容既有技术方面的问题，也有管理方面的问题，两方面相互补充，缺一不可。技术方面主要侧重于防范外部非法用户的攻击，管理方面则侧重于内部人为因素的管理。如何有效地保护重要的信息数据、提高计算机网络系统的安全性已经成为所有计算机网络应用必须考虑和解决的一个重要问题。

网络安全设计可以包括很多方面的内容，如交换机端口安全、访问控制列表、防火墙技术等这些局域网实用安全技术。

1.3 网络产品选型

1.3.1 网络硬件设备选型

网络系统中主要硬件设备的选择直接影响网络的整体性能，且其投资占网络系统整体投资的比例很大。在总体设计网络系统时，分析和选择网络设备是很重要的。网络设备选择一般有两种含义：一种是从应用需要出发进行的选择，另一种是在众多厂商的产品中选择性能价格比高的产品。在组建网络时，涉及的主要网络硬件设备通常有服务器、工作站、集线器、交换机和路由器等，在此仅给出部分核心设备的选型标准。

1. 服务器选型

由于服务器在网络中占有重要地位，因此网络服务器的选型是组建局域网的一项重要工作。服务器选型的原则可以归纳为五个字母，即 MAPSS。

M 代表可管理性(Management)，服务器的可管理性有利于及时发现服务器的问题，及时进行维护和维修，避免或减少因服务器的宕机而造成的网络系统瘫痪；另一方面，它有利于管理员及时了解服务器性能，以便对性能有问题的服务器进行及时升级。

A 代表可用性(Availability)，可用性可以用服务器连续无故障运行的时间来衡量。由于高端服务器是网络的数据中心，时刻为用户提供数据访问服务，因此要尽量避免服务器在工作时间内宕机。选择高端服务器时，用户需要考察服务器连续运行的时间。

P 代表性能(Performance)，服务器整体性能由以下几方面的因素决定。

- 芯片组。芯片组用于把计算机上的各个部件连接起来，实现各部件之间的通信。芯片组是计算机系统的核心部件，直接决定了系统支持的 CPU 类型、支持的 CPU 数目、内存类型、内存最大容量、系统总线类型和系统总线速度等。选择最先进的芯片组结构就保证了系统性能的领先。
- 内存类型和最大容量。内存类型和最大容量对于系统的运算处理能力也具有非常大的影响。
- I/O 通道。I/O 通道是计算机系统的性能瓶颈。采用高速的 I/O 通道对服务器整体性能的提高具有非常重要的意义。对于提供交互式数据服务的应用，服务器需要高速的 I/O 通道。
- 与网络的接口及计算能力。服务器通过网络与客户机通信，服务器与网络的接口卡要选择服务器专用网卡。另外，要选择与服务器硬件体系结构匹配的服务器操作系统，这对于提高服务器整体性能也是非常重要的。例如，UNIX 体系结构的服务器采用 UNIX 操作系统为宜。

第一个 S 代表服务(Service)，服务首先体现在维修，其次体现在技术支持(包括售前和售后的技术支持)。另外，还包括服务器厂商网站上提供的服务，如 QA(Question & Answer)和软件下载。

第二个 S 代表节约成本(Saving Cost)，在考察 M、A、P、S 四个方面的指标的同时，还要综合考虑它们导致的价格变化。一般来讲，高性能和优质服务就意味着高价格。因此，在资金预算有限的情况下，要综合考虑 M、A、P、S 的指标，力争在一定的成本上获得最佳的性能指标。

2．交换机选型

根据交换机使用环境的不同，对其性能要求也不一样。总的来说，衡量交换机较关键的技术指标如下。

(1) 端口容量。端口容量是指满配置时各种端口的最大值，它体现的是交换机最大的扩展能力，可以为网络将来的扩展留有余量。具体选配模块时，满足当前需要即可。

(2) 支持的网络类型。一般情况下，固定配置式不带扩展槽的交换机仅支持一种类型的网络，机架式交换机和固定配置带扩展槽的交换机可支持一种类型以上的网络，如各种以太网及 ATM、OC-192 的 POS 口等。交换机支持的网络类型越多，其可用性和可扩展性越强，价格也越高。

(3) 背板吞吐量。背板吞吐量又称背板带宽，单位是每秒通过的数据包个数(pps)，表示交换机接口卡和数据总线间所能吞吐的最大数据量。交换机的背板带宽越高，处理数据的能力越强，同时成本也会越高。交换机背板应该有足够的可扩展性以备网络扩容。部分厂商提供的背板带宽未必可信，用户可参考另一指标——满配置时的吞吐量。

(4) MAC 地址表大小。连接到园区网上的每个端口或设备都需要一个 MAC 地址，其他设备要用此地址来定位特定的端口及更新路由表和数据结构。设备 MAC 地址表的大小反映了该设备能支持的最大结点数。

3．路由器选型

衡量路由器的指标主要有以下几个。

- 背板能力：通常指路由器背板容量或者总线能力。
- 吞吐量：指路由器的数据包转发能力。
- 丢包率：指路由器在稳定的持续负荷下由于资源缺少而在应该转发的数据包中不能转发的数据包所占的比例。
- 转发时延：指需转发的数据包最后一比特进入路由器端口到该数据包第一比特出现在端口链路上的时间间隔。
- 路由表容量：指路由器运行中可以容纳的路由数量。
- 可靠性：指路由器可用性、无故障工作时间和故障恢复时间等指标。

1.3.2　网络软件选择

网络软件分为网络操作系统软件、网络管理软件、应用软件、工具软件和支撑软件等，正确地选择能够相互配合、完成网络系统需求功能的软件组合是网络建设的关键，而其中网络操作系统的选择是最基础的，也是最核心的。

网络操作系统(Network Operation System，NOS)是向联入网络的一组计算机用户提供各种服务的一种操作系统。一般来说，NOS 偏重将与网络活动相关的特性加以优化，即通过网络来管理诸如共享数据文件、软件应用和外部设备之类的资源。NOS 管理的资源有以下几种。

- 由其他工作站访问的文件系统。
- 在 NOS 上运行的计算机的存储器。
- 加载和执行共享应用程序。
- 对共享网络设备的输入/输出。
- 在 NOS 进程之间的 CPU 调度。

目前，NOS 产品种类繁多，下面列举几种常见的解决方案。

(1) Windows 系统。微软的 Windows 系统不仅在个人操作系统中占绝对优势，在网络操作系统中也具有非常强劲的实力。虽然它在安全性和稳定性方面不如 UNIX 和 Linux，但由于它的易用性和强大的应用软件支持，足以满足企业用户对安全性、稳定性的需求，使得其应用仍是最为广泛的，特别是在企业局域网中，有 80% 以上采用的是微软的 Windows 系列网络操作系统。

在局域网中，微软的网络操作系统主要有 Windows NT 4.0 Server、Windows 2000 Server/Advanced Server，以及 Windows Server 2016 等。

(2) UNIX 系统。UNIX 自出现(1974 年)至今已有近 50 年的历史，它所发布的各种版本难计其数。UNIX 所指的并非是单一的操作系统，而是指一系列的 UNIX 家族，如 Sun OS、Sun Solaris、HP-UX、BSD 和 Free BSD 等。

这类操作系统的稳定性和安全性非常好，但由于它多数是以命令方式进行操作，不容易掌握，因此，UNIX 系统一般用于大型的局域网中，长久以来主要被政府机构、学校或研究机构所使用。现在，由于 Internet 的发展，越来越多其他领域的使用者开始接触 UNIX 系统。UNIX 在企业界的发展更是惊人，尤其是在一些需要处理大量数据、要求高可靠度的场合中，更是非 UNIX 系统不可。

(3) Linux 系统。Linux 是当今流行的操作系统之一。Linux 是 UNIX 操作系统的一个分支，它最初是由 Linux Torvalds 于 1991 年为基于 Intel 80386 的 IBM 兼容机开发的操作系统，在加入自由软件组织 GNU 后，经过 Internet 上全体开发者的共同努力，现已成为能够支持各种体系结构的具有很大影响力的操作系统。Linux 最大的优势在于它不是商业操作系统，其源代码受 GNU 通用公共许可证(GPL)的保护，是完全开放的，任何人都可以下载并用于研究、开发和使用。Linux 能提供较稳定的系统，不易受到病毒攻击，其安全性、开放性与二次开发能力较好。目前这类操作系统仍主要应用于中、高档服务器中。

总的来说，对特定计算环境的支持使得每种操作系统都有适合自己的工作场合，例如 Windows XP 适用于桌面计算机，Windows Server、Linux 目前较适用于小型的网络，而 UNIX 适用于大型服务器应用程序。用户可根据企业网络应用规模、应用层次等实际情况选择最合适的操作系统。

1.4　网络的安装、调试与测试

网络的安装、调试与测试环节不容忽视，即使选择了优质的材料和先进设备，但安装工艺低劣，要想通过测试验收也是不可能的，这一步直接关系着整个网络的性能。总的来说，整个过程可以分为以下几步。

1．布线

按照布线系统的要求进行布线施工。在此过程中，尤其要注意严格按照布线标准施工，严格对线缆和接口进行标记，并给出标记和施工文档(方便以后的维护)。

2．设备安装、配置和调试

设备开箱验货之后进行加电检测，判断配置是否符合合同要求。之后安装软件系统，进行测试和运行。

另外，这步中最重要的环节是通过对网络设备进行配置使网络的逻辑设计方案真正得以实施，如网段的划分等。

3．网络安全配置

网络安全配置涉及很多细节，在此仅列出以下基本内容。

- 服务器安全设置。
- 交换机安全设置。
- 路由器安全设置。
- VLAN 设置。
- 防火墙设置。
- 网络管理设置。

4．网络系统测试

(1) 连通性和链路电气测试。整个施工完成后，要采用全部测试或抽查的方式测试各信息点的连通性。为了保证网络系统能可靠运行，应按照国家标准对传输介质和接口进行电气参数的测试，并给出详细的测试报告。

(2) 系统功能和性能测试。网络开通后，对要求的功能和性能进行测试，最后给出网络系统的测试或验收报告。

1.5 用户培训

用户培训是网络建设过程中不可缺少的一个步骤。培训课程可分为以下几个方面。

(1) 管理阶层的培训。各单位的领导要率先进行培训，使其了解网络的功能与效益，再由其宣教并影响其下属，这样可加速网络推广的成效。

(2) 网络管理与维护人员的培训。各单位内部要有 2～3 人接受网络管理与维护培训，以便能在网络发生故障时进行紧急修复。

(3) 网络软件开发人员的培训。若使用程序较为固定，则可委托软件公司代为开发。若使用程序经常变动，则以自训方式培养程序设计师，节省成本。

(4) 一般使用者的培训。第一阶段应着重单机应用培训，待其熟悉基本操作技能后，再指导其上网及掌握网络应用技巧。

1.6　工程项目文档

网络文档目前在国际上还没有一个标准可言，国内各大网络公司提供的文档内容也不一样。但网络文档是非常重要的，它可为未来的网络维护、扩展和故障处理节省大量的时间。作者根据多年从事网络工程的实际经验，介绍一下网络文档的组成。

网络文档一般由 3 种文档组成，即网络结构文档、网络布线文档和网络系统文档。

1．网络结构文档

网络结构文档由下列内容组成。

- 网络逻辑拓扑结构图。
- 网段关联图。
- 网络设备配置图。
- IP 地址分配表。

2．网络布线文档

网络布线文档由下列内容组成。

- 网络布线逻辑图。
- 网络布线工程图(物理图)。
- 测试报告(提供每一结点的接线图、长度、衰减、近端串扰和光纤测试数据)。
- 配线架与信息插座对照表。
- 配线架与集线器接口对照表。
- 集线器与设备间的连接表。
- 光纤配线表。

3．网络系统文档

网络系统文档的主要内容如下。

- 服务器文档，包括服务器硬件文档和服务器软件文档。
- 网络设备文档。网络设备是指工作站、服务器、中继器、集线器、路由器、交换机、网桥、网卡等。在编写文档时，必须有设备名称、购买公司、制造公司、购买时间、用户、维护期、技术支持电话等内容。
- 网络应用软件文档。
- 用户使用权限表。

在验收、鉴定会结束后，应将乙方所交付的文档材料以及验收、鉴定会上所使用的材料一起交给甲方的有关部门存档。

思　考　题

1. 对用户进行需求分析应从哪些方面入手？
2. 工程论证包括哪些方面？

3. 如何撰写可行性报告?

4. 简述分层网络设计的含义及方法，请针对不同规模企业给出合理的网络拓扑设计方案。

5. 静态和动态分配 IP 地址各有什么优缺点？如何根据应用场合进行选择？

6. IP 地址分配应遵循哪些基本原则？

7. 结构化布线系统包括哪些子系统？

8. 服务器选型的原则是什么？

9. 衡量路由器、交换机性能的指标有哪些？

10. 通信介质根据各自特点不同，使用场合也不同，试进行说明。

11. 整个局域网搭建过程中有哪些文档需要归档？

第 2 章
计算机网络设备

本章学习目标

本章将介绍组成局域网的设备，其中包括局域网中的工作站点以及实现局域网络的互联设备。通过本章的学习，读者应掌握以下内容。

- ↘ 网络互联设备的基本概念。
- ↘ 网络设备的接口类型。
- ↘ 网络设备的连接方式。
- ↘ 服务器、交换机与路由器的基本配置方法。

2.1 网络设备概述

局域网是高速度、低误码率的数据网络，它覆盖的地理区域相对较小(最多能达到几千米)。局域网连接工作站、外围设备、终端及其他仅在一座楼房里或其他有限的地理区域内的设备，所有连接站点共享较高的总带宽，各站点为平等关系而不是主从关系，能进行广播或多播。

局域网的迅速增长，把越来越多的彼此独立的个人计算机带入了网络环境，从而达到了共享资源和交换信息的目的。然而由于局域网自身的连接距离限制，而且用户针对不同的应用选择局域网的类型也不一样，使得不同企业甚至是同一企业的不同部门之间形成了多个局域网孤岛。如何把这些局域网孤岛互联起来以方便使用计算机网络，便是网络互联问题。网络互联设备是实现网络互联的关键。

下面主要讲解局域网的设备组成、设备连接及设备配置，其中包括组成局域网的基本设备(包括服务器和工作站)和实现网络互联的设备。这里涉及的网络设备有服务器、工作站、网络适配器(网卡)、中继器、集线器、网桥、交换机以及路由器。其中交换机与路由器已成为现代网络中最核心的网络互联设备。

(1) 服务器或工作站是局域网资源的主要载体，是网络服务的主要提供者和使用者。

(2) 网络适配器将工作站或服务器连到网络上，进行数据转换和电信号匹配，实现资源共享和相互通信。

(3) 中继器是连接网络线路的一种装置，常用于两个网络结点之间物理信号的双向转发。

(4) 集线器可以说是一种特殊的中继器，作为网络传输介质间的中央结点，它克服了介质单一通道的缺陷。

(5) 网桥是一个局域网与另一个局域网之间在网络体系结构第二层上建立连接的桥梁。

(6) 网络交换技术是近几年发展起来的一种结构化的网络解决方案，交换机是这种结构化网络中的核心设备。

(7) 路由器是网络层的互联设备，用于连接多个逻辑上分开的网络，路由与分组转发是其主要功能。

2.1.1 服务器

在局域网中，计算机网络主机是局域网资源的主要载体，是网络服务的主要提供者和使用者。网络中的计算机往往被称为主机(Host)。按用途和功能的不同，主机系统可以分为工作站和服务器。工作站和服务器的配置要求不同，这是由网络软件系统和应用环境的需要决定的。工作站的配置要求相对较低，服务器的配置要求相对较高。服务器的英文名称为 Server，指的是在网络环境中为客户机(Client)提供各种服务的特殊的专用计算机。在网络中，服务器承担着数据的存储、转发、发布等关键任务，是各类基于客户机/服务器(C/S)模式的网络中不可或缺的重要组成部分。

高等院校计算机教育系列教材

服务器作为网络中最重要的设备之一，是局域网中不容忽视的部分。服务器性能的好坏直接影响服务器的工作效率，对整个企业的业务运行也有很大影响。本书基于微软推出的服务器操作系统 Microsoft Windows Server 2008。和 Windows Server 2003 版本相比，Windows Server 2008 不仅在功能上有了很大的提升，而且在系统安全性上也得到了很大的提高，它可以建立更加安全和稳定的服务器环境。

1．网络服务器的作用

顾名思义，服务器是提供网络服务的计算机。网络服务器提供的常用服务包括以下几种。

(1) 文件服务。网络用户可以从服务器上下载文件。提供文件服务的主机称为文件服务器。

(2) 打印服务。网络用户可以使用连接在服务器上的打印机设备打印自己的文件。提供打印服务的主机称为打印服务器。

(3) 通信服务。网络用户可以通过服务器与其他网络用户通信。提供通信服务的主机称为通信服务器。

(4) 电子邮件服务。网络用户可以和服务器交换电子邮件(E-mail)。提供电子邮件服务的主机称为邮件服务器。

(5) WWW 服务。当网络用户使用浏览器软件打开服务器上的多媒体文件时，该用户使用的就是 WWW(World Wide Web)服务。提供 WWW 服务的主机称为 WWW 服务器。

2．网络服务器的分类

按应用层次划分是服务器最为普遍的一种分类方法，它主要根据服务器在网络中应用的层次(或服务器的档次)进行划分。按这种划分方法，服务器可分为入门级服务器、工作组级服务器、部门级服务器和企业级服务器。

(1) 入门级服务器。这类服务器是最基础的一类服务器，也是最低档的服务器。这类服务器包含的服务器特性并不是很多，通常只具备以下几方面的特性。

- 有一些基本硬件的冗余，如硬盘、电源、风扇等，但不是必需的。
- 通常采用 SCSI 接口硬盘，现在也有采用 SATA 串行接口的。
- 部分部件支持热插拔，如硬盘和内存等，这些也不是必需的。
- 通常只有一个 CPU，但不是绝对的，如 SUN 的入门级服务器有的可支持两个处理器。
- 内存容量不会很大，一般在 1 GB 以内，但通常会采用带 ECC 纠错技术的服务器专用内存。

这类服务器主要采用 Windows 或 NetWare 网络操作系统，可以充分满足办公室的中小型网络用户的文件共享、数据处理、Internet 接入及简单数据库应用的需求。入门级服务器所连的终端比较有限(通常为 20 台左右)，且稳定性、可扩展性以及容错冗余性能较差，仅适用于没有大型数据库数据交换、日常工作网络流量不大、无需长期不间断开机的小型企业。

(2) 工作组级服务器。工作组级服务器是比入门级服务器高一个层次的服务器，但仍属于低档服务器。它只能连接一个工作组(50 台左右)的用户，网络规模较小，服务器的稳定性也不像企业级服务器那样高，在其他性能方面也相应低一些。工作组级服务器主要具有以下几方面的特点。

- 通常仅支持单或双 CPU 结构的应用服务器(但也不是绝对的，特别是 SUN 的工作组服务器就能支持多达 4 个处理器的工作组服务器)。
- 可支持大容量的 ECC 内存和增强服务器管理功能的系统管理(SM)总线。
- 功能较全面，可管理性强，且易于维护。
- 采用 Intel 服务器 CPU 和 Windows/NetWare 网络操作系统，但也有一部分是采用 UNIX 系列操作系统的。
- 可以满足中小型网络用户的数据处理、文件共享、Internet 接入及简单数据库应用的需求。

工作组级服务器比入门级服务器的性能有所提高，功能有所增强，有一定的可扩展性，但容错和冗余性能仍不完善，也不能满足大型数据库系统的应用，价格也较前者贵许多，一般相当于 2~3 台高性能的 PC 品牌机的总价。

(3) 部门级服务器。这类服务器属于中档服务器，一般都支持双 CPU 以上的对称处理器结构，具备比较完全的硬件配置，如磁盘阵列、存储托架等。部门级服务器的最大特点是，除了具有工作组级服务器的全部服务器特性外，还集成了大量的监测及管理电路，具有全面的服务器管理能力，可监测温度、电压、风扇、机箱等状态参数，结合标准服务器管理软件，管理人员可及时了解服务器的工作状况。同时，大多数部门级服务器具有优良的系统扩展性，能够满足用户在业务量迅速增大时的需要，及时在线升级系统，充分保护用户的投资。它是企业网络中分散的各基层数据采集单位与最高层的数据中心保持顺利连通的必要环节，一般为中型企业的首选，也可用于金融、邮电等行业。

部门级服务器一般采用 IBM、SUN 和 HP 开发的 CPU 芯片，这类芯片一般是 RISC 结构，所采用的操作系统一般是 UNIX 系列，现在 Linux 也在部门级服务器中得到了广泛应用。部门级服务器可连接 100 个左右的计算机用户，适用于对处理速度和系统可靠性要求高一些的中小型企业网络，其硬件配置相对较高，其可靠性比工作组级服务器高一些，当然其价格也较高(通常为 5 台左右高性能 PC 机价格的总和)。由于这类服务器需要安装比较多的部件，所以机箱通常较大，多采用机柜式。

(4) 企业级服务器。企业级服务器属于高档服务器，正因为如此，能生产这种服务器的企业不是很多。企业级服务器最起码采用 4 个以上 CPU 的对称处理器结构，有的高达几十个，一般还具有独立的双 PCI 通道和内存扩展板设计，具有高内存带宽、大容量热插拔硬盘和热插拔电源、超强的数据处理能力和集群性能等。这种企业级服务器的机箱更大，一般为机柜式，有的还由几个机柜组成，像大型机一样。

企业级服务器产品除了具有部门级服务器的全部特性外，最大的特点就是它还具有高度的容错能力、优良的扩展性能、故障预警功能、在线诊断功能，RAM、PCI、CPU 等具有热插拔性能。有的企业级服务器还引入了大型计算机的许多优良特性，如 IBM 和 SUN 公司的企业级服务器。这类服务器采用的芯片也都是几大服务器开发、生产厂商自己开发的 CPU 芯片，所采用的操作系统一般是 UNIX(Solaris)或 Linux。目前在全球范围内能生产高档企业级服务器的厂商只有 IBM、HP、SUN，而绝大多数国内外厂家的企业级服务器只能算是中、低档企业级服务器。企业级服务器适合运行在需要处理大量数据、要求高处理速度和对可靠性要求极高的金融、证券、交通、邮电、通信或大型企业。

企业级服务器用于联网计算机在数百台以上、对处理速度和数据安全要求非常高的大型网络。企业级服务器的硬件配置最高,系统可靠性也最强。图 2-1 所示为中国科学院计算技术研究所国家智能计算机研究开发中心研究和开发的曙光 4000L 企业级别的高级服务器。

图 2-1 曙光 4000L 企业级服务器

需要注意的是,这 4 种服务器之间的界限并不是绝对的,并且随着服务器技术的发展,各种层次的服务器技术也在不断地变化,也许目前在部门级才有的技术将来某一天在入门级服务器中也必须具有。而且这几类服务器在业界也没有一个硬性标准来严格划分,它们多数是针对各自不同生产厂家的整个服务器产品线来说的。由于服务器的型号非常多,硬件配置也有较大差别,因此用户不必拘泥于某级服务器,而应当根据自己网络的规模和服务的需要,并适当考虑相对的冗余和系统的扩展能力来选择相应的服务器。

3.服务器的性能指标

性能是决定服务器可用性和稳定性的决定性因素,是任何一台服务器最值得关注的指标。性能指标可以衡量服务器的工作能力,可以查找服务架构体系中的问题,可以验证服务器的稳定性和可靠性。服务器的性能指标可以根据应用不同进行分类,经常用到的有系统通用性能指标、Web 服务器指标、数据库服务器性能指标。其中,Web 服务器是使用最多的服务器。

2.1.2 工作站

1.工作站的用途

顾名思义,网络工作站是指从事上网操作的主机系统。网络用户通过操作网络工作站使用网络,完成自己的网络工作。网络工作站常简称为工作站(Work Station)。与服务器系统相比,网络工作站的最大特点就是配置低,面向一般网络用户。

2.工作站的分类

按照配置的不同,工作站可以分成以下 4 类。

(1) 商用台式个人计算机(含笔记本)。通常使用的计算机都属于此类。这类工作站是配置最高的,其 CPU 的主频可达几吉赫兹,RAM 可达几百吉 B,硬盘容量可达 TB 数量级,主板性能指标较以前有较大提高(还可以内置声卡/网卡等接口卡)。另外,外设的配置也很高,如超薄液晶显示器的使用已经非常广泛。此类工作站可以运行所有主流的个人计算机操作系统。另外,其他系统软件公司的操作系统一般都可以在商用台式机上运行。

(2) 网络计算机(Network Computer,NC)。这是一类专门为使用网络而设计的台式计算机,它不面向商用用途。与前两类工作站相比,NC 的最大特点是必须连接在网络上才能工作。因此,NC 的体系结构是经过特殊优化的,面向网络计算。

(3) 移动网络终端(Mobile Network Terminal)。此类工作站包括具有联网能力的个人数字助理(Personal Digital Assistant,PDA)、手提电话(Hand Phone)和其他掌上电脑。此类工作站兼有随身数据计算和移动通信能力。随着 Internet 和无线通信技术的发展,以 PDA 为代表的设备逐渐成为功能完备的迷你网络工作站。作为计算机,移动网络终端运行专用的操作系统,主流的 PDA 操作系统是 Microsoft 的 Windows CE、Windows Pocket PC 和 Palm 公司的 Palm 系统。

另外,按照工作站的特殊用途,可以把工作站分成以下几种。

(1) 用户工作站。此类工作站安装基本的软件系统,提供给一般用户上网使用。

(2) 网管工作站。此类工作站安装专用的网络管理软件系统,仅供网络管理员从事网络管理工作。

(3) 安全工作站。当局域网中安装了专用的网络安全监控软件(如入侵检测系统)时,安全管理员可在此类工作站上通过安全监控软件监视网络的安全情况,实施安全控制操作。

当前,网络信息安全问题逐渐引起了人们的关注。为了增加主机系统的安全,产业界提出了安全计算机的概念,并开发了相关的产品。安全计算机整合了功能强大的防毒软件和系统恢复软件,可以及时查杀各类病毒,并运用系统恢复软件对整个系统进行及时备份,避免数据丢失。针对网络黑客入侵行为,安全计算机采用本机登录加密措施、单机防火墙、智能卡(磁盘保护卡、串口键盘口读卡机等)、内部网与外部网隔离措施(称为双网隔离),提供用户登录、认证和授权等功能,保护了用户数据的安全。

2.1.3 网卡

网卡(Network Interface Card,NIC)即网络适配器。数据在计算机总线中是并行传输的,但在网络的物理缆线中,数据以串行的比特流方式传输,网卡承担串行数据和并行数据的转换工作。随着网络技术的高速发展和网络应用需求的不断提高,局域网的传输速率也越来越快,1000Mbps 的局域网已经非常普及,成为小型局域网的主流配置,但如果只依靠计算机的中央处理器(CPU)是无法以这样的速率处理数据的。因此,必须把网络数据传输方面的工作从 CPU 中分离出来,用一个专门设备完成数据的处理工作,这个设备就是网卡。

1. 网卡的功能

网卡充当计算机和网络缆线之间的物理接口或连线,将计算机中的数字信号转换成电或光信号。它是局域网中最基本的部件之一,可以说是必备的。网卡通常又称为网络卡或网络接口卡,如图 2-2 所示。网卡插在计算机的主板插槽中,负责将用户传递的数据转换为网络上其他设备能够识别的格式,通过网络介质传输。它的主要技术参数为带宽、总线方式、电气接口方式等。网卡必须具备两大技术：网卡驱动程序和 I/O 技术。驱动程序使网卡和网络操作系统兼容，实现 PC 与网络的通信。I/O 技术可以通过数据总线实现 PC 和网卡之间的通信。在计算机局域网中，如果有一台计算机没有网卡，那么这台计算机将不能和其他计算机通信，也就是说，这台计算机是孤立于网络的。

图 2-2　网络适配器

对网卡而言，每块网卡都有一个唯一的网络结点地址，是网卡生产厂家在生产时烧入 ROM 中的，且绝对不会重复。它的基本功能如下。

(1) 接收数据的能力：接收来自其他网络设备(如其他网卡、集线器、交换机或者路由器等)传输过来的数据包，经过拆包，将其变成计算机可以直接识别的数据，通过主板上的总线将数据传输到所需设备(如 CPU、RAM 等)。

(2) 发送数据的能力：将电脑的数据封装成帧，并通过网线(对无线网络来说就是电磁波)将数据发送到网络上去。

(3) 地址识别能力：能够实现从并行到串行的数据转换、包的装配和拆装、网络存取控制，进行数据缓存，读取网络信号。目前主要有 8 位网卡和 16 位网卡。它的主要工作原理为，整理计算机发往网线的数据，在将数据分解为适当大小的数据包之后向网络上发送。

2．网卡的工作原理

网卡工作在 OSI 模型的最后两层，即物理层和数据链路层。在很多网卡中，这两个部分是做到一起的。它们之间的关系是 PCI 总线接 MAC 总线，MAC 接 PHY，PHY 接网线。

(1) 物理层定义了数据传送与接收所需要的电信号与光信号、线路状态、时钟基准、数据编码和电路等，并向数据链路层设备提供标准接口。物理层的芯片称为 PHY。

(2) 数据链路层提供寻址机构、数据帧的构建、数据差错检查、传送控制、向网络层提供标准的数据接口等功能。以太网卡中数据链路层的芯片称为 MAC 控制器。

3．网卡的分类

我们日常使用的网卡都是以太网网卡。网卡按其传输速度，可分为 10M 网卡、10/100M 自适应网卡以及千兆(1000M)网卡。目前常用的是 10/100M 自适应网卡，它的价格便宜，比较适合于一般用途。千兆网卡主要用于高速的服务器。

网卡按其主板上的总线类型，可分为 ISA、VESA、EISA、PCI 等接口类型。ISA 网卡又可分为 8 位和 16 位两种。由于 ISA 网卡最多只有 11M 的带宽速度，故目前 ISA 接口的网卡已越来越不能满足现代网络环境的需求。8 位 ISA 网卡目前已被淘汰，市场上常见的是 16 位 ISA 接口的 10M 网卡，它的唯一好处是价格低廉，如比较有名的 NE2000 等，适用于如网吧等要求不高的场合。虽然 VESA、EISA 网卡速度快，但价格较贵，市场上很少见。目前市场上的主流网卡是 PCI 接口的网卡。PCI 网卡的理论带宽为 32 位 133M，PCI 网卡又可分为 10M PCI 网卡和 10/100M PCI 自适应网卡两种类型。

网卡按其连线的插口类型，可分为 RJ-45 水晶口、BNC 细缆口、AUI 三类，以及综合这几种插口类型于一身的 2 合 1、3 合 1 网卡。RJ-45 插口采用 10Base-T 双绞线网络接口类型。它的一端是计算机网卡上的 RJ-45 插口，另一端是集线器(Hub)上的 RJ-45 插口。BNC 接头是采用 10Base-2 同轴电缆的接口，它同带有螺旋凹槽的同轴电缆上的金属接头相连，如 T 形接头等。AUI 接头很少使用。

除了以上网卡类型以外，市面上还经常见到服务器专用网卡、笔记本专用网卡、USB接口网卡等。笔记本专用网卡是为方便笔记本电脑联入局域网或互联网而专门设计的，主要有只能联入局域网的局域网卡和既能访问局域网又能访问互联网的局域网/Modem 网卡。它一端接电话接口，一端连 RJ-45 接口。USB 网卡是外置的，它一端为 USB 接口，一端为 RJ-45 接口，也分为 10M 和 10/100M 自适应两种。

2.1.4 中继器

中继器(Repeater)又称为转发器，是连接网络线路的一种装置，常用于两个网络结点之间物理信号的双向转发工作，如图 2-3 所示为中继器的一种。中继器是最简单的网络互联设备，主要完成物理层的功能，负责在两个结点的物理层上按位传递信息，完成信号的复制、调整和放大，以此来延长网络的长度。

图 2-3　RJ-45 端口中继器

由于存在损耗，在线路上传输的信号功率会逐渐衰减，衰减到一定程度时会造成信号失真，因此会导致接收错误。中继器就是为解决这一问题而设计的。它完成物理线路的连接，对衰减的信号进行放大，保持信号与原数据相同。

一般情况下，中继器的两端连接的是相同的媒体，但有的中继器也可以完成不同媒体的转接工作。从理论上讲，中继器的使用是无限的，网络也因此可以无限延长。而事实上这是不可能的，因为网络标准中对信号的延迟范围作了具体的规定，中继器只能在规定范围内进行有效的工作，否则会引起网络故障。以太网络标准中就约定了一个以太网上只允许出现 5 个网段，最多使用 4 个中继器，而且其中只有 3 个网段可以挂接计算机终端。

2.1.5 集线器

集线器也称为集散器或 Hub，算得上是一种特殊的多端口中继器，作为网络传输介质

高等院校计算机教育系列教材

的中央结点，它克服了介质单一通道的缺陷。图 2-4 所示为集线器。以集线器为中心的优点是：当网络系统中某条线路或某结点出现故障时，不会影响网络上其他结点的正常工作。

集线器可分为无源(Passive)集线器、有源(Active)集线器和智能(Intelligent)集线器。

(1) 无源集线器只负责把多段介质连接在一起，不对信号做任何处理，每种介质段只允许扩展到最大有效距离的一半。

图 2-4 集线器

(2) 有源集线器类似于无源集线器，但它具有对传输信号进行再生和放大从而扩展介质长度的功能。

(3) 智能集线器除具有有源集线器的功能外，还可将网络的部分功能集成到集线器中，如网络管理、选择网络传输线路等。

集线器的端口类型有两种：一种用于连接 RJ-45 端口，这种端口可以有 8、12、16、24 个；另一种用于连接粗缆的 AUI 端口的向上连接的端口。

集线器的特点如下。

(1) 表面上看，使用集线器的局域网在物理上是一个星型网，但由于集线器使用电子器件模拟实际电缆线的工作，因此整个系统仍然像传统的以太网那样运行。也就是说，使用集线器的以太网在逻辑上仍是一个总线网，各工作站使用的还是 CSMA/CD 协议，并共享逻辑上的总线。网络中的各个计算机必须竞争对传输媒体的控制权，并且在一个特定时间至多只有一台计算机能够发送数据。因此，这种 10Base-T 以太网又称为星型总线(Star-shaper Bus)。用集线器可将多个网段连接成一个大的局域网，如图 2-5 所示。

图 2-5 集线器将多个网段连接成一个局域网

(2) 一个集线器有许多端口，每个端口通过 RJ-45 插头用两对双绞线与一个工作站上的网卡相连。因此，一个集线器很像一个多端口的转发器。

(3) 集线器和转发器都工作在物理层，它的每个端口都具有发送和接收数据的功能。当集线器的某个端口接收到工作站发来的数据时，简单地将该数据向所有其他端口转发。若两个端口同时有信号输入(即发生碰撞)，那么所有的端口都收不到正确的帧。

(4) 集线器采用了专门的芯片，进行自适应串音回波抵消。这样就可使端口转发出去的较强信号不至于对该端口接收到的较弱信号产生干扰。每个数据在转发之前还要进行再生整形并重新定时。

集线器本身必须非常可靠。现在堆叠式集线器由 4～8 个集线器以一个叠在另一个上面的方式构成。集线器一般有少量的容错能力和网络管理功能。模块化的机箱式智能集线器有很高的可靠性，它全部的网络功能都以模块方式实现。各模块可进行热插拔，可在不断电的情况下更换或增加新模块。集线器上的指示灯还可显示网络上的故障情况，这给网络的管理带来了很大的方便。

2.1.6 网桥

网桥(Bridge)又称桥接器，是一个局域网与另一个局域网之间建立连接的桥梁，如图 2-6 所示。从协议层次来看，网桥工作在数据链路层，它根据 MAC 帧的目的地址对收到的数据帧进行转发。网桥具有过滤帧的功能，当网桥收到一个帧时，并不是向所有的端口转发此帧，而是先检查此帧的目的 MAC 地址，然后确定将该帧转发到哪一个端口。

图 2-6　网桥

1. 网桥的结构

图 2-7 给出了一个网桥的内部结构要点。最简单的网桥有两个端口，复杂的网桥可以有更多的端口，网桥的每个端口与一个网段相连。在图 2-7 所示的网桥中，其端口 1 与网段 A 相连，端口 2 连接到网段 B。网桥从端口接收网段上传送的各种帧，每当收到一个帧时，就先暂存在其缓存中。若此帧未出现差错且欲发往的目的站 MAC 地址属于另一个网段，则通过查找转发表，将收到的帧通过对应的端口转发出去。若该帧出现差错，则丢弃此帧。因此，仅在同一个网段中通信的帧不会被网桥转发到另一个网段去，因此不会加重整个网络的负担。例如，设网段 A 上的三个站 H1、H2、H3 的 MAC 地址分别为 MAC1、MAC2、MAC3；网段 B 上的三个站 H4、H5、H6 的 MAC 地址分别为 MAC4、MAC5、MAC6。若网桥的端口 1 收到站 H1 发给站 H5 的帧，则在查找转发表后，把这个帧送到端口 2 转发给网段 B，然后再传给站 H5。若端口 1 收到站 H1 发给站 H2 的帧，由于目的站对应的端口就是这个帧进入网桥的端口 1，表明不需要经过网桥转发，于是丢弃这个帧。

网桥是通过内部的端口管理软件和网桥协议实体来完成上述操作的。站表也叫作转发数据库或路由目录。

2. 网桥的优缺点

使用网桥可以带来以下好处。

(1) 过滤通信量。网桥工作在链路层的 MAC 子层，可以使局域网各网段成为隔离的碰撞域，从而减轻了扩展局域网上的负荷，同时也减小了扩展局域网上的帧的平均时延。

工作在物理层的转发器就没有网桥的这种过滤通信量的功能。

图 2-7　网桥的内部结构

(2)　扩大了物理范围，因而增加了整个局域网上工作站的最大数目。

(3)　提高了可靠性。当网络出现故障时，一般只影响个别网段。

(4)　可互联不同物理层、不同 MAC 子层和不同速率(如 10Mbps 和 100Mbps 以太网)的局域网。

当然，网桥也有一些缺点，具体如下。

(1)　由于网桥对接收的帧要先存储和查找转发表然后才转发，这就增加了时延。

(2)　在 MAC 子层并没有流量控制功能。当网络上的负荷很重时，网桥中的缓存可能因不够而发生溢出，以致发生帧丢失现象。

(3)　使用网桥进行扩展的局域网称为一个广播域。网桥只适合用户数不太多(不超过几百个)和通信量不太大的局域网，否则会因传播过多的广播信息而产生网络拥塞。这就是所谓的广播风暴。

2.1.7　交换机

网络交换技术是一种结构化的网络解决方案，是计算机网络发展到高速传输阶段而出现的一种新的网络应用形式。它不是一项新的网络技术，而是现有网络技术通过交换设备提高性能。图 2-8 所示为普通交换机。

图 2-8　普通交换机

1．交换机的功能

以太网交换技术(Switch)是于 20 世纪 90 年代初在多端口网桥的基础上发展起来的，实现 OSI 模型的下两层(即物理层和数据链路层)协议。它与网桥有着千丝万缕的关系，甚至被业界称为"许多联系在一起的网桥"。因此现在的交换技术并不是什么新的标准，而是现有技术的新应用，是一种改进了的局域网桥。与传统的网桥相比，它能提供更多的端口(4～88 个)、更好的性能、更强的管理功能以及更便宜的价格。而现在，局域网交换机也实现了 OSI 参考模型的第三层协议，将二层转发与三层路由选择功能相结合，形成了三层交换机，并已成为现代局域网的核心设备。相对于三层交换机，我们把二层交换机称为传统交换机。在本书中，若不特别说明，交换机指的便是传统的二层交换机。

以太网交换机与电话交换机相似，除了提供存储转发(Store-and-Forward)方式外，还提供其他的桥接技术，如直通方式(Cut Through)。

直通方式的以太网络交换机可以理解为在各端口间纵横交叉的线路矩阵电话交换机。它在输入端口检测到一个数据包时，检查该包的包头，获取包的目的地址，启动内部的动态查找表转换成相应的输出端口，将输入与输出交叉处接通，把数据包直接交付到相应的端口，实现交换功能。由于不需要存储，延迟(Latency)非常小、交换非常快，这是它的优点。它的缺点是：因为数据包的内容并没有被交换机保存下来，所以无法检查所传送的数据包是否有误，不能提供错误检测功能；由于没有缓存，不能将具有不同速率的输入/输出端口直接接通；而且当网络交换机的端口增加时，交换矩阵变得越来越复杂，实现起来相当困难。

存储转发方式是计算机网络领域应用最为广泛的方式，它把输入端口的数据包先存储起来，然后进行 CRC(奇偶校验)检查，在对错误包处理后才取出数据包的目的地址，通过查找表转换成输出端口送出包。正因为如此，存储转发方式在数据处理时延时大，这是它的不足；但是它可以对进入交换机的数据包进行错误检测，尤其重要的是它可以支持不同速度的输入、输出端口间的转换，从而保持高速端口与低速端口间的协同工作。

2．交换机的分类

由于交换机市场发展迅速，产品繁多，而且功能越来越强，所以也可按企业级、部门级、工作组级、桌面级进行分类。

交换机的端口类型有以下几种：一类是用于连接 RJ-45 端口，这类交换机可以有 8、12、16、24 个端口；另一类是用于连接粗缆的 AUI 端口，还有光纤接口等，后两种都是向上连接的端口。交换机有 10Mbps、10/100Mbps 自适应、100Mbps 快速、千兆位交换机等多种，根据组网的需要，不同档次的交换机被应用到网络中的不同位置。图 2-9 所示为千兆位交换机。

图 2-9　千兆位交换机

3. 集线器与二层交换机的区别

(1) 从 OSI 体系结构来看，集线器属于 OSI 的第一层物理层设备，而交换机属于 OSI 的第二层数据链路层设备。这也就意味着集线器只对数据的传输起到同步、放大和整形的作用，对数据传输中的短帧、碎片等无法进行有效的处理，不能保证数据传输的完整性和正确性；而交换机不但可以对数据的传输做到同步、放大和整形，而且可以过滤短帧、碎片等。

(2) 从工作方式来看，集线器是一种广播模式，也就是说集线器的某个端口在工作时，其他所有端口都能够收听到信息，容易产生广播风暴，当网络较大时网络性能会受到很大影响。那么用什么方法避免这种现象呢？交换机就能够起到这种作用。当交换机工作时，只有发出请求的端口和目的端口之间相互响应而不会影响其他端口，因此交换机能够隔离冲突域。但要注意的是，作为二层交换机，它不能抑制广播风暴的产生。

(3) 从带宽来看，集线器不管有多少个端口，所有端口都是共享一条带宽，在同一时刻只能有两个端口传送数据，其他端口只能等待，同时集线器只能工作在半双工模式下；而对于交换机而言，每个端口都有一条独占的带宽，当两个端口工作时并不影响其他端口的工作，同时交换机不但可以工作在半双工模式下，而且可以工作在全双工模式下。

2.1.8　路由器

1. 路由器的功能

路由器在互联网中起着重要的作用，它连接两个或多个物理网络，负责将从一个网络接收到的 IP 数据包经过路由选择转发到一个合适的网络中。一般说来，异种网络互联与多个子网互联都应采用路由器来完成。

路由器(Router)是网络层的互联设备，可将多个不同的逻辑网(即子网)相互连接从而形成一个互联网络，如图 2-10 所示。网桥或传统交换机互联起来的网络则是一个独立的逻辑网。

图 2-10　路由器将两个局域网连接成互联网络

路由器具有判断网络地址和选择路径的功能，它能在多网络互联环境中建立灵活的连接，可用完全不同的数据分组和介质访问方法连接各种子网。路由器只接收源端或其他路由器的信息，属于网络层的一种互联设备。它不关心各子网使用的硬件设备，但要求运行与网络层协议一致的软件。

路由器可以连接不同的传输介质，如同轴电缆、双绞线、光缆、微波、卫星等；可以连接不同的介质访问控制方法，如 CSMA/CD(以太网)和 Token Ring(令牌环网)；可以连接不同的拓扑结构，如总线型、环型、星型、树型等；可以连接不同的编址方法，如以太网、令牌环网采用 6 字节地址，而 ATM 地址用 20 字节表示；可以连接不同的分组长度，如以太网帧的最大长度是 1518 字节，令牌环网上的最大长度是 8198 字节，而 ATM 的一个信元只有 53 字节；可以连接不同的协议规范；可以连接不同的协议功能定义和不同的协议格式等；可以连接不同的服务类型，如面向连接服务和无连接服务(ATM 是面向连接的，而以太网是无连接)。

2．路由器的分类

(1) 从能力上，路由器可分为高端路由器和中低端路由器。各厂家的划分标准并不完全一致。通常将背板交换能力大于 40Gbps 的路由器称为高端路由器，而背板交换能力在 40Gbps 以下的路由器称为中低端路由器。以市场占有率最大的 Cisco 公司为例，12000 系列为高端路由器，7500 以下系列为中低端路由器。

(2) 从结构上，路由器可分为模块化结构与非模块化结构。通常中高端路由器为模块化结构，低端路由器为非模块化结构。

(3) 从网络位置上，路由器可分为核心路由器与接入路由器。核心路由器位于网络中心，通常使用高端路由器，要求快速的包交换能力与高速的网络接口，通常是模块化结构。接入路由器位于网络边缘，通常使用中低端路由器，要求相对低速的端口以及较强的接入控制能力。

(4) 从功能上，路由器可分为通用路由器与专用路由器。一般所说的路由器为通用路由器，专用路由器通常为实现某种特定功能而对路由器接口、硬件等作专门优化。例如接入服务器用作接入拨号用户，增强了 PSTN 接口以及信令能力；VPN 路由器增强隧道处理能力以及硬件加密；宽带接入路由器强调宽带接口数量及种类。

(5) 从性能上，路由器可分为线速路由器以及非线速路由器。通常线速路由器是高端路由器，能以媒体速率转发数据包；中低端路由器是非线速路由器。但是一些新的宽带接入路由器也有线速转发能力。

本节只是简单地介绍了路由器的基础知识，更多的路由方面的知识将在后续章节中讲述。

2.2 网络设备的连接

网络设备的连接看似简单，好像都是直接用网线插入网络接口中，但其实这只是表面现象。在一些小型、非智能网络中，这样是可以一次成功的；但是对于中型以上，特别是网络结构比较复杂的网络，必须遵循一定的原则，否则可能造成网络通信不畅，甚至无法通信。正确的连接是保证网络设备高效运转的前提。

2.2.1 网络设备的总体连接方法

目前在企业局域网中最主要的网络设备是交换机和路由器，这两种主要网络设备的连接又是有相应规则的。通过前面的学习，我们知道交换机分为二层交换机与三层交换机，三层交换机主要用来连接整个网络的不同子网，一般处于网络的核心位置；而二层交换机一般处于网络的末端，用于桌面设备或组用户的接入。路由器一般处于网络的边缘，经防火墙与网络的核心交换机连接在一起，通常的连接顺序是核心交换机——防火墙——路由器，如图 2-11 所示。有些路由器集成防火墙功能，有些防火墙集成路由器功能，这时只用一种设备即可。

内部
网络

防火墙   路由器   Internet

核心交换机

图 2-11　路由器与核心交换机的连接

在如图 2-11 所示的方案中，内部网络核心交换机与网络防火墙的内部网络专用端口连接，防火墙的外部网络专用端口与边界路由器的局域网(LAN)端口连接，最终通过路由器的广域网端口与其他网络(包括外部专用网和广域网，如互联网等)连接。在这样一种网络中，防火墙通常还有一个专门用于连接内部网络中公共部分的以太网端口，用于为像 Web 服务器、E-mail 服务器和 FTP 服务器等这种向公共用户提供服务的服务器提供特殊安全防护策略，形成一个非军事化区域(DMZ)。

除了以上介绍的连接方式需要遵循一定的原则外，连接网络设备的传输介质也有明确的规定，具体描述如下。

(1) 在 10Base-TX、100Base-TX、1000Base-T 双绞线以太网中，三类、四类、五类、超五类和六类 100Ω的屏蔽或非屏蔽双绞线的最大长度为 100m。

(2) 对于单一交换链接，1000Base-SX 光纤千兆以太网采用带宽为 160MHz/km 的 62.5/125μm 多模光纤时，光纤最大长度为 220m；如果采用的是带宽为 400MHz/km 的 50/125μm 多模光纤，则光纤最大长度为 500m；如果采用带宽为 500MHz 的 50/125μm 多模光纤，则光纤最大长度为 550m。

(3) 对于单一交换链接，1000Base-LX 光纤千兆以太网当采用 9/125μm 单模光纤时，光纤最大长度可达到 5000m。

(4) 对于单一交换链接，100Base-FX 光纤电缆的长度，多模光纤不超过 2km，单模光纤不超过 20km。

以上连接电缆长度的限制如表 2-1 所示，1000Base-SX 网络的光纤长度限制如表 2-2 所示。

表 2-1　各种以太网电缆长度限制

以太网标准	电缆类型	最大长度	接头类型
10Base-T	三类、四类、五类 100Ω UTP	100m	RJ-45
100Base-T	五类 100Ω UTP	100m	RJ-45
1000Base-SX	50/125μm 或 62.5/125μm 多模光纤	参见表 2-2	SC 或 ST
1000Base-LH	9/125μm 单模光纤	70km	SC 或 ST
1000Base-LX	9/125μm 单模光纤	5km	SC 或 ST
1000Base-T	五类、超五类或六类 100Ω UTP	100m	RJ-45

表 2-2　1000Base-SX 网络电缆长度限制

光纤直径	光纤带宽/(MHz/km)	最大长度/m
62.5/125μm	160	220
	200	275
50/125μm	400	500
	500	550

2.2.2　网络连接规则

因为网络技术的多样性，导致网络设备的连接也需要遵守一定的连接规则，否则，轻则可能严重影响设备性能的正常发挥，重则可能导致整个网络不能正常连接。

1．不对称交换网络的连接规则

不对称交换网络是指网络中各交换机的端口速率不完全一样。交换机通常是用高速率端口连接下级其他网络连接设备(如交换机、路由器)，或连接高性能的服务器和工作站；低速率端口则用于直接连接普通的工作站，如图 2-12 所示。这样一种连接方式同时解决了主要网络设备之间，以及服务器与设备之间的连接瓶颈。通过增加服务器和特殊应用工作站连接带宽，可有效地防止端口拥塞的问题，提高应用性能。

图 2-12　不对称交换网络的连接

2. 对称交换网络的连接规则

对称交换网络是指网络中各交换机的所有端口都有相同的传输速率。对称网络的连接策略非常简单，就是选择其中一台交换机作为中心交换机，然后将所有被频繁访问的设备(如其他下级交换机、服务器、打印机等)都连接至该交换机，其他设备则连接至一级交换机上，如图 2-13 所示。

图 2-13　对称交换网络的连接

在该拓扑结构中，由于所有端口只需一次交换即可实现与频繁访问设备的连接，因此大幅度地提高了网络传输效率。需要注意的是，它对中心交换机性能的要求比较高，如果中心交换机的背板带宽和转发速率较差，将会影响整个网络的通信效率。

3. 不同性能交换机的连接规则

这里所说的"交换机性能"是指交换机的总体连接性能，而不是指各个具体端口的连接性能，主要体现在交换机带宽及所应用的交换技术上。不同档次的交换机，背板带宽和转发速率存在很大区别。性能最好的企业级或部门级交换机作为核心交换机，位于网络的中心位置，用于实现整个网络中不同子网之间的数据交换；性能稍逊的部门级交换机作为骨干层交换机，用于实现某一网络子网内数据之间的交换；而性能最差的交换机作为工作组交换机，用于直接连接桌面计算机，为用户直接提供网络接入，如图 2-14 所示。

图 2-14　不同性能交换机的连接

4．交换机级联时的电缆使用规则

级联是上一级交换机采用普通端口，下一级交换机可以采用普通端口，也可以采用专用的级联端口(即 Uplink 端口，也即 MDI-II 端口)的交换机连接方式。当相互级联的两个端口分别为普通端口(即 MDI-X 端口)和 MDI-II 端口时，使用直通线；当相互级联的两个端口均为普通端口(即 MDI-X 端口)时，使用交叉线，如图 2-15 所示。

图 2-15　交叉线与直通线的使用

双绞线内 8 条细线的排列顺序遵循一定的规则。有两种国际标准，T568B(橙白—橙—绿白—蓝—蓝白—绿—棕白—棕)与 T568A(绿白—绿—橙白—蓝—蓝白—橙—棕白—棕)。双绞线内的 8 根细线在两端 RJ-45 插头内的排列顺序(色谱)一致，都按 T568A 或 T568B 排列，叫作直通线。反之，排列顺序不一致，一端为 T568A，另一端为 T568B，符合如图 2-16 所示的规则，叫作交叉线。在做直通线时，一般采用 T568B。

图 2-16　第 1、2、3、6 插槽线的顺序发生交叉

一些交换机的每个端口为自适应端口，可以自行判断对方端口的属性，因此任意两个端口之间的连接都可以使用直通线。另外一些交换机使用一个普通端口兼做 Uplink 端口，并利用一个开关(MDI/MDI-X 转换开关)在两种类型之间进行切换。

2.2.3　网络设备的主要接口

1．交换机主要接口

交换机用来进行局域网连接，所以它只有局域网(LAN)接口，没有像路由器那样的广域网接口。由于现在的局域网主要是双绞线或光纤以太网类型，同轴电缆以太网已非常少见，所以原来的粗同轴电缆 AUI 接口和细同轴电缆 BMC 接口在交换机中已基本不见了，取而代之的是 RJ-45 双绞线接口或 SC 光纤接口两种。另外，对于网管型交换机，还有一

个用于本地配置的 Console(控制台)接口。

(1) 双绞线 RJ-45 接口。双绞线 RJ-45 接口是最常见的网络接口类型，如图 2-17 所示。它专门用于连接双绞线这种铜缆传输介质，该接口最早在 10Base-T 以太网时代开始使用，直到今天的 100Base-TX 快速以太网和 1000Base-TX 千兆以太网仍在广泛使用。但是支持不同以太网标准的 RJ-45 接口所使用的双绞线类型有些不同，如最初 10Base-T 使用三类线，而目前主流的百兆快速以太网则需要使用五类或超五类双绞线；1000Base-TX 千兆以太网需要使用超五类或六类双绞线。

图 2-17　双绞线 RJ-45 接口

(2) SC 光纤接口。光纤传输介质在 100Base 时代开始采用，但在当时的百兆速率下，与采用传统双绞线介质相比优势并不明显，而价格比双绞线贵许多，所以当时光纤没有得到广泛使用。光纤真正得到应用是从 1000Base 千兆技术开始的，因为在这种速率下，虽然也有双绞线介质方案，但其性能远不如光纤，且光纤在连接距离等方面具有非常明显的优势，非常适合城域网和广域网使用。

目前光纤传输介质的发展相当迅速，各种光纤接口也是层出不穷，但在局域网交换机中，无论是在 100Base-FX 网络还是 1000Base-FX 网络，光纤接口主要是 SC 类型。

SC 接口的外观与 RJ-45 接口非常相似，但 SC 接口是长方形，缺口也更浅些，如图 2-18 所示。SC 光纤接口中的接触弹片是一根铜柱，而 RJ-45 接口中是 8 条铜弹片。

(a) SC 光纤接口　　　　(b) 光纤接口连接器的种类

图 2-18　SC 光纤接口

(3) Console 接口。Console 接口用来进行本地配置，在交换机中，只有网管型交换机才有 Console 接口。Console 接口有多种类型，包括 DB-9 型、DB-9 型串口，也有用 RJ-45 接口作为 Console 接口的，如图 2-19 所示。

无论何种接口，在进行交换机配置时，一般都需要通过专门的 Console 连线接至计算机(通常提前作终端)的串行口。Console 线分为两种：一种是串行线，即两端均为串行接口(两端均为母头或一端为公头，另一端为母头)，两端可以分别插入计算机的串口和交换机的 Console 端口。另一种是两端均为 RJ-45 接头的扁平线；由于扁平线两端均为 RJ-45 接口，无法直接与计算机串口进行连接，因此必须同时使用一个 RJ-45-to-DN-9 的适配器。

(a) DB-9 型   (b) RJ-45 型

图 2-19 Console 接口

2．路由器主要接口

相对于交换机来说，路由器的接口类型要丰富得多，既有内部局域网交换机接口(一般是 RJ-45 双绞线以太网端口)，也有用于连接各种广域网的对应类型接口，还有用于本地配置的 Console 接口。

1) 局域网接口

(1) RJ-45 接口。RJ-45 接口与交换机中的 RJ-45 接口相同，但在路由器中各种标准下的 RJ-45 接口会有不同的标注。10Base-T 10Mbps 以太网 RJ-45 接口在路由器中通常标识为 ETH x(x 为端口序列号，如 ETH 1、ETH 2 等)，如图 2-20 所示；100Base-TX 以太网的 RJ-45 接口通常标识为 10/100bTX。

图 2-20 RJ-45 接口

(2) AUI 端口。AUI 端口是用来与粗同轴电缆连接的接口，它是一种 D 型 15 针接口，这在令牌环网或总线型网络中是比较常见的端口之一。路由器可以通过粗同轴电缆收发器实现与 10Base-5 网络的连接，但更多的是借助于外接的收发转发器(AUI-to-RJ-45)实现与 10Base-T 以太网络的连接，当然，也可借助于其他类型的收发转发器实现与细同轴电缆(10Base-2)或光缆(10Base-F)的连接。AUI 接口如图 2-21 所示。

图 2-21 AUI 接口

(3) SC 光纤接口。路由器的 SC 光纤接口与交换机的相同。在百兆以太网中以

100bFX 标识，在千兆以太网中标识为 1000bFX，如图 2-22 所示。

图 2-22　SC 光纤接口

2)　广域网接口

路由器是用来连接内、外部网络的，其中的局域网接口用来与内部局域网相连，因为目前的局域网主要采用双绞线和光纤两种介质，所以接口类型也相对简单。但外部网络，如广域网，其接口类型就非常复杂了。路由器为了满足用户的不同类型外部网络的连接，必须提供多种类型的外部网络接口，除了局域网中的 RJ-45 或 AUI 类型外，还可能需要有各种同步串口、异步串口以及 ISDN BRI 基群速率接口。

(1)　同步串口。在路由器的广域网连接中，应用最多的端口是同步串口(SERIAL)，标识是 SERIAL x，其中的 x 表示接口序号，如图 2-23 所示。这种端口主要用于目前应用非常广泛的 DDN、帧中继(Frame Delay)、X.25 等广域网连接技术进行专线连接。这种同步端口一般要求非常高，同时通过这种端口连接网络的两端要求实时同步。

图 2-23　同步串口

(2)　异步串口。异步串口(ASYNC)主要应用于 Modem 或 Modem 池的连接，标识是 ASYNC，如图 2-24 所示。它主要用于实现远程计算机通过公用电话网接入网络。异步端口相对于同步端口来说，在速率的要求上较低，它并不要求网络的两端保持实时同步，只要能连续即可，其主要原因是这种接口连接的通信方式速率较低。

图 2-24　异步串口

(3)　ISDN BRI(基群速率)端口。ISDN BRI 端口用于 ISDN 线路通过路由器实现与 Internet 或其他远程网络的连接，可实现 128Kbps 的通信速率。ISDN 有两种速率连接端口，一种是 ISDN BRI(基本速率接口)，另一种是 ISDN PRI(基群速率接口)。ISDN BRI 端口采用 RJ-45 标准，标识为 BRI x，x 表示接口序号，如图 2-25 所示。

图 2-25　ISDN BRI(基群速率)端口

3)　路由器的配置端口

路由器的配置端口有两个，分别是 Console 和 AUX。Console 通常用来进行路由器的基本配置，通过专用线与计算机连接；AUX 用于路由器的远程配置连接。

(1) Console 端口。Console 端口使用配置专用连接，直接连接至计算机的串口，利用终端仿真程序进行路由器的本地配置。路由器的 Console 端口多为 RJ-45 端口。Console 口的标识为 CONSOLE，如图 2-26 所示。

(2) AUX 端口。AUX 端口为异步端口，为 RJ-11 电话线接口类型。它主要用于远程配置，也可用于拨号连接，还可通过收发器与 Modem 进行连接。AUX 接口的标识是 AUX，如图 2-26 所示。

图 2-26　Console 端口与 AUX 端口

2.2.4　交换机互联方式

在交换机的连接中，与其他网络设备的连接都较简单，只需把连接相应设备和网线的水晶头插入相应的端口即可。除了与其他网络设备连接外，交换机有时还需与其他交换机互联，以满足网络性能需求不断提高和连接距离不断扩大的需求。这主要涉及三种技术，即级联、堆叠和集群。

1. 级联

级联扩展模式是最常见的一种端口和距离扩展方式。目前常见的交换机级联，根据交换机的端口配置情况又有两种不同的连接方式。如果交换机配备有 Uplink 端口，如图 2-27 所示，则可直接用这个端口进行级联。需要注意的是，在这种级联方式中，上一层交换机采用的仍是普通以太网端口，仅下层交换机需要采用专门的 Uplink 端口。

因为级联端口的带宽通常较宽，所以这种级联方式的性能较好。采用此种级联扩展方式，交换机间的级联网线必须是直通线，不能采用交叉线，而且每段网线不能超过双绞线单段网线的最大长度 100m。

图 2-27　Uplink 接口

　　另外一种级联方式是互联的两台交换机都通过普通端口进行连接。如果交换机没有专门提供 Uplink 级联端口，可用交换机的普通以太网端口进行交换机的级联，但这种方式的性能稍差，因为下级交换机的有效总带宽实际上就相当于上级交换机的一个端口带宽。在这种级联方式中要求采用交叉线，同样单段长度不能超过 100m。

　　级联扩展模式是以太网扩展端口应用中的主流技术，它通过使用统一的网管平台实现对全网设备的统一管理，如拓扑管理和故障管理等。级联模式也面临着挑战。当级联层数较多，同时层与层之间存在较大的收敛比时，边缘结点之间由于经历了较多的交换和缓存，将出现一定的时延。解决方法是汇聚上行端口来减少收敛比，提高上级设备性能或减少级联的层次。在级联模式下，为保证网络的效率，一般建议层数不要超过 4 层。

2. 堆叠

　　堆叠扩展模式是目前在以太网交换机上扩展端口时使用较多的另一类技术，是一种非标准化技术，各个厂商之间不支持混合堆叠，堆叠模式由各厂商制定。级联模式主要解决连接距离过长和扩展端口之间的矛盾，而堆叠扩展模式主要解决扩展端口和扩展带宽两方面的问题，所以堆叠通常是几台交换机堆叠在一起，采用专用堆叠电缆进行连接，如图 2-28 所示。

图 2-28　堆叠扩展模式

当多台交换机连接在一起时，其作用就像一个模块化的交换机一样，堆叠在一起的交换机可当作一个单元设备进行管理。也就是说，堆叠的所有交换机从拓扑结构上可视为一台交换机，其中存在一个可管理交换机，利用它可对此可堆叠式交换机中的其他独立型交换机进行管理。可堆叠式交换机可以非常方便地实现对网络的扩充，是创建网络时最理想的选择。

交换机堆叠技术采用专门的管理模块和堆叠连接电缆，这样做的好处是：一方面增加了用户端口，能够在交换机之间建立一条较宽的宽带链路，这样，每个用户实际使用的带宽就有可能更宽；另一方面，多个交换机能够作为一台交换机使用，便于统一管理。

交换机堆叠与级联不一样，必须使用专门的端口，而且并不是所有的交换机都支持堆叠，支持堆叠的交换机都有两个用于堆叠的接口，分别标识为 UP 和 DOWN，如图 2-29 所示。它们都是 D 型 25 孔接口，但是否同时具有这两个接口要视交换机所允许的堆叠级数而定。

图 2-29　UP 与 DOWN 接口

可堆叠交换机也是有堆叠级数限制的，并不可以无限制堆叠，低档交换机一般只允许 4 级以下，而高档交换机则可能允许更多的堆叠级数。

3．集群

交换机集群技术是比较新的一种扩展连接技术，它可以较好地解决前两种扩展模式的一些不足。

级联方式容易造成交换机之间的瓶颈；虽然堆叠技术可以增加背板速率，能够消除交换机连接的瓶颈问题，但是受距离的限制很大，而且堆叠交换机的数量限制也比较严格。为了扩大对交换机堆叠的网络管理能力，Cisco 公司推出了交换机集群(Switch Clustering)技术，该技术可看成是堆叠与级联技术的综合。这种技术可以将分散在不同地址范围的交换机逻辑地组合在一起进行统一管理。具体的实现方式是在集群之中选出一个 Commander (管理者)，其他的交换机处于从属地位，由 Commander 统一管理。

2.2.5　路由器的硬件连接

路由器的硬件连接，按端口类型主要分为与局域网接入设备之间的连接、与广域网接入设备的连接以及与配置端口的连接三类。

1．路由器与局域网接入设备之间的连接

(1) RJ-45-to-RJ-45。这种连接方式是指路由器连接的两端都是 RJ-45 接口。如果路由器和集线设备均提供 RJ-45 端口，可以使用双绞线将集线设备和路由器的两个端口连接在

一起。与集线设备之间的连接不同，路由器和集线设备之间的连接不使用交叉线，而是使用直通线；集线器设备之间的级联通常是通过级联端口进行的；路由器与集线器或交换机之间的互联是通过普通端口进行的。

(2) AUI-to-RJ-45。这种连接方式主要用于路由器与集线器的连接。如果路由器仅拥有 AUI 端口，而集线设备提供的是 RJ-45 端口，那么必须借助于 AUI-to-RJ-45 收发器才可实现两者之间的连接。当然，收发器与集线设备之间的双绞线跳线也必须使用直通线，连接示意如图 2-30 所示。

图 2-30 AUI-to-RJ-45 连接示意

(3) SC-to-RJ-45 或 SC-to-AUI。这种方式一般用于路由器与交换机之间的连接。如果交换机只有光纤端口，而路由设备提供的是 RJ-45 或 AUI 端口，则必须借助于 SC-to-RJ-45 或 SC-to-AUI 收发器才可实现两者之间的连接。收发器与交换机设备之间的双绞线跳线同样必须使用直通线。实际上交换机为纯光纤端口的情况非常少。

2．路由器与 Internet 接入设备的连接

路由器与互联网接入设备的连接情况主要有以下几种。

(1) 通过异步串口连接。异步串口主要与 Modem 连接，用于实现远程计算机通过公用电话网拨入局域网络。除此之外，也可用于连接其他终端。当路由器通过电缆与 Modem 连接时，必须使用 AYSNC-to-DB25 或 AYSNC-to-DB25DB9 适配器连接。路由器与 Modem 或终端的连接如图 2-31 所示。

图 2-31 路由器与 Modem 连接

(2) 通过同步串口连接。路由器支持的同步串行端口类型比较多，如 Cisco 系统可以支持五种类型的同步串行端口，分别是 EIA/TIA-232 接口、EIA/TIA-2449 接口、V.35 接口、X.21 串行电缆接口和 EIA-530 接口。在连接时，只需看一下连接用线与设备端接口类型就可以正确地选择，如图 2-32 所示。

图 2-32　通过同步串口连接

(3) 通过 ISDN BRI 端口连接。Cisco 路由器的 ISDN BRI 模块一般分为两类：一类是 ISDN BRI S/T 模块，另一类是 ISDN BRI U 模块。前者必须与 ISDN 的 NT1 终端设备连在一起才能实现与 Internet 的连接。因为 S/T 端口只能连接数字电话设备，不适用于当前的状况，但通过 NT1 后就可连接现有的模拟电话设备。后者由于内置有 NT1 模块，它的 U 端口可以直接连接模拟电话外线，因此无须外接 ISDN NT1 就可以直接连接至电话线墙板插座。

3. 配置端口的连接

(1) Console 端口的连接方式。当使用计算机配置路由器时，必须使用专门的电缆将路由器的 Console 端口与计算机的串口连接在一起。根据端口类型的不同，应选择不同的连接电缆。根据不同的接口类型，选择相应的 RJ-45-to-DB-9 或 RJ-45-to-DB-25 收发器进行转接。

(2) AUX 端口的连接方式。当需要通过远程访问方式实现对路由器的配置时，需要使用 AUX 端口。AUX 接口的结构与 RJ-45 一样，只是里面对应的电路不同，实现的功能也不同。通过 AUX 端口与 Modem 连接，必须借助于 RJ-45-to-DB-9 或 RJ-45-to-DB-25 收发器进行转接。

2.3　网络设备的配置

交换机(路由器也一样)的配置方式一般有两大类：本地配置和远程配置。本地配置是直接连接计算机所进行的配置；而远程配置是通过网络方式进行的配置。在远程配置中又有 Telnet、Web 等几种方式。首先要进行的必须是本地配置，因为只有在本地才可以配置交换机的基本信息(如 IP 地址信息)，从而为其他配置打下基础。在本地也可以配置其他所有参数，只是本地配置方式在交换机安装、固定后不方便进行，一般只适用于新买的交换机等设备的初始配置。

2.3.1　交换机配置方式

1．本地配置方式

本地配置方式是通过交换机控制端口 Console(也称管理端口，有 9 针 DB-9、25 针 DB-25 串口和 RJ-45 以太网端口等多种类型)连接到计算机的串口，利用超级终端进行的一种配置方式。它可以对其他设备进行全面配置，其中最基本的就是配置交换机 IP 地址、网关等信息。只有本地配置才能为交换机配置 IP 地址，也只有配置了静态 IP 地址才能用其他远程方式进行交换机配置。无论是 Web 方式还是 Telnet 方式都需要用到 IP 地址，这一点适用于所有品牌的交换机配置。

具体配置步骤如下。

(1)　如图 2-33 所示，用随机提供的配置电缆连接交换机的 Console 端口和计算机的 COM 端口。

图 2-33　交换机与计算机连接

(2)　开启交换机和计算机电源，进入 Windows 系统，执行"开始"→"所有程序"→"附件"→"通信"→"超级终端"命令，打开如图 2-34 所示的"连接描述"对话框。在其中为该终端连接指定一个连接名称，也可以选择一个连接图标。

(3)　单击"确定"按钮，进入如图 2-35 所示的"连接到"对话框，在"连接时使用"下拉列表框中选择该连接中交换机设备所使用的计算机通信端口即可。

(4)　单击"确定"按钮，进入如图 2-36 所示的"COM1 属性"对话框。在其中可以配置该连接的具体参数，只需在"每秒位数"下拉列表框中选择 9600(串口连接速率)选项，其他保持默认设置即可。

图 2-34　"连接描述"对话框

2．远程配置方式

本地配置需要使用专门的 Console 端口进行，远程配置则可通过交换机的普通端口进行。如果是堆叠型的，也可以把几台交换机堆在一起进行配置，这时它们实际上是一个整体，一般只有一台交换机具有网管能力。同时，远程配置方式中不再需要超级终端软件，而是以 Telnet 方式或 Web 浏览器方式实现与被管理交换机的通信。

图 2-35　"连接到"对话框

图 2-36　"COM1 属性"对话框

因为本地配置方式中已为交换机配置好了 IP 地址(具体的配置方法将在后面介绍)，所以可以通过 IP 地址与交换机进行通信。下面以 Telnet 方式为例说明远程配置方法。

Telnet 是一种远程访问协议，可以用它登录到远程计算机、网络设备或专用 TCP/IP 网络。Windows 95/98 及其后的 Windows 系统、UNIX/Linux 系统中都内置有 Telnet 客户端程序，可直接用它来实现与远程交换机的通信。

在使用 Telnet 连接至交换机之前，应当确认已经做好以下准备工作。

- 在用于管理的计算机中安装有 TCP/IP 协议，并配置好 IP 地址信息，与交换机有网路可达。
- 在被管理的交换机上已经配置好 IP 地址信息。如果尚未配置 IP 地址信息，必须通过 Console 端口进行本地设置。
- 在被管理的交换机上已设置了 Telnet 远程登录权限与特权模式权限。

在计算机上运行 Telnet 客户端程序，并登录至远程交换机。假定交换机的 IP 地址为 61.159.62.182，下面只介绍进入配置界面的方法，至于如何配置要视具体情况而定，这里不作具体介绍。进入配置界面的步骤很简单，只需简单的两步，具体如下。

(1) 单击"开始"按钮，在弹出的菜单中选择"运行"命令，在"运行"对话框中输入"telnet 61.159.62.182"命令(也可以先不输入 IP 地址，在进入 Telnet 主界面后再进行连接，但是这样会多一步，直接输入要连接的 IP 地址更好些)，如图 2-37 所示。如果已为交换机配置了名称，也可以直接在 Telnet 命令后面空一个格后输入交换机的名称。

(2) 单击"确定"按钮，建立与交换机的连接，成功后会显示相关信息，并给出操作菜单，这时可根据需要进行配置。

图 2-37　在"运行"对话框中输入进行 Telnet 连接的命令

2.3.2 交换机配置模式与命令

各厂家的交换机产品的配置方法相似，在此以锐捷公司的设备为例来说明交换机的基本配置方法。

锐捷交换机的命令行操作模式主要包括四种：用户模式、特权模式、全局配置模式及端口模式。

- 用户模式：这是进入交换机后得到的第一种操作模式，在该模式下可以简单查看交换机的软硬件版本信息，并进行简单的测试。用户模式的提示符为"switch>"。
- 特权模式：这是由用户模式进入的下一级模式，在该模式下可以对交换机的配置文件进行管理，查看交换机的配置信息，进行网络的测试和调试等。在用户模式下输入 enable 命令及密码可进入特权模式。特权模式的提示符为"switch#"，例如：

```
switch>enable
Enter password:
switch#
```

- 全局配置模式：这是特权模式的下一级模式，在该模式下可以配置交换机的全局性参数(如主机名、登录信息等)也可以进入下一级配置模式，对交换机的具体功能进行配置。全局配置模式的提示符为"switch(config)#"。进入全局配置模式的命令为：

```
switch#config terminal
switch(config)#
```

- 端口模式：这是全局配置模式的下一级模式，在该模式下可以对交换机的端口进行参数配置。端口模式的提示符为"switch(config-if)#"。在全局配置模式下输入命令"interface(端口号)"，即可进入端口配置模式，例如：

```
switch(config)# interface Ethernet0/1
switch(config-if)
```

从一个模式退回到上一级模式时，使用退出命令 exit。直接退到特权模式的命令为 end。

表 2-3 列出了部分交换机的基本配置命令。

表 2-3　部分交换机的基本配置命令

基本配置命令	配置模式	说　明
switch>?	用户模式	显示当前模式下所有的可执行命令
switch#show running-config	特权模式	查看交换机当前生效的配置信息
switch#show version	特权模式	查看交换机版本信息
switch#show mac-address-table	特权模式	查看交换机当前的 MAC 地址表信息
switch#show interface fa0/3	特权模式	查看端口配置信息
switch(config)#hostname xx	全局配置模式	配置交换机设备名称

基本配置命令	配置模式	说　明
switch(config)#banner motd &	全局配置模式	配置每日提示信息，&为终止符
switch(config-if)#speed 100	端口模式	配置端口速率为 100Mbps
switch(config-if)#no shutdown	端口模式	开启端口，使端口转发数据

需要注意的是，不同的命令需要在不同的配置模式下执行，如查看信息一般在特权模式下进行，配置交换机全局参数要在全局配置模式下进行，而配置端口相关参数则要在端口模式下进行。

2.3.3　路由器配置方式

一般来说，可以用以下五种方式配置路由器。

- 控制台端口(Console)与终端或运行终端仿真软件的计算机相连。
- AUX 端口连接 Modem，通过电话线与远方的终端或运行终端仿真软件的计算机相连。
- 通过网络上的 TFTP 服务器。
- 通过网络上的 Telnet 程序。
- 通过网络上的 SNMP 网管工作站。

与交换机一样，路由器的第一次设置必须通过第一种方式进行，此时终端的硬件设置也与前面所讲的交换机设置相同。

2.3.4　路由器配置模式与命令

路由器的主要配置模式与交换机基本相同，也主要包括四种模式：用户模式、特权模式、全局配置模式及端口模式。模式转换的方法也是相同的。由于路由器的功能与交换机不同，所以还存在其他交换机没有的特有模式，如路由配置协议。

路由器的配置环境与交换机也是相似的，但提示符不同，交换机的设备初始名称为Switch，而路由器的设备初始名称为 Router。当然，厂家不同，其指定的设备初始名称也有差别，如锐捷路由器的初始名称为 Red-Giant。

表 2-3 中给出的部分交换机命令在路由器中也是通用的。表 2-4 列出了另外一部分路由器的基本配置命令。

表 2-4　部分路由器的基本配置命令

基本配置命令	配置模式	说　明
router(config)#interface serial 1/2	全局配置模式	显示当前模式下的所有可执行命令
router(config-if)# ip address 1.1.1.1 255.255.255.0	端口模式	配置端口的 IP 地址
router(config-if)#clock rate 64000	端口模式	配置端口的时钟频率
router(config-if)#bandwidth 512	端口模式	配置端口的带宽速率
router#show ip interface serial 1/2	特权模式	查看端口的 IP 协议相关属性

交换机与路由器的配置命令很丰富，本章只给出了部分基本的操作命令，后继章节中将结合知识点给出其他配置命令。

2.3.5　网络设备实现远程配置实例

现网络中有一台二层交换机 S1 需要实现远程管理，请帮其实现。

【分析】要实现远程管理，S1 必须具备三个条件：已设管理 IP 地址、已设特权密码、已设 enable 登录密码，这三点需要通过本地管理配置实现。

【配置过程】

(1)　搭建网络环境如图 2-38 所示。本地管理终端 H1 通过配置线连接 S1 的 Console 口，建立本地配置通道。

图 2-38　网络设备配置拓扑图

(2)　在 H1 上选择"开始"→"程序"→"附件"→"通讯"→"超级终端"命令，打开超级终端，出现 com 属性配置界面，设置波特率为 9600bps、数据位为 8、停止位为 1、奇偶校验为无、数据流控制为无，单击"确定"按钮，进入如图 2-39 所示的命令行窗口。

图 2-39　本地配置命令行界面

(3) 进行本地基本参数配置。

对交换机进行管理 IP 地址设置，命令如下：

```
Switch>enable
Switch#conf t
Enter configuration commands, one per line.  End with CNTL/Z.
Switch(config)#interface vlan 1
Switch(config-if)#ip address 192.168.0.1 255.255.255.0
Switch(config-if)#no shutdonw
%LINK-5-CHANGED: Interface Vlan1, changed state to up
%LINEPROTO-5-UPDOWN: Line protocol on Interface Vlan1, changed state to up
Switch(config-if)#exit
```

设置特权模式密码，命令如下：

```
Switch(config)#enable secret aaa
```

设置 enable 远程登录密码，命令如下：

```
Switch(config)#line vty 0 4
Switch(config-line)#login
% Login disabled on line 1, until 'password' is set
% Login disabled on line 2, until 'password' is set
% Login disabled on line 3, until 'password' is set
% Login disabled on line 4, until 'password' is set
% Login disabled on line 5, until 'password' is set
Switch(config-line)#password 123
Switch(config-line)#exit
Switch(config)#
```

(4) 在远程管理终端 H2 上进行远程访问。

要实现远程访问，先要保证 H2 与 S1 有网路可达，从拓扑结构上看，H2 通过双绞线与 S1 的 f0/1 端口相连，具备物理连接性。从 IP 地址上看，二者在同一网段，可以互访，也具备逻辑连接性。所以可以判定具备远程访问条件。

如图 2-40 所示，开启 H2 的 DOS 命令行模式，输入"telnet 192.168.0.1"命令，提示密码验证；输入 telnet 密码，进入到"switch>"模式；输入"enable"命令，提示特权密码验证，输入特权密码，进入到"switch#"模式。这样，就可以像在本地配置模式中一样进行远程配置了。

图 2-40　在 H2 上进行远程访问

思　考　题

1. 网络服务器提供的常用服务包括哪些？
2. 简述网络服务器的分类。
3. 简述集线器的特点。
4. 简述交换机的功能和分类。
5. 简述二层交换机和集线器的区别。
6. 结合网桥的结构说明网桥的工作原理。
7. 路由器的作用是什么？
8. 画图说明交换机与路由器在局域网中的位置。
9. 什么是直通线？什么是交叉线？它们在什么场合下使用？
10. 交换机和路由器各有哪些主要接口？它们的作用分别是什么？
11. 请说明交换机三种互联方式(级联、堆叠和集群)各自的特点。
12. 交换机有哪些配置方式？
13. 交换机的配置模式有哪几种？在每种模式下可以进行哪些配置？
14. 参照表 2-3 和表 2-4 练习交换机、路由器的配置命令。
15. 参照 2.3.5 节中的网络设备配置实例自行进行网络设备的本地配置与远程配置。

第 3 章
交换技术及配置

 本章学习目标

　　交换技术是局域网中应用最广泛的一种技术，交换式网络有效解决了共享式网络中存在的碰撞域问题，而三层交换技术又成为局域网中子网间通信的最佳解决方案。本章主要围绕交换技术做以下知识的介绍。

- ↘ 二层交换与三层交换。
- ↘ VLAN 技术。
- ↘ 链路聚合技术。
- ↘ 生成树协议。
- ↘ 交换技术应用案例分析。
- ↘ 交换机配置。

3.1 交换技术概述

局域网交换技术是作为共享式局域网网段划分的有效解决方案而出现的，它可以使每个用户尽可能地分享到最大带宽。交换技术出现后得到了快速发展，目前二层交换技术与三层交换技术的应用已成为主流，四层以上交换功能也在一些高性能网络设备上出现。本节主要对二层交换技术和三层交换技术进行介绍。

3.1.1 二层交换技术

目前二层交换技术的发展比较成熟。二层交换机属于数据链路层设备，可以识别数据包中的 MAC 地址信息，再根据 MAC 地址进行转发，并将这些 MAC 地址与对应的端口记录在自己内部的一个地址表中。具体的工作流程如下。

(1) 当交换机从某个端口收到一个数据包时，读取包头中的源 MAC 地址，这样它就知道源 MAC 地址的机器是连在哪个端口上的。

(2) 读取包头中的目的 MAC 地址，并在地址表中查找相应的端口。

(3) 如地址表中有与这个目的 MAC 地址对应的端口，就把数据包直接复制到该端口上。

(4) 如地址表中找不到相应的端口，则把数据包广播到所有端口上；当目的机器对源机器回应时，交换机又可以学习目的 MAC 地址与哪个端口对应，在下次传送数据时就不需要对所有端口进行广播了。

不断地循环这个过程，全网的 MAC 地址信息都可以学习到，二层交换机就是这样建立和维护自己地址表的。

从二层交换机的工作原理可以得出以下三点结论。

(1) 由于交换机对多数端口的数据进行同时交换，这就要求具有很宽的交换总线带宽，如果二层交换机有 N 个端口，每个端口的带宽是 M，交换机总线带宽超过 $N×M$，交换机就可以实现线速交换。

(2) 学习端口连接的机器的 MAC 地址，并写入地址表。地址表的大小(一般有两种表示方式，一种是 BEFFER RAM，另一种是 MAC 表项数值)影响交换机的接入容量。

(3) 二层交换机一般含有专门用于处理数据包转发的 ASIC (Application Specific Integrated Circuit)芯片，因此转发速度非常快。

局域网交换机的引入，使得网络站点可独享带宽，消除了无谓的碰撞检测和出错重发，提高了传输效率，在交换机中可并行地维护几个独立的、互不影响的通信进程。在交换网络环境下，用户信息只在源结点与目的结点之间进行传送，其他结点是不可见的。但有一点例外，当某一结点在网上发送广播或组播时，或某一结点发送了一个交换机不认识的 MAC 地址封包时，交换机上的所有结点都将收到这一广播信息，整个交换环境构成一个大的广播域。点到点传送是在第二层快速、有效地交换信息，但广播风暴会使网络的效率大打折扣。

3.1.2 三层交换技术

　　交换机的速度比路由器快得多，而且价格也便宜得多。可以说，在网络系统的集成技术中，直接面向用户的第一层接口和第二层交换技术已得到令人满意的效果。交换式局域网技术使专用的带宽为用户独享，极大地提高了局域网的传输效率。但第二层交换技术也暴露出弱点：对广播风暴、异种网络互联、安全性控制等问题不能有效地解决，作为网络核心、起到网间互联作用的路由器技术没有质的突破。当今绝大部分的企业网都已变成实施 TCP/IP 协议的基于 Web 技术的内联网，用户的数据往往越过本地网络在网际间传送，因此路由器常常不堪重负。传统的路由器基于软件，协议复杂，与局域网的速度相比，其数据传输效率较低，但同时它又是网段(子网、VLAN)互联的枢纽，这就使传统的路由器技术面临严峻的挑战。随着 Internet/Intranet 的迅猛发展和 B/S(浏览器/服务器)模式的广泛应用，跨地域、跨网络的业务急剧增长，业界和用户深感传统路由器在网络中的瓶颈效应日益严重，改进传统的路由技术迫在眉睫。一种办法是安装性能更强的超级路由器，但这样做开销太大；如果是建设交换网，这种投资显然是不合理的。

　　在这种情况下，一种新的路由技术应运而生，这就是第三层交换技术。第三层交换技术也称为 IP 交换技术、高速路由技术等。第三层交换技术是相对于传统交换技术提出的。传统的交换技术是在 OSI 网络标准模型中的第二层——数据链路层进行操作的，而第三层交换技术是在网络模型中的第三层实现数据包的高速转发的。简单地说，第三层交换技术就是"第二层交换技术+第三层转发技术"，这是一种利用第三层协议中的信息来加强第二层交换功能的机制。一个具有第三层交换功能的设备是一个带有第三层路由功能的第二层交换机，但它是二者的有机结合，并不是把路由器设备的硬件及软件简单地叠加在局域网交换机上。从硬件的实现上来看，目前，第二层交换机的接口模块都是通过高速背板/总线(速率可高达几十 Gbps)交换数据的。在第三层交换机中，与路由器有关的第三层路由硬件模块也插接在高速背板/总线上，这种方式使得路由模块可以与需要路由的其他模块高速地交换数据，从而突破了传统的外接路由器接口速率的限制(10～100Mbps)。在软件方面，第三层交换机也有重大举措，它将传统的基于软件的路由器软件进行了界定，其做法如下。

　　(1) 对于数据封包的转发，如 IP/IPX 封包的转发，这些有规律的过程通过硬件得以高速实现。

　　(2) 对于第三层路由软件，如路由信息的更新、路由表的维护、路由计算、路由的确定等功能，用优化、高效的软件来实现。假设两个使用 IP 协议的站点通过第三层交换机进行通信，站点 A 在开始发送信息时已知目的站的 IP 地址，但尚不知道在局域网上发送所需要的 MAC 地址，这就需要采用地址解析(ARP)来确定目的站的 MAC 地址。发送站把自己的 IP 地址与目的站的 IP 地址比较，采用其软件中配置的子网掩码提取出网络地址来确定目的站是否与自己在同一子网内。若目的站 B 与发送站 A 在同一子网内，A 广播一个 ARP 请求，B 返回其 MAC 地址，A 得到目的站 B 的 MAC 地址后将其缓存起来，并用此 MAC 地址封包转发数据，第二层交换模块查找 MAC 地址表后将数据包发向目的端口。若两个站点不在同一子网内，如发送站 A 要与目的站 C 通信，发送站 A 先向默认网关发出

ARP(地址解析)封包，默认网关的 IP 地址已经在系统软件中设置。这个 IP 地址实际上对应第三层交换机的第三层交换模块。当发送站 A 对默认网关的 IP 地址广播出一个 ARP 请求时，若第三层交换模块在以往的通信过程中已得到目的站 C 的 MAC 地址，则向发送站 A 回复 C 的 MAC 地址；否则第三层交换模块根据路由信息向目的站广播一个 ARP 请求，目的站 C 得到此 ARP 请求后向第三层交换模块回复其 MAC 地址，第三层交换模块保存此地址并回复给发送站 A。以后再进行 A 与 C 之间的数据包转发时，将用最终的目的站点的 MAC 地址封包，数据转发过程全部交给第二层交换处理，信息得以高速交换。

三层交换技术具有以下突出特点。

(1) 有机的硬件结合使得数据交换加速。

(2) 优化的路由软件使得路由过程效率提高。

(3) 除了必要的路由决定过程外，大部分数据转发过程由第二层交换模块处理。

(4) 多个子网互联时，只是与第三层交换模块的逻辑连接，不像传统的外接路由器那样需增加端口，保护了用户的投资。

三层交换的目标是，只要在源地址和目的地址之间有一条更为直接的第二层通路，就没有必要经过路由器转发数据包。第三层交换使用第三层路由协议确定传送路径，此路径可以只用一次，也可以存储起来供以后使用。之后数据包通过一条虚电路绕过路由器快速发送。三层交换技术的出现，解决了局域网中网段划分之后网段中的子网必须依赖路由器进行管理的局面，解决了传统路由器低速、复杂造成的网络瓶颈问题。当然，三层交换技术并不是网络交换机与路由器的简单叠加，而是二者的有机结合，形成一个集成的完整解决方案。

传统的网络结构对用户应用所造成的限制，正是三层交换技术要解决的关键问题。目前，市场上最高档路由器的最大处理能力为每秒 25 万个包，而最高档交换机的最大处理能力在每秒 1000 万个包以上，二者相差 40 倍。在交换网络中，尤其是大规模的交换网络中，没有路由功能是不可想象的。然而路由器的处理能力又限制了交换网络的速度，这就是三层交换机要解决的问题。三层交换机并没有像其他的二层交换机那样把广播封包扩散，之所以叫三层交换机是因为它们能看懂第三层的信息，如 IP 地址、ARP 等。因此，三层交换机能洞悉某广播封包的目的何在，在没有把它扩散出去的情形下，满足了发出该广播封包的人的需要(不管他们在哪个子网里)。如果认为三层交换机就是路由器，那也应称作超高速反传统路由器，因为三层交换机没做任何"拆打"数据封包的工作，所有路过它的封包都不会被修改并以交换的速度传到目的地。目前，离三层交换机的成熟还有很长的路，像其他一些新技术一样，还有待进行其协议的标准化工作。很多厂商都宣称开发出了三层交换机，但经国际权威机构测试，它们的做法各异且性能表现不同。另外，可能是基于各厂商占领市场的策略，目前的三层交换机主要交换路由 IP/IPX 协议，还不能处理其他一些有一定应用的专用协议。因此，有关专家认为，三层交换技术是将来的主要网络集成技术，传统的路由器在一段时间内还会得到应用，但它将处于其力所能及的位置，那就是处于网络的边缘，进行速度受限的广域网互联、安全控制(防火墙)、专用协议的异构网络互联等。

3.2　VLAN 技术

VLAN(Virtual Local Area Network)即虚拟局域网，它是一种将局域网内的设备逻辑地而不是物理地划分成一个个网段的技术。这里的网段仅仅是逻辑网段的概念，而不是真正的物理网段。可以简单地将 VLAN 理解为是在一个物理网络上逻辑地划分出来的逻辑网络。

VLAN 相当于 OSI 参考模型第二层的广播域，能够将广播风暴控制在一个 VLAN 内部，划分 VLAN 后，由于广播域的缩小，网络中广播包消耗带宽所占的比例大大降低，网络的性能得到显著提高。不同 VLAN 之间的数据传输通过网络层的路由来实现，因此使用 VLAN 技术，结合数据链路层和网络层的交换或路由设备可搭建安全可靠的网络。VLAN 与普通局域网最基本的差异体现在：VLAN 并不局限于某一网络或物理范围，VLAN 中的用户可以位于一个园区的任意位置，甚至位于不同的国家。可以根据网络用户的位置、作用、部门，或根据网络用户所使用的应用程序和协议进行分组，网络管理员通过控制交换机的每个端口可控制网络用户对网络资源的访问，同时 VLAN 和第三层、第四层的交换结合使用能够为网络提供较好的安全保障。

3.2.1　VLAN 产生的原因

既然物理 LAN 可以解决计算机互联通信问题，为什么还要在物理 LAN 上划分 VLAN 呢？原因有以下几个。

(1)　基于网络性能的考虑。在传统的共享以太网和交换式以太网中，所有用户在同一个广播域内会引起网络性能的下降，浪费可贵的带宽，而且广播风暴的控制和网络安全只能在第三层设备上实现。VLAN 的划分可在第二层限制广播范围，还为解决冲突域、广播域及带宽问题提供了很好的解决方案。

(2)　基于安全管理方面的需要。在一个网络中，由于用户地理位置和部门不同，对网络中相应的数据和资源有不同的权限要求，如财务和人事部门的数据就不允许其他部门的人员看到或侦听到，以提高数据的安全性。在普通的二层设备上无法实现广播帧的隔离，只要人员在同一个基于二层设备的网络内，数据、资源就有可能不安全。而利用 VLAN 技术限制不同工作组间的用户在两层之间互访，可很好地解决这个问题。

(3)　基于组织结构的考虑。VLAN 是通过软件来实现的，因此，无须为改动计算机的逻辑关系而更改网络的布线和拓扑结构。VLAN 技术允许网络管理者将一个物理的 LAN 逻辑地划分为不同的广播域，每一个 VLAN 都包含一组有着相同需求的计算机工作站，同一 VLAN 内的各个工作站无须被放置在同一个物理空间里，只要按照不同部门进行划分，就可以在大中小型企业和校园网中不受地理位置限制地实现组织结构的合理化分布。

从图 3-1 中可以看到工程部的 PC1、PC2 和 PC3 三台主机属于不同的楼层，在物理位置上并不相邻，但可通过划分 VLAN 使得它们成为同一个虚拟局域网的成员，从而达到信息共享的目的，而同楼层的其他主机反而不能直接通信。

图 3-1　划分 VLAN 的局域网

3.2.2　VLAN 标准

　　1988 年 IEEE 批准了 802.3ac 标准，这个标准定义了以太网的帧格式的扩展方法，以便支持虚拟局域网。虚拟局域网允许在以太网的帧格式中插入一个 4 字节的标识符，称为 VLAN 标记(Tag)，用来指明发送该帧的工作站属于哪一个虚拟局域网。IEEE 于 1999 年颁布了用以标准化 VLAN 实现方案的 802.1Q 协议标准草案。

　　VLAN 标记字段的长度是 4 字节，插入在以太网 MAC 帧的"源 MAC"字段和"长度"字段之间，如图 3-2 所示。VLAN 标记的前两个字节和原来的"长度"字段的作用是一样的，但它总是设置为 0X8100，称为 802.1Q 标记类型。当数据链路层检测到 MAC 帧的"源 MAC"字段后面的"长度"字段的值是 0X8100 时，就知道现在插入了 4 字节的 VLAN 标记，于是就接着检查后两个字节的内容。在后面的两个字节中，前 3 位是用户优先级字段，紧接着的 1 位是规范格式指示符 CFI，最后的 12 位是 VLAN 标识符 VID(VLAN ID)，它唯一地标识了这个以太网帧属于哪一个 VLAN。

目的 MAC	源 MAC	长度	DATA	FCS
6 字节	6 字节	2 字节	46～1500 字节	4 字节

(a) 以太网帧格式

6 字节	6 字节	4 字节	2 字节	46～1500 字节	4 字节
目的地址	源地址	插入 4 字节的 VLAN 标记	类型	数据	FCS

(b) 802.1Q 帧格式

图 3-2　以太网帧格式与 802.1Q 帧格式

3.2.3　VLAN 的划分方法

　　从概念上讲，可以根据各种分组规则划分 VLAN。得到实际应用的分组规则包括三个：基于端口分类、基于 MAC 地址分类和基于 IP 地址分类。

1. 基于端口的 VLAN

根据 LAN 成员位于交换机的端口进行分组，这样得到的 VLAN 称为基于端口的 VLAN。

基于端口的 VLAN 是划分虚拟局域网最简单、最有效的方法，也是使用最广泛的方法，它实际上是某些交换端口的集合，网络管理员只需要管理和配置交换端口，而不管交换机端口连接什么设备。这种划分方式的优点是定义 VLAN 成员时非常简单，只需对端口进行定义；缺点是如果某个 VLAN 用户离开了原来的端口，则需重新定义。基于端口的 VLAN 如图 3-3 所示。

图 3-3　基于端口的 VLAN

2. 基于 MAC 地址的 VLAN

根据计算机网络接口的 MAC 地址进行分组，这样得到的 VLAN 称为基于 MAC 地址的 VLAN。

这个方法是根据每个主机的 MAC 地址来划分，即对每个 MAC 地址的主机都配置它属于哪个组。这种划分 VLAN 方法的最大优点是当用户的物理位置移动时，即从一个交换机换到其他交换机时，VLAN 不用重新配置。所以，可以认为这种根据 MAC 地址划分的方法是基于用户的 VLAN。这种方法的缺点是初始化时，所有的用户都必须进行配置，如果有几百个甚至上千个用户，配置起来是非常麻烦的。而且这种划分方法也导致了交换机执行效率降低，因为在每个交换机的端口都可能存在很多个 VLAN 组的成员，这样就无法限制广播包了。另外，对于使用笔记本电脑的用户来说，因为他们的网卡可能经常更换，这样 VLAN 就必须不停地配置。

3. 基于 IP 地址的 VLAN

根据与计算机网络接口卡关联的 IP 地址进行分组，这样得到的 VLAN 称为基于 IP 地址的 VLAN。

这种方法的优点是用户的物理位置改变了，不需要重新配置所属的 VLAN，而且这种方法不需要附加的帧标签来识别 VLAN，可以减少网络的通信量。其缺点是效率低，因为检查每个数据包的网络层地址是需要消耗处理时间的(相对于前两种方法)，一般的交换机芯片都可以自动检查网络上数据包的以太网帧头，但要让芯片能检查 IP 帧头，则需要更高的技术，同时也更费时。

3.2.4 VLAN 内及 VLAN 间的通信

1. VLAN 内的通信

(1) Port VLAN 成员端口间的通信。Port VLAN 是基于端口的 VLAN，交换机的端口属性为 Access 模式，一个交换机端口仅属于一个 VLAN，处于同一 VLAN 内的端口之间才能相互通信。如图 3-4 所示，在二层交换机上划分端口 F0/1、F0/2 属于 VLAN1，端口 F0/3 属于 VLAN2。VLAN1 和 VLAN2 各自所属的端口间通信方式和一般的交换机一样，在未建立

图 3-4　Port VLAN 成员端口间的通信

完整的 MAC 地址表之前，就将该帧广播到 VLAN 的各个端口上，只有目的地的工作站接收数据帧，其他端口则丢弃，同时交换机维护、更改 MAC 地址表。这里 VLAN1 和 VLAN2 之间是不能交换数据的。等交换机建立完整的 MAC 地址表后，相同 VLAN 中的成员端口之间交换数据时直接按地址对应的端口转发，而不必再将数据帧广播出去。

(2) Tag VLAN 成员端口间的通信。Port VLAN 只能实现在同一交换机上划分 VLAN，而 802.1Q 协议则使跨交换机的相同 VLAN 端口间的通信成为可能。基于 802.1Q 的 Tag VLAN 用 VID 来划分不同的 VLAN，交换机端口被分为两种：一种为 Access 模式；一种为 Trunk 模式，Trunk 端口属于所有 VLAN。在交换机之间用一条级联线，并将对应的端口设置为 Trunk，这条线路就可以承载交换机上所有 VLAN 的信息。Trunk 端口能传输多个 VLAN 的信息，而且能实现同一 VLAN 跨越不同的交换机。

当数据帧通过交换机时，交换机根据帧中 Tag 头(Tag Header)的 VID 信息来识别它们所在的 VLAN(或帧中无 Tag 头，则根据帧所通过端口的默认 VID 信息来识别它们所在的 VLAN)，这使得所有属于该 VLAN 的数据帧，不管是单播帧、多播帧还是广播帧，都将限制在该逻辑 VLAN 中进行传播。这将使组中主机相互能够通信，而不受其他主机的影响，如图 3-5 所示。

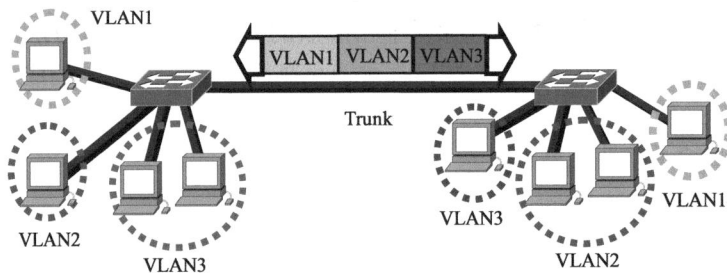

图 3-5　Tag VLAN 成员端口间的通信

2. VLAN 之间的通信

VLAN 的划分是在二层设备也即二层交换机上实现的，但 VLAN 之间的通信要借助于三层网络设备即路由器或三层交换机来实现。

1) 利用路由器实现 VLAN 间的通信

在使用路由器进行 VLAN 间的路由时，与构建横跨多台交换机的 VLAN 时的情况类似，还会遇到如何连接路由器与交换机的问题。当每个交换机上只有一个 VLAN 时，路由器和交换机的接线方式如图 3-6 所示，只需在路由器上设置路由就可以实现 3 个 VLAN 之间的通信。

图 3-6　利用路由器实现 VLAN 间的通信

当每个交换机上有多个 VLAN 时，交换机与路由器的连接方法大致有以下两种。

(1) 将路由器与交换机以 VLAN 为单位分别用网线相连。将交换机上用于和路由器互连的每个端口设为访问链接，然后分别用网线与路由器上的独立端口互连，如图 3-7 所示。

图 3-7　利用路由器实现 VLAN 间的通信

图 3-7 中的交换机上有 3 个 VLAN，就需要在交换机上预留 3 个端口用于与路由器互连，路由器上同样需要有 3 个端口，两者之间用 3 条网线分别连接。但是用这种方法时，每增加一个新的 VLAN 都需要有 3 个端口，用 3 条网线分别连接；每增加一个新的 VLAN，都需要消耗路由器的端口和交换机的访问链接，而且需要重新布设一条网线。而路由器通常不会带有太多 LAN 端口的。新建 VLAN 时，为了对应增加 VLAN 所需的端口，就必须将路由器升级成带有多个 LAN 接口的高端产品，其成本很高，且重新布线也会带来开销，所以这种方法不实用。

(2) 单臂路由解决思路。另一种方法是使用一条链路连接多个 VLAN，在一个链路接口上划分子接口。不论 VLAN 数目多少，都只用一条网线连接路由器与交换机，这需要用到干道链路。首先将用于连接路由器的交换端口设为干道链路，路由器上的端口也必须支持干道链路，用于干道链路的协议必须相同。然后在路由器上定义对应各个 VLAN 的子接口(Sub Interface)。尽管实际与交换机连接的物理端口只有一个，但是在理论上可以把它分割为多个分别对应各个 VLAN 的虚拟端口(SVI)，作为各个 VLAN 成员的网关。这样各个 VLAN 之间就可以利用路由器来实现数据交换了。单臂路由连接方法如图 3-8 所示。

2) 利用三层交换机实现 VLAN 间的通信

利用三层交换机的路由功能也可以实现 VLAN 间的通信，使用三层交换接口实现 VLAN 间的路由通信，可以使交换接口的成本大大降低。

在如图 3-9 所示的拓扑结构中，在二层交换机上分别划分 VLAN10 和 VLAN20，VLAN10 的工作站 IP 地址为 192.168.1.1，VLAN20 的工作站 IP 地址为 192.168.2.1。在三层交换机上创建各个 VLAN 的虚拟接口(SVI)，并设置 IP 地址。然后将所有 VLAN 连接的工作站主机的网关指向该 SVI 的 IP 地址。具体操作如下：在三层交换机上划分 VLAN10 和 VLAN20，并设置 IP 地址分别为 192.168.1.10 和 192.168.2.10，然后将二层交换机的 VLAN10 中的工作站网关设为 192.168.1.10，VLAN20 的工作站网关设为 192.168.2.10。这样就可利用三层交换机的虚拟接口(SVI)实现不同虚网间的通信。

图 3-8　单臂路由

图 3-9　利用三层交换机实现 VLAN 间的通信

3.2.5　VLAN 实现

1. VLAN 划分

首先，我们以图 3-4 为例，来看如何在二层交换机上实现 VLAN 划分。假设连接在二层交换机上的三台主机同属于一个 IP 网段 192.16.0.0/24，在不划分 VLAN 的情况下，三台主机之间是可以相互通信的。但现在我们要使 A 与 B 之间通信，而 A、B 不能与 C 通信，那么可以借助于基于划分端口的 VLAN 来实现。下面我们将 F0/1、F0/2 端口划分到 VLAN1，F0/3 端口划分到 VLAN2，过程分为两步。

第一步：创建 VLAN。

```
switch#configure terminal
switch(config)#vlan1                 ! 创建 VLAN (查看 VLAN)
switch (config-vlan)#exit            ! 退出 VLAN 设置模式
switch (config)#vlan2
switch(config-vlan)#exit
```

第二步：将端口划分到 VLAN 中去。

```
switch (config)#interface fastethernet 0/1        ! 进入端口配置模式
switch (config-if)#switchport access vlan1        ! 将端口划分到 VLAN 中
switch (config-if)#exit
switch (config)#interface fastethernet 0/2
switch (config-if)#switchport access vlan1
switch (config-if)#exit
switch(config)#interface fastethernet 0/3
switch (config-if)#switchport access vlan2
switch (config-if)#exit
```

至此，再次测试三者之间的连通性，会发现 A 与 B 之间可以通信，而 A、B 不能与 C
通信。

2. VLAN 间通信

3.2.4 节提到 VLAN 间通信可以借助于三层交换机和路由器来完成。然而使用三层交
换机实现 VLAN 通信更为常见，下面以图 3-9 为例介绍 VLAN 间通信的实现方法。

配置方法分为三步：①划分 VLAN，需在二层交换机端口进行设置；②VLAN 间通
信，重点对三层交换机端口与虚拟端口设置；③主机配置，重点设置主机的网关地址为三
层交换机的虚拟端口地址。

第一步：划分 VLAN。

```
SB(config)#vlan10
SB(config-vlan)#exit
SB(config)#interface fa 0/2
SB(config-if)#switchport access vlan10
SB(config-if)#exit
SB(config)#
SB(config)#interface fa 0/1
SB(config-if)#switchport mode trunk
SB(config-if)#exit
SB(config)#
```

SC 以同样方法设置。

第二步：VLAN 间通信。

首先，设置交换机允许各 VLAN 通行的端口为 TRUNK 模式。

```
SA(config)#interface fa 0/1
SA(config-if)#switchport mode trunk
SA(config-if)#exit
SA(config)#
fa 0/2 同理.
```

然后，设置虚拟接口 SVI，使该端口成为各个 VLAN 的网关。

```
SA(config)# Interface vlan10
SA(config-if)# Ip address 192.168.1.254 255.255.255.0
SA(config-if)# No shutdown
SA(config-if)# Exit
```

```
SA(config)# Interface vlan 20
SA(config-if)# Ip address 192.168.2.254 255.255.255.0
SA(config-if)# No shutdown
SA(config-if)# Exit
```

第三步：配置主机。

配置各主机的 IP 地址、子网掩码、网关。需注意 VLAN 之间通信需要网关的支持，网关地址即为三层交换机的虚拟端口地址。

3.3 链路聚合技术

3.3.1 链路聚合

在局域网的应用中，由于数据通信量的快速增长，现有的百兆、千兆带宽对于交换机之间或交换机到高需求服务之间的通信往往不够用，如图 3-10 所示，于是出现了将多条物理链路当做一条逻辑链路使用的链路聚合技术，这时网络通信由聚合到逻辑链路中的所有物理链路共同承担。

图 3-10 网络带宽存在瓶颈

IEEE 802.3ad 标准中定义了如何将两个以上的千兆位以太网连接组合起来，为高带宽网络连接实现负载共享、负载平衡，以及提供更好的可伸缩性服务。在链路聚合技术的支持下，网络传输的数据流被动态地分布到加入链路的各个端口，因此在聚合链路中自动完成了对实际流经某个端口的数据管理。

把多个物理接口捆绑在一起可以形成一个简单的逻辑接口，这个逻辑接口称为一个 Aggregate Port(以下简称 AP)。AP 是链路带宽扩展的一个重要途径，IEEE 802.3ad 符合标准。它可以把多个端口的带宽叠加起来使用，如全双工快速以太网端口形成的 AP 最大可以达到 800Mbps，千兆以太网接口形成的 AP 最大可以达到 8Gbps，如图 3-11 所示。

这项标准适用于 10Mbps、100Mbps 和 1000Mbps 以太网。聚合在一起的链路可以在一条独立逻辑链路上组合使用上述传输速度，这就使用户在交换机之间有一个千兆端口以及 3 个或 4 个 100Mbps 端口时有更多的选择，可以以负担得起的方式逐渐增加带宽。链路聚合的另一个主要优点是可靠性。链路聚合技术在点到点链路上提供了固有的、自动的冗余性。如果链路使用的多个端口中的一个出现故障，网络传输的数据流可以动态地快速转向链路中其他工作正常的端口进行传输。这种改向速度很快，当交换机得知 MAC 地址已经被自动地从一个链路端口重新分配到同一链路中的另一端口时，改向就被触发了。然后这台交换机将数据发送到新的端口位置，并且继续在几乎不中断的情况下网络运行。

图 3-11 利用链路聚合增大带宽

总之，链路聚合将交换机上的多个端口在物理上连接起来，在逻辑上捆绑在一起形成一个拥有较大宽带的端口，作为一条干路，可以实现均衡负载，并提供冗余链路。

3.3.2 流量平衡

AP 根据报文的 MAC 地址或 IP 地址进行流量平衡，即把流量平均分配到 AP 的成员链路中。流量平衡可以根据源 MAC 地址、目的 MAC 地址或源 IP 地址/目的 IP 地址对执行。

(1) 源 MAC 地址流量平衡是指根据报文的源 MAC 地址把报文分配到各个链路中。不同的主机转发的链路不同，同一台主机的报文从同一个链路转发(交换机中学到的地址表不会发生变化)。

(2) 目的 MAC 地址流量平衡是根据报文的目的 MAC 地址把报文分配到各个链路中。同一目的主机的报文从同一个链路转发，不同目的主机的报文从不同的链路转发。可以用 Aggregateport Load-Balance 设定流量分配方式。

(3) 源 IP 地址/目的 IP 地址对流量平衡是根据报文源 IP 与目的 IP 进行流量分配。不同的源 IP/目的 IP 对的报文通过不同的端口转发，同一源 IP/目的 IP 对的报文通过相同的链路转发，其他的源 IP/目的 IP 对的报文通过其他的链路转发。该流量平衡方式一般用于三层 AP。在此流量平衡模式下，如果收到的是二层报文，则自动根据源 MAC/目的 MAC 对进行流量平衡。

在图 3-12 中，一个 AP 同路由器进行通信，交换机的 MAC 地址只有一个。为了让路由器与其他多台主机的通信流量能被多个链路分担，应设置为根据目的 MAC 进行流量平衡。

图 3-12　链路平衡

通常应根据不同的网络环境设置合适的流量分配方式，以便能把流量较均匀地分配到各个链路上，充分利用网络的带宽。

3.3.3　链路聚合实现

链路聚合的实现可分为两步：①在交换机上配置端口聚合；②配置 AP 上的流量平衡算法。下面以图 3-13 为例，介绍链路聚合的具体配置方法。我们的目标是在 Switch A 与 Switch B 之间的 F0/1 与 F0/2 端口上配置链路聚合。

图 3-13　链路聚合拓扑图

首先，在交换机上配置端口聚合。

```
Switch A (config)#interface aggregateport 1       //建立 ap 1
Switch A (config-if)#switchport mode trunk        //设置 ap1 的模式
Switch A (config-if)#exit
Switch A (config)#interface range fast 0/1-2      //进入到 0/1-2
Switch A (config-if-range)#port-group 1           //配置 0/1-2 属于 ap1
```

配置完后，用以下命令测试是否配置成功。

```
Switch A (config-if-range)#show aggregatePort 1 s   //查看
```

显示结果如下。

AggregatePort	MaxPorts	SwitchPort	Mode	Ports
Ag1	4	Enabled	TRUNK	Fa0/1,Fa0/2

然后，配置 AP 上的流量平衡算法。

```
Switch A (config)#aggregateport load-balance src-dst-mac
```

配置第二台交换机的步骤是相同的。

经过测试，PC1 和 PC2 之间的一条线路断开后，两台计算机之间仍然可以通信。

若想删除 AP1，则使用以下命令。

```
Switch A (config)#no interface aggregateport 1
```

3.4 生成树协议

3.4.1 交换网络中的冗余链路

在许多交换机或交换机设备组成的网络环境中，通常都使用一些备份连接以提高网络的健壮性、稳定性。备份连接也叫备份链路、冗余链路等。备份连接如图 3-14 所示，交换机 SW1 与交换机 SW3 之间的链路就是一个备份连接。在主链路(SW1 与 SW2 之间的链路或 SW2 与 SW3 之间的链路)出现故障时，备份链路自动启用，从而提高网络的整体可靠性。

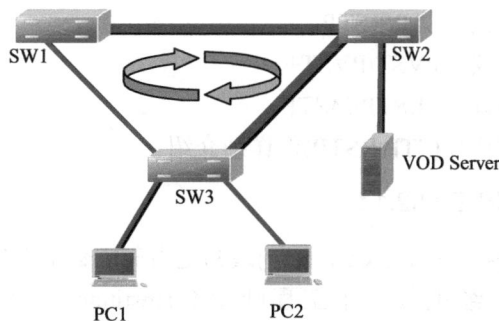

图 3-14　备份链路使网络存在环路

使用冗余链路能够为网络带来健壮性、稳定性和可靠性等好处，但是备份链路使网络存在环路。SW1－SW2－SW3 就是一个环路，环路问题是备份链路面临的最为严重的问题，将会导致广播风暴、多帧复制及 MAC 地址表的不稳定等问题。

(1) 广播风暴。在一些较大型的网络中，当大量广播流(如 MAC 地址查询信息)同时在网络中传播时，就会发生数据包的碰撞。网络试图缓解这些碰撞并重传更多的数据包，结果导致全网的可用带宽减少，并最终使得网络失去连接而瘫痪。这一过程称为广播风暴。

通常交换机对网络中的广播信息不会进行任何数据过滤，因为这些地址帧的信息不会出现在 MAC 层的源地址字段中。交换机总是直接将这些信息广播到所有端口，如果网络中存在环路，这些广播信息将在网络中不停地转发，直到导致交换机超负荷运转(如 CPU 过度使用、内存耗尽等)，最终耗尽所有带宽资源，阻塞全网通信。

(2) 多帧复制。如果网络中存在环路，目的主机可能会收到某个数据帧的多个副本，导致上层协议在处理这些数据帧时无从选择，产生迷惑，不知道究竟该处理哪个帧，严重时还可能中断网络连接。

(3) MAC 地址表的不稳定。当交换机连接不同网段时，将会出现通过不同端口接收到同一个广播帧的多个副本的问题。这一过程也会导致 MAC 地址表的多次刷新。这种持续的更新、刷新过程会严重耗费内存资源，影响该交换机的交换能力，同时降低整个网络的运行效率。严重时，将消耗掉整个网络资源，并最终造成网络瘫痪。

从以上分析可以看出，虽然备份链路带来许多好处，但同时环路的出现也带来了许多问题。所以在实际的局域网通信中，冗余链路的意思是准备两条以上的链路，当主链路不通时才启用备份链路。

3.4.2　生成树协议

为了解决冗余链路引起的问题，IEEE 通过了 IEEE 802.1d，即生成树协议。IEEE 802.1d 协议通过在交换机上运行一套复杂的算法将冗余端口置于"阻塞状态"，使得网络中的计算机在通信时只有一条链路生效，当这个链路出现故障时，IEEE 802.1d 协议会重新计算网络的最优链路，将处于阻塞状态的端口重新打开，从而确保网络连接稳定可靠。生成树协议和其他协议一样，是随着网络的不断发展而不断更新换代的。在生成树协议的发展过程中，老的缺陷不断被克服，新的特性不断被开发。我们可以把生成树协议的发展过程划分为三代。

- 第一代生成树协议：STP/RSTP。
- 第二代生成树协议：PVST/PVST+。
- 第三代生成树协议：MISTP/MSTP。

下面对第一代生成树协议(STP/RSTP)作详细介绍。

1. 生成树协议——IEEE 802.1d

生成树协议(Spanning-Tree Protocol，STP)最初是由美国数字设备公司(Digital Equipment Corp，DEC)开发的，后经电气电子工程师学会(Institute of Electrical and Eleetronics Engineers，IEEE)进行修改，最终制定了相应的 IEEE 802.1d 标准。STP 的主要功能是为了解决备份链路产生的环路问题。

STP 的主要思想是，当网络中存在备份链路时，只允许主链路激活；如果主链路因故障被断开，备用链路才会被打开。STP 检测到网络上存在环路时，自动断开环路链路。当交换机间存在多条链路时，交换机的生成树算法只启动最主要的一条链路，而将其他链路都阻塞掉，将这些链路变为备用链路。当主链路出现问题时，生成树协议将自动启用备用链路接替主链路的工作，而不需要任何人工干预。大家知道，自然界中生长的树是不会出现环路的，如果网络也能够像一棵树一样生长就不会出现环路。于是，STP 中定义了根交换机(Root Bridge)、根端口(Root Port)、指定端口(Designated Port)和路径开销(Path Cost)等概念，目的就在于用构造一棵自然树的方法达到阻塞冗余环路的目的，同时实现链路备份和路径最优化。用于构造这棵树的算法称为生成树算法(Spanning-Tree Algorithm，STA)。

1) STP 的基本概念

要解决备份链路所产生的环路问题，交换机之间就必须进行一些信息的交流，这些信息交流单元就称为桥协议数据单元(Bridge Protocol Data Unit，BPDU)。STP BPDU 是一种二层报文，目的 MAC 是组播地址 01-80-C2-00-00-00，所有支持 STP 的交换机都会接收并处理收到的 BPDU 报文。该报文的数据区中携带了用于计算生成树的所有有用信息，包括以下内容。

- Bridge ID1：每个交换机唯一的桥 ID，由桥优先级和端口号组合而成。
- Root Path Cost：交换机到根交换机的路径花费，以下简称根路径花费。
- Bridge ID2：每个端口 ID，由端口优先级和端口号组成。
- BPDU：交换机之间通过交换 BPDU 帧来获得建立最佳树拓扑结构所需要的信息。这些帧以组播地址 01-80-C2-00-00-00 为目的地址。

每个 BPDU 由以下要素组成。

- Root Bridge ID：本交换机所认为的根交换机 ID。
- Root Path Cost：本交换机的根路径花费。
- Bridge ID：本交换机的桥 ID。
- Port ID：发送该报文的端口 ID。
- Message age：报文已存活的时间。
- Forward-Delay Time、Hello Time、Max-Age Time：三个协议规定的时间参数。

其他元素是一些诸如表示发现网络拓扑变化、本端口状态的标志位。

当交换机的一个端口收到高优先级的 BPDU 时，在该端口保存这些信息，同时向所有端口更新并传播信息。如果收到比自己优先级低的 BPDU，交换机就丢弃该信息。

这样的机制就使高优先级的信息在整个网络中传播，BPDU 的交流就有了下面的结果。

- 网络中选择了一个交换机为根交换机(Bridge ID)。
- 除根交换机外的每个交换机都有一个根端口(Root Port)，即提供最短路径到 Root Bridge 的端口。
- 每个交换机都计算出了到根交换机(Root Bridge)的最短路径。
- 每个 LAN 都有了指定交换机(Designated Bridge)，位于该 LAN 与根交换机之间的最短路径中。指定交换机和 LAN 相连的端口称为指定端口(Designated Port)。
- 根端口(Root Port)和指定端口(Designated Port)进入转发(Forwarding)状态。
- 其他的冗余端口处于阻塞状态(Forwarding 或 Discarding)。

2) STP 的工作过程

STP 的工作过程如图 3-15 所示。

首先进行根交换机的选举。选举依据是交换机优先级和交换机 MAC 地址组合成的桥 ID，桥 ID 最小的交换机将成为网络中的根交换机。在图 3-14 所示的网络中，各交换机都以默认配置启动，在交换机优先级都一样(默认优先级为 32768)的情况下，MAC 地址最小的交换机成为根交换机，如图 3-15 中的 SW1 所示，其所有端口的角色都成为指定端口，进入转发状态。

图 3-15　STP 的工作过程

然后，其他交换机将各自选择一条"最粗壮"的树枝作为到根交换机的路径，相应端口的角色就成为根端口。假设图 3-15 中的 SW2 和 SW1、SW3 之间的链路是千兆 GE 链路，SW1 和 SW3 之间的链路是百兆 FE 链路，SW3 从端口 1 到根交换机的路径开销的默认值是 19，而从端口 2 经过 SW2 到根交换机的路径开销是 4+4=8，那么端口 2 成为根端口，进入转发状态。同理，SW2 的端口 2 成为根端口，端口 1 成为指定端口，进入转发状态。

计算路径开销时，路径开销以时间为单位，如图 3-16 所示，标准如表 3-1 所示。

图 3-16　路径开销计算

表 3-1

带宽	IEEE802.1d	IEEE802.1w
10Mbps	100	2000000
100Mbps	19	200000
1000Mbps	4	20000

根交换机和根端口都确定之后一棵树就生成了。下面的任务是裁剪冗余的环路。这个工作是通过阻塞非根交换机上的相应端口实现的，例如 SW3 的端口 1 的角色成为禁用端口，进入阻塞状态(在图 3-17 中用"×"表示)。

3)　生成树的选举规则

在生成树的选举过程中，应遵循以下优先顺序选择最佳路径。

(1)　比较 Root Path Cost。

(2)　比较 Sender's Bridge ID。

(3)　比较 Sender's Port ID。

(4) 比较本交换机的 Port ID。

图 3-17 裁剪冗余的环路

比较方法如图 3-18 所示。在图中，SW D 交换机为根交换机，假设图中的所有链路均为百兆链路，且交换机均为默认优先级 32768 和默认端口优先级 128。SW A、SW B 的路径开销相等，C-A-D 和 C-B-D 的路径开销相等，则选择 C-D 的最佳路径。比较交换机的 Root Path Cost，也就是 C-A-D 和 C-B-D 的路径开销，可以得知相等。比较交换机的 Sender's Bridge ID，即发送给 SW C 的 BPDU 信息的 SW A 及 SW A 与 SW B 的 Bridge ID，由图 3-18 可知，SW A 的 Bridge ID 小于 SW B 的 Bridge ID，故 SW C 的 8 端口成为根端口，而与 SW B 相连的端口被阻塞掉，则最佳路径为 C-A-D。

图 3-18 生成树的选举规则

如图 3-19 所示，如果 SW A 与 SW C 增加了一条备份链路，则发送给 SW C 的 BPDU 信息都通过 SW A，这时就要比较 Sender's Port ID 了。由于端口 1 与端口 2 的优先级相同 (默认)，而编号为 1 的端口号更小更优先，故 SW C 的端口 7 成为根端口，端口 8 被阻塞掉，则最佳路径为 C-7-1-A-D。

如图 3-20 所示，如果 SW A、SW C 之间增加了一个 Hub 相连接，这时就要比较本交换机的 Port ID，由于端口 6 和 7 的优先级相同，则端口编号小的端口 6 优先成为根端口，而端口 7、端口 8 被阻塞掉，最佳路径为 C-6-Hub-1-D。

4) STP 的缺点

STP 解决了交换链路的冗余问题，但是，随着应用的深入和网络技术的发展，它的缺点在应用中也逐渐暴露出来。STP 的缺陷主要表现在收敛速度上。

图 3-19　在 SW A 与 SW C 之间增加一条备份链路

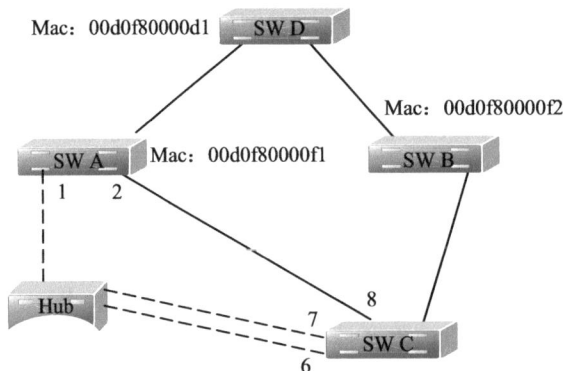

图 3-20　在 SW A、SW C 之间增加一个 Hub 链接

当拓扑发生变化时，新的 BPDU 要经过一定的时延才能传播到整个网络，这个时延称为 Forward Delay，协议的默认值是 15 秒。在所有交换机收到这个变化的消息之前，若旧拓扑结构中处于转发状态的端口还没有发现自己应该在新的拓扑中停止转发，则可能存在临时环路。为了解决临时环路的问题，生成树使用了一种定时器策略，即在端口从阻塞状态到转发状态中间加上一个只学习 MAC 地址但不参与转发的中间状态，两次状态切换的时间长度都是 Forward Delay，这样就可以保证在拓扑变化的时候不会产生临时环路。但是，这个看似良好的解决方案实际上带来的却是至少两倍 Forward Delay 的收敛时间。图 3-21 中描述了影响到整个生成树性能的三个计时器。

图 3-21　生成树性能的三个计时器

- Hello Timer(BPDU 发送间隔)：定时发送 BPDU 报文的时间间隔。默认为 2 秒。
- Forward-Delay Timer(发送延迟)：端口状态改变的时间间隔，即当 RSTP 协议以兼容 STP 协议模式运行时，端口从 Listening 转向 Learning，或者从 Learning 转向 Forwarding 状态的时间间隔。默认为 15 秒。
- Max-Age Timer(最大保留时间)：BPDU 报文消息生存的最长时间。超出这个时间，报文消息将被丢弃。默认为 20 秒。

生成树经过一段时间(默认为 50 秒左右)稳定后，所有端口要么进入转发状态，要么进入阻塞状态。STP BPDU 仍然会定时(默认每隔 2 秒)从各个交换机的指定端口发出，以维护链路的状态。如果网络拓扑结构发生变化，生成树会重新计算，端口状态也会随之改变。

2．生成树协议

1)　快速生成树协议的改进之处

在 IEEE 802.1d 协议的基础之上进行一些改进，就产生了 IEEE 802.1w 协议。IEEE 802.1d 解决了链路闭合引起的死循环问题，但生成树的收敛时间比较长，可能需要花费 50 秒钟。对于以前的网络来说，50 秒的阻断是可以接受的，毕竟那时人们对网络的依赖性不强，但是现在的情况不同了，人们对网络的依赖性越来越强，50 秒的网络故障足以带来巨大的损失，因此 IEEE 802.1w 协议问世了。RSTP 在 STP 的基础上做了三点重要改进，使得收敛速度快了很多(最快 1 秒以内)。IEEE 802.1w 协议使收敛过程由原来的 50 秒减少为现在的大约 1 秒，因此 IEEE 802.1w 又称为"快速生成树协议"(Rapid Spanning Tree Protocol，RSTP)。

第一点改进：为根端口和指定端口设置了快速切换用的替换端口(Alternate Port)和备份端口(Backup Port)两种角色，在根端口/指定端口失效的情况下，替换端口/备份端口就会无时延地进入转发状态。图 3-22 中的所有交换机都运行 RSTP，Switch A 是根交换机，假设 Switch B 的端口 1 是根端口，端口 2 将能够识别这种拓扑结构，成为根端口的替换端口，进入阻塞状态。在端口 1 所在链路失效的情况下，端口 2 能够立即进入转发状态，无须等待两倍的 Forward Delay 时间。

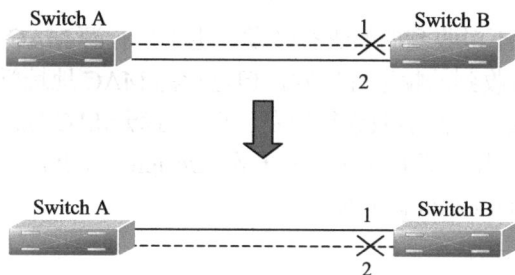

图 3-22　RSTP 的第一点改进

第二点改进：在只连接了两个交换端口的点对点链路中，指定端口只需与下游交换机进行一次握手就可以无时延地进入转发状态。如果是连接了三个以上交换机的共享链路，下游交换机不会响应上游指定端口发出的握手请求，只能等待两倍 Forward Delay 时间进入转发状态。

第三点改进：直接与终端相连而不是将其他交换机相连的端口定义为边缘端口(Edge Port)。边缘端口可以直接进入转发状态，不需要任何延时。由于交换机无法知道端口是否直接与终端相连，所以需要人工配置。

2) 端口角色和端口状态

每个端口都在网络中扮演一个角色(Port Role)，用来体现在网络拓扑中的不同作用。

- Root Port：具有到根交换机的最短路径的端口。
- Designated Port：每个 LAN 通过该口连接到根交换机。
- Alternate Port：根端口的替换口，一旦根端口失效，该口就立刻变为根端口。
- Backup Port：Designated Port 的备份口，当一个交换机有两个端口都连接在一个 LAN 上时，高优先级的端口为 Designated Port，低优先级的端口为 Backup Port。
- Undesignated Port：当前不处于活动状态的口，openState 为 down 的端口都被分配了这个角色。

图 3-23 所示为各个端口角色的示意图，其中 RP 为 Root Port，DP 为 Designated Port，AP 为 Alternate Port，BP 为 Backup Port。

图 3-23　RSTP 中的端口角色

在没有特别说明的情况下，端口优先级从左到右递减。

每个端口用三个状态(Port State)来表示是否转发数据包，从而控制整个生成树拓扑结构。

- Discarding：既不对收到的帧进行转发，也不进行源 MAC 地址学习。
- Learning：不对收到的帧进行转发，但进行源 MAC 地址学习，这是个过渡状态。
- Forwarding：既对收到的帧进行转发，也进行源 MAC 地址的学习。

对一个稳定的网络拓扑，只有 Root Port 和 Designated Port 才会进入 Forwarding 状态，其他端口只能处于 Discarding 状态。

3) 网络拓扑树的生成

下面说明 STP、RSTP 如何把杂乱的网络拓扑生成一个树型结构。如图 3-24 所示，假设 Switch A、Switch B、Switch C 的 Bridge ID 是递增的，即 Switch A 的优先级最高。A 与 B 间为千兆链路，B 和 C 间为百兆链路，A 和 C 间为十兆链路。Switch A 作为该网络的骨干交换机，对 Switch B 和 Switch C 都做了链路冗余。显然，如果让这些链路都生效会产生广播风暴。

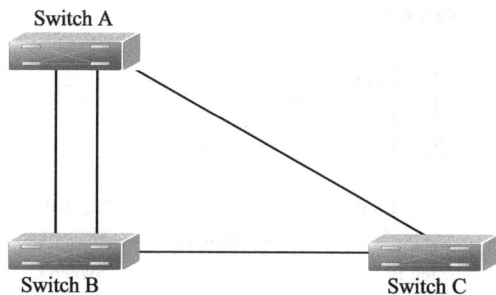

图 3-24　由三台交换机连接而成的环路拓扑

如果这三台交换机都打开了 Spanning Tree 协议，它们通过交换 BPDU 选出根交换机 (Root Bridge)为 Switch A。Switch B 发现有两个端口都连在 Switch A 上，它选出优先级最高的端口为 Root Port，另一个端口就被选为 Alternate Port。Switch C 发现它既可以通过 B 到 A，也可以直接到 A，同时该交换机通过计算了解到：通过 B 到 A 的链路花费比直接到 A 还要低，于是 Switch C 选择与 B 相连的端口为 Root Port，与 A 相连的端口为 Alternate Port。选择好端口角色(Port Role)后，就进入各个端口相应的状态了，如图 3-25 所示。

图 3-25　三台交换机都打开了 Spanning Tree 协议

如果 Switch A 和 Switch B 之间的活动链路出了故障，备份链路就会立即产生作用，如图 3-26 所示。

图 3-26　Switch A 和 Switch B 之间的活动链路出了故障

如果 Switch B 和 Switch C 之间的链路出了故障，Switch C 就会自动把 Alternate Port 转为 Root Port，如图 3-27 所示。

图 3-27　交换机 B、C 之间的活动链路出了故障

4)　RSTP 与 STP 的兼容性

RSTP 保证了在交换机或端口发生故障后，能迅速地恢复网络连接。一个新的根端口可快速地转换到转发端口状态。局域网中的交换机之间的显式应答使指定的端口可以快速地转换到转发端口状态。

在理想条件下，RSTP 应当是网络中使用的默认生成树协议。由于 STP 与 RSTP 之间具有兼容性，从 STP 到 RSTP 的转换是无缝的。

RSTP 协议可以与 STP 协议完全兼容，RSTP 协议会根据收到的 BPDU 版本号自动判断与之相连的交换机是支持 STP 协议还是支持 RSTP 协议。如果是与 STP 交换机互联，就只能按 STP 的 Forwarding 方法，过 30 秒再转发，无法发挥 RSTP 的最大功效。

5)　RSTP 的拓扑变化机制

在 RSTP 中，拓扑结构变更只在非边缘端口进入转发状态时发生，而当某条链路出现故障断开时，不会像 IEEE 802.1d 那样引起拓扑结构变更。

IEEE 802.1w 的拓扑结构变更通知(TCN)功能不同于 IEEE 802.1d，它减少了数据的溢流。在 IEEE 802.1d 中，TCN 被单播至根交换机，然后组播至所有交换机，IEEE 802.1d TCN 的接收使交换机将转发表中的所有内容快速失效，而与交换机转发拓扑结构是否受到影响无关。

相比之下，RSTP 明确地告知交换机，溢出除了经由 TCN 接收端口了解到的内容外的所有内容，优化了该流程。TCN 的这个改变极大地降低了拓扑结构变更过程中 MAC 地址的溢出量，当网络拓扑结构发生变化以后会立刻转发(收敛时间小于 1 秒)。

3.4.3　生成树的实现举例

在此，我们以图 3-28 为例，说明生成树的实现方法。为了提高网络的可靠性，用两条链路将交换机互连，同时要求在交换机上做快速生成树协议配置，使网络避免环路。以两台 S2126 交换机为例，两台交换机分别命名为 Switch A 和 Switch B。PC1 和 PC2 在同一网段，假设 IP 地址分别为 192.168.0.137、192.168.0.136，网络掩码为 255.255.255.0。

通过观察不难发现，图 3-28 与图 3-13 是一样的，所以在这里需要提示的是，当看到网络拓扑图中出现双链接时，要根据具体情况判断是冗余链路还是链路聚合，虽然它们形态上一致，但实现原理是不一样的。

在本案例中，有三个关键点：配置交换机的 Trunk 端口、配置生成树协议、设置交换

机的优先级。

图 3-28 生成树拓扑图

首先，对交换机进行基本配置。

```
Switch#configure terminal
Switch(config)#hostname Switch A
Switch A(config)#vlan 10
Switch A(config)#interface fastethernet0/3
Switch A(config-if)#switchport access vlan 10
Switch A(config-if)#exit
Switch A(config)#interface range fastethernet 0/1-2
Switch A(config-if-range)#switchport mode trunk
```

Switch B 与 Switch A 的配置相同。

第二步，配置快速生成树协议。

```
Switch A# configure terminal
Switch A(config)#spanning-tree
Switch A(config)#spanning-tree mode rstp
```

验证测试：

```
Switch A#show spanning-tree              ! 验证快速生成树协议已经开启
```

Switch B 与 Switch A 的操作相同。

第三步，设置交换机的优先级，指定 Switch A 为根交换机。

```
Switch A(config)#spanning-tree priority 4096    !设置交换机优先级为 4096
```

验证测试：

```
Switch A#show spanning-tree                !验证 Switch A 的优先级
```

Switch B 与 Switch A 的操作相同。

最后，按图 3-28 所示连接网络设备，并配置 PC1、PC2 的 IP 地址、子网掩码，进行验证测试。

验证交换机 Switch B 的端口 1 和端口 2 的状态。

```
Switch B#show spanning-tree interface fastethernet 0/1
Switch B#show spanning-tree interface fastethernet 0/2
```

如果 Switch A 与 Switch B 的端口 F0/1 之间的链路断了，验证交换机 Switch B 的端口 2 的状态，并观察状态转换时间。

```
Switch B#show spanning-tree interface fastethernet 0/2
```

如果 Switch A 与 Switch B 之间的一条链路断了(如拔掉网线)，验证 PC1 与 PC2 是否仍能互相连通，并观察连通的丢包情况。

```
PC1 上: ping 192.168.0.136            ! 观察连通性
PC1 上: ping 192.168.0.136 -t         ! 观察丢包情况
```

按照拓扑图连接网络时应注意：两台交换机都配置快速生成树协议后，再将两台交换机连接起来。如果先连线再配置，会造成广播风暴，影响交换机的正常工作。

3.5 交换技术综合应用案例

某小型企业下设财务部、销售部、技术部三个部门，每个部门员工有 20 人左右。该企业欲建立实用性良好的交换网络，实现以下目标：

(1) 企业每位员工都有自己的工作终端。

(2) 每个部门有属于自己的交换网络，部门间也可相互通信。

(3) 企业有自己的 Web 服务器供员工访问。

为满足该公司的正常业务需要，可做以下设计。

(1) 考虑该公司为小型规模，采用两层结构化设计，省略分布层，选用一中档三层交换机(S3560)作为核心层交换机，接入层交换机选用二层交换机(S2950)，直接将接入交换机与三层交换机相连。

(2) 为实现公司内部员工通过网络互相交流，各部门之间又相对独立，设计以部门为单位划分 VLAN，在二层交换机上实现；并借助三层交换机实现 VLAN 之间的通信，财务部划分为 VLAN10，销售部划分为 VLAN20，技术部划分为 VLAN30。

(3) Web 服务器供企业所有员工访问，为提高访问效率，直接接入核心层，划归 VLAN40。

基于以上考虑，可得出网络拓扑结构，如图 3-29 所示。

图 3-29　网络组建拓扑图

各设备的 IP 地址配置、VLAN 划分及接口连接情况可参考表 3-2。

表 3-2　IP 地址、VLAN 划分及接口连接表

设备名称	IP 地址	接口连接
核心三层交换机 S1	VLAN10：192.168.10.1/24	F0/1 连接 S2 的 F0/1
	VLAN20：192.168.20.1/24	F0/2 连接 S3 的 F01
	VLAN30：192.168.30.1/24	F0/3 连接 S4 的 F0/1
	VLAN40：192.168.40.1/24	F0/4 连接 Web 服务器
S2	下联网段 192.168.10.0/24	F0/1 连接 S1 F0/1，F0/2-24 连接财务部主机
S3	下联网段 192.168.20.0/24	F0/1 连接 S1 F02，F0/2-24 连接销售部主机
S4	下联网段 192.168.30.0/24	F0//1 连接 S1 F0/3,F0/2-24 连接技术部主机
Web 服务器	IP：192.168.40.2/24	网卡连接 S1 F04

下面来看如何配置设备。

1. 二层交换机配置

以 S2 为例说明配置方法，S3、S4 配置方法相同。

(1)　在交换机上创建 VLAN10。

```
S2(config)#vlan 10
S2(config-vlan)#exit
```

(2)　将接口 f0/2～f0/24 划分到 VLAN10 中。

```
S2(config)#interface range fa 0/2-24
S2(config-if-range)#switchport mode access
S2(config-if-range)#switchport access vlan 10
S2(config-if-range)#exit
```

(3)　将接口 f0/1 设置为 Trunk 模式。

```
S2(config)#interface fa 0/1
S2(config-if)#switchport mode trunk
```

2. 三层交换机配置

(1)　建立 VLAN。

```
S1(config)#vlan 10
S1(config-vlan)#exit
S1(config)#vlan 20
S1(config-vlan)#exit
S1(config)#vlan 30
S1(config-vlan)#exit
S1(config)#vlan 40
S1(config-vlan)#exit
```

(2)　划分 f0/4 到 VLAN40。

```
S1(config)#interface fa 0/4
S1(config-if)#switchport access vlan 40
```

(3) 建立 VLAN 端口，开启 VLAN 间的路由。

```
S1(config)#interface vlan 10
S1(config-if)#
%LINK-5-CHANGED: Interface Vlan10, changed state to up
%LINEPROTO-5-UPDOWN: Line protocol on Interface Vlan10, changed state to up
S1(config-if)#ip address 192.168.10.1 255.255.255.0
S1(config-if)#exit
S1(config)#interface vlan 20
%LINK-5-CHANGED: Interface Vlan20, changed state to up
%LINEPROTO-5-UPDOWN: Line protocol on Interface Vlan20, changed state to up
S1(config-if)#ip address 192.168.20.1 255.255.255.0
S1(config-if)#exit
S1(config)#interface vlan 30
S1(config-if)#
%LINK-5-CHANGED: Interface Vlan30, changed state to up
%LINEPROTO-5-UPDOWN: Line protocol on Interface Vlan30, changed state to up
S1(config-if)#ip address  192.168.30.1 255.255.255.0
S1(config-if)#exit
S1(config)#interface vlan 40
%LINK-5-CHANGED: Interface Vlan40, changed state to up
%LINEPROTO-5-UPDOWN: Line protocol on Interface Vlan40, changed state to up
S1(config-if)#ip address 192.168.40.1 255.255.255.0
S1(config-if)#exit
S1(config)#
```

(4) 将 F0/1、F0/2、F0/3 设置为 Trunk 模式

```
S1(config)#interface range fa 0/1-3
S1(config-if-range)#switchport mode trunk    //在锐捷三层交换机上的设置方法
```

或：

```
S1(config-if-range)#switchport trunk encapsulation dot1q
                                     //在思科三层交换机上的设置方法
```

3. 主机配置方法

各部门主机及 Web 服务器按表 3-2 中所示配置各自主机 IP、子网掩码，S1 中所配置的 VLAN 虚拟接口的 IP 地址就是该接口所对应 VLAN 的主机的网关地址。以主机 H1 为例，该主机的 IP 地址、网关配置如图 3-30 所示。

IP 地址	192.168.10.2
子网掩码	255.255.255.0
默认网关	192.168.10.1

图 3-30 主机 IP 地址配置图

配置之后，需测试配置的正确性。

首先通过命令查看配置结果是否符合预期。

(1) 在三层交换机上使用"show running-config"命令查看信息，可得到如下结果：

```
hostname S1
interface FastEthernet0/1
 switchport trunk encapsulation dot1q
!
interface FastEthernet0/2
 switchport trunk encapsulation dot1q
!
interface FastEthernet0/3
 switchport trunk encapsulation dot1q
!
interface FastEthernet0/4
 switchport access vlan 40
!
interface Vlan10
 ip address 192.168.10.1 255.255.255.0
!
interface Vlan20
 ip address 192.168.20.1 255.255.255.0
!
interface Vlan30
 ip address 192.168.30.1 255.255.255.0
!
interface Vlan40
 ip address 192.168.40.1 255.255.255.0
!
```

(2) 在三层交换机 S1 上使用"show vlan"命令查看信息，如图 3-31 所示。

```
S1#show vlan

VLAN Name                             Status    Ports
---- -------------------------------- --------- -------------------------------
1    default                          active    Fa0/2, Fa0/3, Fa0/5, Fa0/6
                                                Fa0/7, Fa0/8, Fa0/9, Fa0/10
                                                Fa0/11, Fa0/12, Fa0/13, Fa0/14
                                                Fa0/15, Fa0/16, Fa0/17, Fa0/18
                                                Fa0/19, Fa0/20, Fa0/21, Fa0/22
                                                Fa0/23, Fa0/24, Gig0/1, Gig0/2
10   VLAN0010                         active
20   VLAN0020                         active
30   VLAN0030                         active
40   VLAN0040                         active    Fa0/4
```

图 3-31　S1 的 VLAN 划分情况

(3) 在二层交换机 S2 上使用"show running-config"命令查看信息，可得到如下结果：

```
hostname S2
interface FastEthernet0/1
 switchport mode trunk
!
interface FastEthernet0/2
```

```
switchport access vlan 10
 switchport mode access
!
interface FastEthernet0/3
 switchport access vlan 10
 switchport mode access
!
......
```

(4) 在二层交换机 S2 上使用 "show vlan" 命令查看信息, 如图 3-32 所示。

```
S2#show vlan

VLAN Name                             Status    Ports
---- -------------------------------- --------- -------------------------------
1    default                          active    Gig1/1, Gig1/2
10   VLAN0010                         active    Fa0/2, Fa0/3, Fa0/4, Fa0/5
                                                Fa0/6, Fa0/7, Fa0/8, Fa0/9
                                                Fa0/10, Fa0/11, Fa0/12, Fa0/13
                                                Fa0/14, Fa0/15, Fa0/16, Fa0/17
                                                Fa0/18, Fa0/19, Fa0/20, Fa0/21
                                                Fa0/22, Fa0/23, Fa0/24
```

图 3-32 S2 的 VLAN 划分情况

最后测试网络主机之间的连通性。以 H1 到 Web 服务器连通性为例, 在 H1 上执行 "ping 192.168.40.2" 命令, 结果如图 3-33 所示。

```
PC>ping 192.168.40.2

Pinging 192.168.40.2 with 32 bytes of data:

Reply from 192.168.40.2: bytes=32 time=79ms TTL=127
Reply from 192.168.40.2: bytes=32 time=93ms TTL=127
Reply from 192.168.40.2: bytes=32 time=78ms TTL=127
Reply from 192.168.40.2: bytes=32 time=62ms TTL=127

Ping statistics for 192.168.40.2:
    Packets: Sent = 4, Received = 4, Lost = 0 (0% loss),
Approximate round trip times in milli-seconds:
    Minimum = 62ms, Maximum = 93ms, Average = 78ms
```

图 3-33 连通性测试

到此, 交换网络组建完成, 功能与项目需求相符。

思 考 题

1. 试述二层交换与三层交换的特点。
2. 三层交换机与路由器有何异同点?
3. VLAN 的划分方法有哪些?
4. 说明 Port VLAN 和 Tag VLAN 的不同之处, 并写出它们的配置方法。
5. 简述 VLAN 之间进行通信的方法。
6. 链路聚合的作用是什么?

7. 生成树协议是为了解决什么问题？简要说明其工作原理。

8. 请说出以下命令的作用。

(1)　Switch (config)#aggregateport load-balance src-dst-mac

(2)　Switch (config)#interface vlan 10

(3)　Switch A(config)#spanning-tree mode rstp

9. 尝试为自己所在学校、企业或部门设计一个交换网络，并进行相应配置，使其满足所有用户的需求。

第 4 章
路由技术及配置

本章学习目标

网络互联是由路由器完成的，路由技术是网络之间进行通信的关键技术。在学习本章之前，应首先掌握 IP 协议、IP 地址等基础知识。通过本章的学习，读者应该掌握以下内容。

- ↳ 路由器基础知识。
- ↳ 路由表的构成与产生方式。
- ↳ 路由选择协议。
- ↳ 路由器的应用与配置方法。

4.1 路由器的作用与构成

4.1.1 路由器的作用

路由是把信息从源主机传递到目的主机的行为，在这条路径上至少遇到一个中间结点。路由发生在第三层(网络层)。在网络中承担路由任务的结点就是路由器，它是完成网络互联的重要设备，这种互联既可以是同种网络的互联，也可以是异种网络的互联，如图 4-1 所示。

图 4-1　路由器完成异种网络互联

当一台主机要向另一台主机发送数据报时，首先要检查目的主机是否与源主机在同一个网络上，如果是，就将数据报直接交付给目的主机而不需要经过路由器；如果不在同一网络上，则将数据报发送给本网络上的某个路由器，由该路由器按照转发表指出的路由将数据报转发给下一个路由器，这就叫作间接交付。数据报传输路径上的最后一个路由器与目的主机在同一个网络中，由该路由器把数据报直接交付给目的主机。由这个过程可以看出，同一网络内进行通信是不需要路由器的，而网络间通信时路由器是必不可少的设备。直接交付与间接交付示意如图 4-2 所示。

图 4-2　直接交付与间接交付

路由包含两个基本动作：确定最佳路径和通过网络传输信息。后者也称为数据转发。数据转发相对来说比较简单，而选择路径很复杂。

1. 路径选择

度量值(Metric)是路由算法用以确定到达目的地最佳路径的计量标准，如路径长度。为了帮助选路，路由算法初始化并维护包含路径信息的路由表，路径信息因使用的路由算法不同而不同。

路由表的产生有多种方式，可以是动态的，也可以是静态的(关于路由表将会在 4.2 节中详细介绍)。当数据报到达路由器时,路由器会从数据报的 IP 头部解析出相关地址信息,并与路由表中的信息比对,选出一条可到达目的主机的路径;如有多条路径存在,则选择一条最佳路径。在此环节,通往目的主机的下一跳路由器的 IP 地址便产生了。

2. 数据转发

数据转发算法相对而言较为简单,对大多数路由协议是相同的。通过上面的路径选择环节,路由器得出下一跳路由器的 IP 地址,下一步便是通过 ARP 协议获取下一跳路由器的 MAC 地址,随之将数据报打包,在源 MAC 地址中填充上自己的物理地址,将目的 MAC 地址变为下一跳路由器的 MAC 地址,源 IP、目的 IP 保持不变写入数据报头中,继而完成转发动作。整个过程如图 4-3 所示。

图 4-3　数据转发

4.1.2　路由器的构成

路由器系统由路由器硬件系统和路由器软件系统构成。软件系统主要是指路由器的操作系统。在此主要讨论路由器硬件系统的构成,典型的硬件系统如图 4-4 所示。

图 4-4　典型的路由器结构

从图 4-4 中可以看出，整个路由器结构可划分为两大部分：路由选择部分和分组转发部分。

(1) 路由选择部分也叫做控制部分，其核心构件是路由选择处理机。路由选择处理机的任务是根据所选定的路由选择协议构造出路由表，同时经常或定期地和相邻路由器交换路由信息，从而不断地更新和维护路由表。

(2) 分组转发部分由三部分组成：交换结构、一组输入端口和一组输出端口。交换结构的作用是根据转发表对分组进行处理，将某个输入端口进入的分组从一个合适的输出端口转发出去。交换结构本身就是一种网络，但这种网络完全包含在路由器之中。

在路由器中存在两种表：路由表与转发表。路由表一般仅包含从目的网络到下一跳的映射。转发表是由路由表得出的，它必须包含完成转发功能所需的信息。在转发表的每一行，必须包含从要到达的目的网络到输出端口和某些 MAC 地址信息的映射。路由表总是用软件实现，但转发表可用特殊的硬件实现。需要注意的是，一般在讲到路由选择原理时，往往不区分转发表和路由表的区别，而是笼统地使用路由表一词。

在路由器的输入输出端口中各有三个方框，用 1、2、3 分别代表物理层、数据链路层和网络层的处理模块。当有数据到达输入端口时，物理层进行比特的接收。数据链路层按照链路层协议接收传送分组的帧。在将帧的首部和尾部剥去后，分组就被送入网络层的处理模块，若接收到的分组是路由器之间交换路由信息的分组，则将这种分组送交路由器的路由选择部分的路由选择处理机；若接收到的是数据分组，则按照分组首部的目的地址查找转发表，根据得出的结果，分组经过交换结构到达合适的输出端口。

4.2 路 由 表

4.2.1 路由表的构成

路由器是互联网中的中转站，网络中的数据包通过路由器转发到目的网络。在路由器的内部都有一个路由表，正是由于路由表的存在，路由器才可以依据它进行数据转发。

每个路由表中都存放着通向网络中任何一台主机或网络的路由信息列表。在支持分类IP 地址的网络中，每条路由信息中最主要的是两个字段：目的网络地址和下一跳路由器的地址。通过图 4-5 可以看出路由器 R2 中的路由表信息。

路由器 R2 的路由表

目的主机所在的网络	下一跳路由器的地址
20.0.0.0	直接交付，接口 0
30.0.0.0	直接交付，接口 1
10.0.0.0	20.0.0.7
40.0.0.0	30.0.0.1

图 4-5 路由器的路由

当有数据报到达路由器 R2 时，路由器从数据报的首部提取目的站的 IP 地址 D，得出目的网络地址为 N。这时，路由器将 N 与路由表中"目的主机所在的网络"一列中的数值一一对比，若匹配，说明路由表中有到达网络 N 的路由，则将数据报传送给路由表指明的下一跳路由器；如找不到匹配项，而路由表中有一个默认路由，则将数据报传送给路由表中所指明的默认路由器；否则，报告转发分组出错。

在"下一跳路由器的地址"列中可以看到两种情况：一种是最普遍的情况，该地址中存放的是另一个路由器的地址，也就是数据需要下一跳路由器继续转发的情况；另一种是"直接交付，接口 X"，也就是网络 N 与此路由器直接相连，数据不需要再进行转发，路由器将数据报从指定接口 X 发出，直接交付给目的主机。

随着划分子网及无分类编址网络的出现，路由器中的字段又多了一项，变为目的网络地址、子网掩码、下一跳路由器的地址，如表 4-1 所示。

表 4-1　路由表的构成

目的网络地址	子网掩码	下一跳路由器的地址
128.30.33.0	255.255.255.128	接口 0
128.30.33.128	255.255.255.128	接口 1
128.30.36.0	255.255.255.0	R2

这时，在数据报寻址过程中，情况发生了变化。当有数据报到达路由器时，从收到的分组的首部提取目的 IP 地址 D。先用各网络的子网掩码和 D 逐位相"与"，看是否和相应的网络地址匹配。若匹配，则将分组直接交付，否则就是间接交付。对路由表中的每一行的子网掩码和 D 逐位相"与"，若结果与该行的目的网络地址匹配，则将分组传送给该行指明的下一跳路由器；否则，若路由表中有一个默认路由，则将分组传送给路由表中所指明的默认路由器；否则，报告转发分组出错。

路由表中还可以包括其他信息，如 Metric(度量值)、管理距离及路由的存活时间等。在不同厂家、不同型号的路由器中，路由表的表述形式有所不同，但信息含义是基本相同的。图 4-6 是在锐捷路由器上截获的一张路由表实例，通过它可以看到路由表中的信息状况。

```
Router#show ip route
Codes: C - connected, S - static, R - RIP, B - BGP
    D - DEIGRP, DEX - external DEIGRP, O - OSPF, OIA - OSPF inter area
    ON1 - OSPF NSSA external type 1, ON2 - OSPF NSSA external type 2
    OE1 - OSPF external type 1, OE2 - OSPF external type 2

C   1.1.1.0/24      is directly connected, FastEthernet0/0        缩写字母含义
R   2.0.0.0/8       [120,1] via 1.1.1.1(on FastEthernet0/0)       目标网络地址

R   3.0.0.0/8       [120,1] via 1.1.1.1(on FastEthernet0/0)
                                                                  下一个途经的路由设备地址
                    路由参量                                        和该路由设备的出口
C   4.4.4.0/24      is directly connected, Loopback0
C   5.5.5.0/24      is directly connected, Loopback1
```

图 4-6　路由表实例

在图 4-6 中，Codes 描述的是部分表项的简称，如 R、B、O 分别表示三种不同的路由选择协议，C 表示直连路由，S 表示静态路由。下面的每一行都描述了一条路由表项，以下面一行为例：

```
R   2.0.0.0/8        [120,1] via 1.1.1.1(on FastEthernet0/0)
```

各表项的含义如下。

- R：路由信息的来源(RIP)。
- 2.0.0.0/8：目标网络(或子网)。
- 120：管理距离，也就是路由的可信度。管理距离可以用来选择采用哪个 IP 路由协议。管理距离值越低，学到的路由越可信。
- 1：量度值(路由的可到达性)。
- via 1.1.1.1：下一跳地址(下个路由器)。
- on FastEthernet0/0：出站接口。

4.2.2 路由的分类

路由表中含有用于选择最佳路径的信息，但是路由表是怎样建立的呢？路由信息根据产生方式及作用的不同可分为以下几种。

1. 直连路由

直连路由是对一个路由器而言，也就是通向与它直接相连的网络的路由。这种路由不需要特别设置，当为路由器的接口配置好 IP 地址后，直连路由便会出现在路由表中。例如，在图 4-7 中，该路由器有 F0、F1、F2 三个以太网接口，有链路通向

图 4-7 直连路由

三个网段，分别为 192.168.1.0/24、192.168.2.0/24 和 192.168.3.0/24，为了使到达该路由器的数据能到达三个目标网段，只要将三个接口的 IP 地址设置好即可。

现在分别把 F0 端口的 IP 地址设为 192.168.1.1/24，把 F1 端口的 IP 地址设为 192.168.2.1/24，把 F2 端口的 IP 地址设为 192.168.3.1/24，那么路由表中便会出现三条路由表项(如表 4-2 所示)，分别对应三个字段：路由方式、目标网段、出口。其中 C 即 connected，代表该路由为直连路由。第一行的意思是：通向目标网段 192.168.1.0，从 Fastethernet 0 转发，该网络直接与路由器相连。

表 4-2 直连路由表项

路由方式	目标网络	出 口
C	192.168.1.0	Fastethernet 0
C	192.168.2.0	Fastethernet 1
C	192.168.3.0	Fastethernet 2

2．静态路由

静态路由是指由网络管理员手工配置的路由信息。除非网络管理员干预，否则静态路由不会发生变化。由于静态路由不能对网络的改变做出反应，因此一般用于网络规模不大、拓扑结构固定的网络中。静态路由的优点是简单、高效、可靠及保密性好。在所有的路由中，静态路由的优先级最高。默认情况下，当动态路由与静态路由发生冲突时，以静态路由为准。

当网络的拓扑结构或链路的状态发生变化时，网络管理员需要手工修改路由表中相关的静态路由信息。静态路由信息在默认情况下是私有的，不会传递给其他的路由器。当然，网络管理员也可以通过对路由器进行设置使之成为共享的。

大型和复杂的网络环境通常不宜采用静态路由。一方面，网络管理员难以全面地了解整个网络的拓扑结构；另一方面，当网络的拓扑结构和链路状态发生变化时，路由器中的静态路由信息需要大范围地调整，这一工作的难度和复杂程度非常高。

静态路由的一般配置步骤如下。

(1) 为路由器的每个接口配置 IP 地址。

(2) 确定本路由器有哪些直连网段的路由信息。

(3) 确定网络中有哪些属于本路由器的非直连网段。

(4) 添加本路由器的非直连网段的相关的路由信息。

以图 4-8 中的网络拓扑为例，各子网的掩码为 255.255.255.0，PC1、PC2 在两个网段中，要使 PC1 与 PC2 通信，中间要经过两个路由器转发数据。在路由器 A 和 B 的路由表中一定要有从 PC1 到 PC2 及从 PC2 到 PC1 的路由信息。现在可以用设置静态路由的方式填写路由表信息。

图 4-8　两机通信网络拓扑

按照上述静态路由的一般配置步骤，首先分别为路由器 A、B 的 F0 和 S0 端口设置 IP 地址。根据前面的介绍可以知道，现在两个路由器中各会出现两条直连路由信息。对于 A 来说，192.168.10.0/24 与 172.16.2.0/24 为其直连网段；对于 B 来说，202.99.8.0/24 与 172.16.2.0/24 是其直连网段。同样可以看出，202.99.8.0/24 是 A 的非直连网段，192.168.10.0/24 是 B 的非直连网段。判断出这一点后，下面要做的就是添加路由器的非直连网段相关的路由信息。

配置静态路由用命令 ip route，格式如下：

```
router(config)#ip route[网络号][子网掩码][下一跳路由器的 IP 地址/本地接口]
```

具体到本例中，为路由器 A 配置静态路由的命令如下：

```
router(config)#ip route 202.99.8.0 255.255.255.0 172.16.2.2
```

或:

```
router(config)#ip route 202.99.8.0 255.255.255.0 S0
```

3. 动态路由

动态路由是由路由选择协议产生的,是一个由路由器之间相互通信、传递路由信息、利用收到的路由信息更新路由表的过程。如果路由更新信息表明网络发生了变化,路由选择软件就会重新计算路由,并发出新的路由更新信息。这些信息通过各个网络,引起各路由器重新启动其路由算法,并更新各自的路由表以动态地反映网络拓扑结构变化。动态路由适合规模大、拓扑结构复杂的网络。当然,各种动态路由协议会不同程度地占用网络带宽和 CPU 资源。

动态路由机制的运作依赖路由器的两个基本功能:对路由表的维护和路由器之间适时的路由信息交换。路由器之间的路由信息交换是基于路由选择协议实现的(路由选择协议将在 4.3 节进行介绍)。

4. 默认路由

默认路由也称为缺省路由,指路由表中未直接列出目标网络的路由选择项,它用于在不明确的情况下指示数据帧下一跳的方向。如果路由器配置了默认路由,则所有未指明目标网络的数据包都按默认路由进行转发。

默认路由一般用在 stub 网络中(称末端或存根网络),stub 网络是只有一条出口路径的网络。使用默认路由来发送那些目标网络没有包含在路由表中的数据包。默认路由可以看作是静态路由的一种特殊情况,Internet 上大约 99.99%的路由器上都存在一条默认路由。

配置默认路由使用如下命令:

```
router(config)#ip route 0.0.0.0 0.0.0.0 [下一跳路由器的 IP 地址/本地接口]
```

0.0.0.0 0.0.0.0 是默认路由的标识。

4.3 路由选择协议

4.3.1 基本概念

1. 理想的路由算法

路由选择协议的核心是路由算法,即需要何种算法来获得路由表中的各项目。一个理想的路由算法应具有以下特点。

(1) 算法必须是正确的和完整的。这里,"正确"的含义是:沿着各路由表所指引的路由,分组一定能够最终到达目的网络和目的主机。

(2) 算法在计算上应简单。进行路由选择的计算必然要增加分组的时延,因此,路由选择的计算不应使网络通信增加太多的额外开销。若为了计算合适的路由而必须使用网络中其他路由器发来的大量状态信息时,开销就会过大。

(3) 算法应能适应通信量和网络拓扑的变化,这就是说,要有自适应性。当网络中的通信量发生变化时，算法能自适应地改变路由以均衡各链路的负载。当某个或某些结点、链路发生故障不能正常工作，或者修理好了再投入运行时，算法也能及时地改变路由。有时称这种自适应性为"稳健性"(Robustness)。

(4) 算法应具有稳定性。在网络通信量和网络拓扑相对稳定的情况下，路由算法应收敛于一个可以接受的解，而不是使得出的路由不停地变化。

(5) 算法应是公平的。这就是说，算法对所有用户(除少数优先级高的用户外)都是平等的。例如，若使某一对用户的端到端时延为最小，却不考虑其他的广大用户，这就明显地不符合公平性的要求。

(6) 算法应是最佳的。这里的"最佳"是指以最低的代价实现路由算法。需要特别注意的是，在研究路由选择时，需要给每一条链路指明一定的代价。这里的"代价"并不是指"钱"，而是由一个或几个因素综合决定的一个度量(Metric)，如链路长度、数据率、链路容量、是否要保密、传播时延等。由此可见，不存在一种绝对的最佳路由算法。所谓"最佳"只能是相对于某一种特定要求而得出的较为合理的选择而已。

2．分层次的路由选择协议

将整个互联网划分为许多较小的自治系统(Autonomous System，AS)，一个自治系统是一个互联网，其最重要的特点是自治系统有权自主决定在本系统内采用何种路由选择协议。一个自治系统内的所有网络都属于一个行政单位管辖，但一个自治系统的所有路由器在本自治系统内必须是连通的。这样因特网就把路由选择协议划分为两大类，具体如下。

(1) 内部网关协议(Interior Gateway Protocol，IGP)。即在一个自治系统内部使用的路由选择协议，目前这类路由选择协议使用得最多，如 RIP 和 OSPF 协议。

(2) 外部网关协议(External Gateway Protocol，EGP)。若源站和目的站处在不同的自治系统中(这两个自治系统使用不同的内部网关协议)，当数据报传到一个自治系统的边界时，就需要使用一种协议将路由选择信息传递到另一个自治系统中，这样的协议就是外部网关协议 EGP。在外部网关协议中，目前使用最多的是 BGP-4。

4.3.2　内部网关协议 RIP

1．工作原理

路由信息协议(Routing Information Protocol，RIP)是内部网关协议(IGP)中最先得到广泛使用的协议。RIP 是一种分布式的基于距离向量的路由选择协议，是因特网的标准协议，其最大优点就是简单。

RIP 协议要求网络中的每个路由器都要维护从它自己到其他每一个目的网络的距离。因此，这是一组距离，即"距离向量"。RIP 协议将"距离"定义如下：从一个路由器到直接连接的网络的距离定义为 1。从一个路由器到非直接连接的网络的距离定义为所经过的路由器数加 1。加 1 是因为到达目的网络后就进行直接交付，而到直接连接的网络的距离已经定义为1。

RIP 协议的距离也称为跳数，每经过一个路由器，跳数就加 1。RIP 认为，一个好的路由就是它通过的路由器的数目少，即距离短。RIP 允计一条路径最多只能包含 15 个路由器，因此距离的最大值为 16 时相当于不可达，所以 RIP 只适用于小型互联网。

RIP 协议有以下三个要点。

(1) 仅和相邻路由器交换信息。

(2) 交换的信息是本路由器当前所知道的全部信息，即自己的路由表。

(3) 按固定的时间间隔交换路由信息。

这里要强调一点，路由器刚刚开始工作时，只知道到直接连接的网络的距离(此距离定义为 1)。以后，每个路由器也只和数目非常有限的相邻路由器交换并更新路由器信息。经过若干次更新后，所有的路由器最终都会知道到达本自治系统中任何一个网络的最短距离和下一跳路由器的地址。RIP 协议的收敛(convergence)过程较快。所谓收敛，就是在自治系统中所有的结点都得到正确的路由选择信息的过程。

路由表中最主要的信息是：到某个网络的距离(即最短距离)，以及应经过的下一跳地址。路由表更新的原则是找出到每个目的网络的最短距离，这种更新算法又称为距离向量算法。

2. 路由信息协议的工作过程

RIP 协议是通过在路由器间相互传递 RIP 报文来交换路由信息的，RIP 报文主要包含以下信息：网络地址、子网掩码、下一跳路由器地址及距离(1~16 之间)。

当一个路由器收到相邻路由器(其地址为 X)的一个 RIP 报文时，便执行以下算法。

(1) 先修改此 RIP 报文中的所有项目：将"下一跳"字段小的地址都改为 X，并将所有的"距离"字段的值加 1。

(2) 对修改后的 RIP 报文中的每个项目，重复以下步骤。

① 若项目中的目的网络不在路由表中，则将该项目添加到路由表中。

② 否则，若下一跳字段给出的路由器地址是同样的，则将收到的项目替换原路由器中的项目。

③ 否则，若收到的项目中的距离小于路由表中的距离，则进行更新。否则，什么也不做。

(3) 若 3 分钟还没有收到相邻路由器的更新路由，则将此相邻路由器记为不可达的路由器，即将距离置为 16(距离为 16 表示不可达)。

(4) 返回。

经过不断交换，所有路由器的信息达到平衡，路由表得到了更新。

3. RIP 协议的配置

同样是以图 4-8 中的拓扑结构为例来说明 RIP 的配置方法。

首先要做的是配置好各路由器的接口 IP 地址及掩码等信息，接下来就可以在路由器上配置 RIP 协议了。以路由器 A 为例，其配置方法如下。

```
RouterA(config)#router rip                      !开启 RIP 协议进程
RouterA(config-router) #network 172.16.1.0      !声明本设备的直连网段
RouterA(config-router) #network 172.16.2.0
RouterA(config-router)#version2                 !定义 RIP 协议 v2
RouterA(config-router)#no auto-summary          !关闭路由信息的自动汇总功能
```

```
RouterA(config-router)#exit
RouterA(config)#
```

首先用 router rip 命令开启 RIP 协议进程，进入路由配置模式，然后声明设备的直连网段。在默认情况下 RIP 使用版本 1，用 version2 可定义 RIP v2(比 RIP 在功能上要强大)；同样地，默认情况下 RIP 会开启路由信息的自动汇总功能，也就是自动将部分网段在路由表中汇总为一个用更大网段来表示的功能，用 no auto-summary 命令可关闭该选项，配置完成后退出该模式即可。这样路由器的 RIP 协议就启动了。路由器 B 的配置也是相同的。当 RIP 协议运行一段时间后，路由器便能掌握网络的全部路由信息了。

4.3.3　内部网关协议 OSPF

OSPF 协议的全称为开放最短路径优先(Open Shortest Path First)，它是为克服 RIP 的缺点在 1989 年被开发出来的。

1．OSPF 协议的主要特点

OSPF 协议的主要特点如下。

(1) 使用分布式的链路状态协议。

(2) 路由器发送的信息是本路由器与哪些路由器相邻，以及链路状态(距离、时延、带宽等)信息。

(3) 当链路状态发生变化时，用洪泛法向所有路由器发送消息。

(4) 所有的路由器最终都能建立一个链路状态数据库。

(5) 为了能够用于规模很大的网络，OSPF 将一个自治系统再划分为若干个更小的区域(Area)，一个区域内的路由器数不超过 200 个。

2．自治系统内部的区域划分

划分区域的好处是将利用洪泛法交换链路状态信息的范围局限于每个区域，而不是整个自治系统，这就减少了整个网络的通信量。一个区域内部的路由器只知道本区域的完整网络拓扑，而不知道其他区域的网络拓扑情况。

将一个自治系统内部划分成若干区域与主干区域(Backbone Area)，如图 4-9 所示。主干区域的标识符规定为 0.0.0.0，其作用是连接多个其他的下层区域。主干区域内部的路由器叫作主干路由器(Backbone Router)，连接各个区域的路由器叫作区域边界路由器(Area Border Router)。区域边界路由器接收从其他区域传来的信息。在主干区域内，还要有一个路由器专门和该自治系统之外的其他自治系统交换路由信息，这个路由器叫作自治系统边界路由器。

3．OSPF 协议的执行过程

(1) 路由器的初始化过程。每个路由器用数据库描述分组和相邻路由器交换本数据库中已有的链路状态摘要信息，路由器使用链路状态请求分组，向对方请求发送自己所缺少的某些链路状态项目的详细信息，通过一系列的分组交换，建立全网同步的链路数据库。

(2) 网络运行过程。路由器的链路状态发生变化时，该路由器就要使用链路状态更新分组，用洪泛法向全网更新链路状态。每个路由器计算出以本路由器为根的最短路径树，并根据最短路径树更新路由表。

图 4-9　将一个自治系统划分为多个区域

4.3.4　外部网关协议 BGP

1989 年公布了新的外部网关协议——边界网关协议(BGP)。BGP 是不同自治系统的路由器之间交换路由信息的协议，典型版本是 BGP-4。

1．外部网关协议设计的基本思想

BGP 使用的环境与内部网关协议不同。

(1) 因特网的规模太大，使得自治系统之间的路由选择非常困难。

(2) 对于自治系统之间的路由选择，要寻找最佳路由是很不现实的。

(3) 自治系统之间的路由选择必须考虑有关政治、安全或经济方面的策略。

基于上述情况，BGP 只能力求寻找一条能够到达目的网络且比较好的路由，而并非要寻找一条最佳路由。

BGP-4 采用了路径向量(Path Vector)路由选择协议。在配置 BGP 时，每一个自治系统的管理员都要选择至少一个路由器作为该自治系统的“BGP 发言人”，每个 BGP 发言人除了必须运行 BGP 协议外，还必须运行该自治系统所使用的内部网关协议 OSPF 或 RIP；BGP 所交换的网络可达性信息就是到达某个网络所要经过的一系列的自治系统，当 BGP 发言人互相交换了网络可达性信息后，各 BGP 发言人就根据所采用的策略，从接收到的路由信息中找出到达各自治系统的比较好的路由，如图 4-10 所示。

2．BGP 路由选择协议的工作过程

在 BGP 刚开始运行时，BGP 边界路由器与相邻的边界路由器交换整个的 BGP 路由表，以后只需要在路由发生变化时更新有变化的部分。当两个边界路由器属于两个不同的自治系统时，边界路由器之间定期地交换路由信息，维持相邻关系；当某个路由器或链路出现故障时，BGP 发言人可以从不止一个相邻边界路由器来获得路由信息。BGP 路由选择协议在执行过程中使用了打开(open)、更新(update)、保活(keepalive)与通知(notification)四种分组。

图 4-10　外部网关协议设计的基本思想

4.4　路由技术综合应用案例

下面将综合使用路由技术设计一个组网案例，并以此说明路由技术的应用与配置方法。

现公司 A 与公司 B 有实现通信的需求，两个公司各有一个出口路由器，型号为锐捷R1762。公司 A 的网络较为复杂，其核心交换机为一台型号为锐捷 S3550 的三层交换机，该交换机连到校园网的出口路由器上，网络内部划分 VLAN。公司 B 为一个小型的二层交换网络。现要作适当规划与配置，实现两个公司间的相互通信。

由以上描述可得出拓扑结构图，如图 4-11 所示。

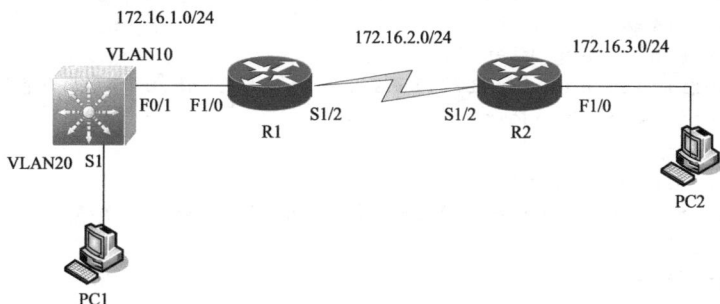

图 4-11　组网拓扑结构图

现将路由器分别命名为 R1、R2，路由器之间通串口，采用 V.35 DCE/DTE 电缆连接，DCE 端连接到 R1 上。

将 S3550 交换机命名为 S1，在 S1 上划分 VLAN10 和 VLAN20，其中 VLAN10 用于连接 R1，VLAN20 用于连接公司 A 的内部网络。各设备的地址分配及接口连接情况如表 4-3 所示。

表 4-3　设备的地址分配及接口连接情况

设备名称	设备地址	接口连接
S1	VLAN10：172.16.1.2/24	F0/1 连接 R1 的 F1/0
	VLAN20：192.168.5.1/24	F0/2 连接内部网络
R1	F1/0：172.16.1.1/24	F1/0 连接 R2 的 S1/2
	S1/2：172.16.2.1/24	S1/2 连接 S1 的 F0/1
R2	F1/0：172.16.3.1/24	F1/0 连接内部网络
	S1/2：172.16.2.2/24	S1/2 连接 R1 的 S1/2

PC1、PC2 分别代表两个公司的内部网络的任何一台主机，假设 PC1 的 IP 地址和默认网关为 172.16.5.11 和 172.16.5.1，PC2 的 IP 地址和默认网关分别为 172.16.3.22 和 172.16.3.1，网络掩码都是 255.255.255.0。

在本方案中，采用 OSPF 作为网络选择协议。

规划完成后，后面所要做的便是配置了，共分以下几步。

1. 基本配置

(1) 三层交换机基本配置。

```
S1#configure terminal
S1(config)#vlan 10
S1(config-vlan)#exit
S1(config)#vlan 20
S1(config-vlan)#exit
S1(config)#interface f0/1
S1(config-if)#switchport access vlan 10              !创建 VLAN 虚接口
S1(config-if)#exit
S1(config)#interface f0/2
S1(config-if)#switchport access vlan 20
S1(config-if)#exit
S1(config) #interface vlan 10
S1(config-if) #ip address 172.16.1.2 255.255.255.0   !配置虚接口 IP
S1(config-if) #no shutdown
S1(config-if) #exit
S1(config) #interface vlan 20
S1(config-if) #ip address 172.16.5.2 255.255.255.0
S1(config-if) #no shutdown
S1(config-if) #exit
```

(2) 路由器基本配置。

```
R1(config)#interface fastethernet 1/0
R1(config-if)#ip address 172.16.1.1 255.255.255.0
```

```
R1(config-if)#no shutdown
R1(config-if)#exit
R1(config)#interface serial 1/2
R1(config-if)#ip address 172.16.2.1 255.255.255.0
R1(config-if)#clock rate 64000                              ! 为 DCE 设置时钟频率
R1(config-if)#no shutdown
R1(config-if)#exit

R2(config)#interface fastethernet 1/0
R2(config-if)#ip address 172.16.3.1 255.255.255.0
R2(config-if)#no shutdown
R2(config-if)#exit
R2(config)#interface serial 1/2
R2(config-if)#ip address 172.16.2.2 255.255.255.0
R2(config-if)#no shutdown
R2(config-if)#exit
```

2. 配置 OSPF 路由协议

OSPF 协议可将一个自治系统划分为多个区域，这里就将该网络划分为如图 4-12 所示的三个区域，R1 与 R2 之间连接的区域作为主干区域 Area 0。

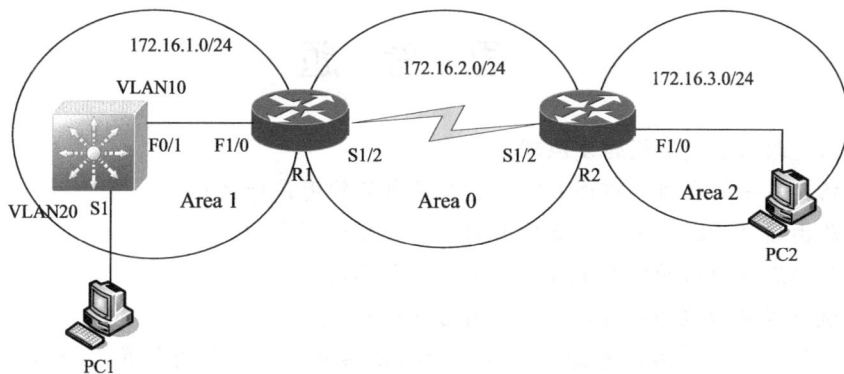

图 4-12　将网络划分为三个区域

(1) S1 配置 OSPF。

```
S1(config)#router ospf                   ! 开启 OSPF 路由协议进程
S1(config-router)#network 172.16.5.0  0.0.0.255 area 1
                                         ! 申请直连网段, 分配区域号
S1(config-router)#network 172.16.1.0  0.0.0.255 area 1
S1(config-router)#end
```

(2) 路由器配置 OSPF。

```
R1(config)#router ospf
R1(config-router)#network 172.16.1.0  0.0.0.255 area 1
R1(config-router)#network 172.16.2.0  0.0.0.255 area 0
R1(config-router)#end
```

```
R2(config)#router ospf
R2(config-router)#network 172.16.2.0  0.0.0.255 area 0
R2(config-router)#network 172.16.3.0  0.0.0.255 area 2
R2(config-router)#end
```

3. 验证测试

通过运行以下命令，可以看到网络设置的 VLAN、IP 及路由表的配置情况。

```
S1#show vlan
S1# show ip route
S1#show running-config

R1#show ip interface brief
R1# show ip route
R1#show running-config

R2#show ip interface brief
R2# show ip route
R2#show running-config
```

为了测试网络运行是否正常，在 PC1 上运行 ping 命令，看是否能与 PC2 连通。

思 考 题

1. 简述路由器的数据转发原理。
2. 路由表一般由哪些路由表项构成？各自的作用是什么？
3. 路由信息根据产生方式及作用的不同可分为哪几种？
4. 路由选择协议的作用是什么？常见的有哪几种？
5. 试述 RIP 协议与 OSPF 协议的相同点与不同点。
6. 通过本章的学习，总结一下可以为路由器做哪些方面的配置，并熟练掌握这些配置方法。

第 5 章
无线局域网

本章学习目标

无线局域网的应用日益广泛。本章阐述了无线局域网的定义、标准、拓扑结构、硬件设备等知识点，介绍了在不同环境下无线局域网的各种连接方案，最后通过两个案例介绍了无线局域网的组建方法。学完本章，读者可以掌握以下内容。

- 无线局域网标准。
- 无线局域网拓扑结构。
- 无线局域网硬件设备。
- 无线局域网连接方案。
- 无线局域网的组建。

5.1 无线局域网概述

随着通信技术的快速发展，无线网络在全球范围内迅速普及。凡是采用无线传输介质的计算机网络都可称为无线网，目前无线网多指传输速率高于 1Mbps 的无线计算机网络。无线局域网(Wireless Local Area Net，WLAN)是计算机与无线通信技术相结合的产物，即无线局域网包含两层含义——"无线"和"局域网"。无线是指该类局域网的通信传输介质采用无线电波或红外线取代传统的双绞线，实现各端点间的数据传输。

无线局域网一般用于宽带家庭、大楼内部以及园区内部，典型覆盖距离为几十米至几百米，目前采用的技术主要是 802.11a/b/g 系列。WLAN 利用无线技术在空中传输数据、语音和视频信号，是传统布线网络的一种替代方案或延伸。图 5-1 所示为一无线与有线技术相结合的应用。

图 5-1　无线与有线技术在局域网中的应用

无线局域网的出现使得原来有线网络所遇到的问题迎刃而解，它可以使用户对有线网络进行任意扩展和延伸。在有线网络的基础上，通过无线接入点、无线网桥、无线网卡等无线设备，使无线通信得以实现。无线局域网在不进行传统布线的同时，提供有线局域网的所有功能，并能够随着用户的需要随意更改和扩展网络，实现移动应用。

无线局域网具有以下优点。

(1) 可移动性。

由于没有线缆的限制，用户可以在不同的地方移动工作，不管在任何地方都可以实时地访问信息。

(2) 布线容易。

由于不需要布线，消除了穿墙或过天花板布线的烦琐工作，因此安装容易，建网时间可大大缩短。

(3) 组网灵活。

无线局域网可以组成多种拓扑结构，可以十分容易地从少数用户的点对点模式扩展到上千用户的基础架构网络。

(4) 成本优势。

成本优势体现在用户网络需要租用大量的电信专线进行通信的时候，自行组建的WLAN 会为用户节约大量的租用费用。在需要频繁移动和变化的动态环境中，无线局域网的投资更有回报。

但无线局域网也存在一些缺点，如功率受限、覆盖范围较小、移动性较差；一般工作在自由频段，容易受到干扰；属于第二层技术规范，上层业务体系不够完善。

无线局域网目前主要使用在以下领域。

(1) 移动办公的环境：大型企业、医院等移动工作的人员应用的环境。

(2) 难以布线的环境：历史建筑、校园、工厂车间、城市建筑群、大型的仓库等不能布线或者难于布线的环境。

(3) 频繁变化的环境：活动的办公室、零售商店、售票点、医院、野外勘测、试验、军事、公安和银行金融等，以及流动办公、网络结构经常变化或者临时组建的局域网。

(4) 公共场所：航空公司、机场、货运公司、码头、展览和交易会等。

(5) 小型网络用户：办公室、家庭办公室(SOHU)用户。

5.2　无线局域网标准

无线局域网有多个标准，主要有蓝牙(Bluetooth)、Home RF、HiperLAN 和 IEEE 802.11。目前应用最为普遍的是 IEEE 组织于 1997 年 6 月批准的 802.11 标准。

5.2.1　WLAN 802.11 系列标准

无线局域网所采用的 802.11 系列标准是由 IEEE 802 标准化委员会制定的。1990 年，IEEE 802 标准化委员会成立了 IEEE 802.11 无线局域网标准工作组，最初的无线局域网标准是 IEEE 802.11，于 1997 年正式发布，该标准定义了物理层和介质访问控制(MAC)规范。物理层定义了数据传输的信号特征和调制，工作在 2.4～2.483GHz 频段。这个最初的无线局域网标准主要用于难以布线的环境或移动环境中计算机的无线接入，由于传输速率最高只能达到 2Mbps，所以，它主要用于数据存取的业务。但随着无线局域网应用的不断深入，人们越来越认识到，2Mbps 的连接速率远远不能满足实际的应用需求，于是 IEEE 802 标准化委员会推出了一系列高速的新无线局域网标准。

1. IEEE 802.11b

在 WLAN 的发展历史中，真正的 WLAN 标准是从 1999 年 9 月正式发布的 IEEE 802.11b 开始的。该标准规定无线局域网工作频段在 2.4～2.483GHz，数据传输速率达到 11Mbps。该标准是对 IEEE 802.11 的一个补充，采用点对点模式和基本模式两种运作模式，在数据传输速率方面可以根据实际情况在 11Mbps、5.5Mbps、2Mbps 和 1Mbps 的不同速率间自动切换，而且在 2Mbps、1Mbps 速率时与 IEEE 802.11 兼容。IEEE 802.11b 使用直接序列(Direct Sequence)作为协议。

IEEE 802.11b 工作于免费的 2.4GHz 频段，所以其产品价格非常低廉，采用 IEEE 802.11b 标准的产品已经被广泛地投入市场，在许多领域得到广泛应用。

2. IEEE 802.11a

虽然 IEEE 802.11b 标准的 11Mbps 传输速率比 IEEE 802.11 的 2Mbps 有了几倍的提

高，但这也只是理论数值，在实际应用环境中的有效速率还不到理论值的一半。为了继续提高传输速率，IEEE 802 工作小组继续进行下一个标准的开发，就是 2001 年底发布的 IEEE 802.11a。

IEEE 802.11a 标准的工作频段为商用的 5GHz，数据传输速率达到 54Mbps，传输距离控制在 10～100m(室内)。IEEE 802.11a 采用正交频分复用的独特扩频技术，可提供 25Mbps 的无线 ATM 接口、10Mbps 的以太网无线帧结构接口以及 TDD/TDMA 的空中接口；支持语音、数据、图像业务；一个扇区可接入多个用户，每个用户可带多个用户终端。

3. IEEE 802.11g

虽然 IEEE 802.11a 标准的速度已比较高，但由于 IEEE 802.11b 与 IEEE 802.11a 两个标准的工作频段不一样，相互不兼容，致使一些购买 IEEE 802.11b 标准的无线网络设备在新的 IEEE 802.11a 网络中不能用，于是推出一个兼容两个标准的新标准就成了当务之急。IEEE 802 工作小组于 2003 年 6 月推出了 IEEE 802.11g。

IEEE 802.11g 标准拥有 IEEE 802.11a 的传输速率，安全性较 IEEE 802.11b 好，采用两种调制方式，含有 IEEE 802.11a 中采用的 OFDM 与 IEEE 802.11b 中采用的 CCK，做到了两者的兼容。虽然 IEEE 802.11a 较适用于企业，但无线局域网运营商为了兼顾现有 IEEE 的 802.11b 设备，选用 IEEE 802.11g 的可能性极大。由于 IEEE 802.11g 标准同样工作于 IEEE 802.11b 标准所用的 2.4GHz 免费频段，所以采用此标准的无线网络设备同样具有较低的价格。另外，它的传输速率可达到 IEEE 802.11a 标准所具有的 54Mbps，而且可根据具体的网络环境采用高速网络传输速率，以达到最佳的网络连接性能。所以说 IEEE 802.11g 标准同时具有以上两个标准的主要优点，是一个非常具有发展前途的无线网络标准。

在一些主流的无线局域网设备厂商中，除了可以见到以上三种标准的产品外，还可能见到诸如 802.11a+、802.11b+、802.11g+增强版的产品，其传输速率是在对应的原有标准上翻倍，分别为 22Mbps、108Mbps 和 108Mbps。

5.2.2　无线局域网的其他标准

无线局域网技术标准还有红外线、蓝牙技术、HomeRF 和高性能无线局域网标准 HiperLAN。

1. 红外线无线局域网

红外线数据通信的主要协议是红外数据协会(Infrared Data Association，IrDA)协议集。IrDA 是 1993 年成立的标准化团体，目标是制定低功率、定向型、短距离、点对点或点对多点的红外线数据通信标准。在 IrDA 标准中，规定了数据传输率为 4Mbps，而在最新的 IrDA 扩充标准——甚快速红外线(Very Fast IR，VFIR)中规定的数据传输速率提高到 16Mbps。

2. 蓝牙

蓝牙(Bluetooth)是 1998 年由爱立信、诺基亚、IBM、英特尔和东芝等多家公司联合发布的一项技术标准计划。开发蓝牙技术的目的是实现笔记本电脑、移动电话和各种便携移动通信设备之间在近距离的连接。它是一种低成本、短距离的无线连接技术，因为其技术开放、成本低且采用了 2.4GHz 无线跳频技术、组网能力强、传输速率比较高(相比红外线)，其传输速度为 720Kbps，是实现家庭网络或个人区域网的较好选择。在手机、数码摄像机等数码产品传输数据时，使用蓝牙技术较多。在现实生活中，蓝牙技术已得到了较广泛的应用，如 PDA、笔记本电脑、移动电话、移动通信设备、摄像机等都开始使用蓝牙功能。

3. Home RF

Home RF 工作组成立于 1977 年，是由美国家用射频委员会领导的。它的目的是在消费者能够承受的前提下，建设家庭语音、数据内联网。Home RF 主要是为家庭网络设计的，类似于蓝牙技术，在 2.4GHz 频段提供 1.6Mbps 的带宽。Home RF 可以被集成到一个特定的网络架构中，也可以集成在一个住宅内，支持 SWAP 协议，可以有连接点控制。但是 Home RF 技术的应用只局限于家庭多媒体方面。

4. 高性能无线局域网

高性能无线局域网(HiperLAN)是欧洲电信标准化协会(ETSI)的宽带无线电接入网络(BRAN)小组着手制定的 Hiper 接入标准，已推出了 HiperLAN1 和 HiperLAN2 两种标准，其中 HiperLAN1 对应 IEEE 802.11b 标准，HiperLAN2 对应 IEEE 802.11a 标准。HiperLAN1 工作频段在 5GHz，覆盖范围较小，约为 50 米，支持同步和异步语音传输，支持 2Mbps 视频传输和 10Mbps 数据传输。HiperLAN2 工作频段在 5GHz，支持高达 54Mbps 的数据传输，因此它支持多媒体应用的性能更高。

5.3　无线局域网硬件设备

无线局域网设备主要包括无线网卡、无线访问点(Access Point，AP)、无线桥接设备(Bridging)、无线宽带路由器(Wireless Broadband Router)和天线等。

5.3.1　无线网卡

WLAN 网卡的作用与有线网卡一样，WLAN 主机通过 WLAN 网卡发送和接收无线信号。无线网卡主要包括 NIC 单元、扩频通信机和天线三个功能模块。NIC 单元完成数据链路层功能，如建立主机与物理层之间的连接、载波侦听。扩频通信机实现无线电信号的接收与发射，同时负责无线电信号的差错判断与处理。

目前符合 IEEE 802.11 标准的无线网卡大致有 USB 无线网卡、PCMCIA 无线网卡和 PCI 无线网卡这三类。

1. USB 无线网卡

USB 无线网卡适用于笔记本电脑和台式机，支持热插拔。USB 无线网卡的体形一般比较细小，便于携带和安装。为了便于收发信号，USB 无线网卡一般带有一支可折叠的小天线。USB 无线网卡的特点是使用和安装很方便。图 5-2 所示为 USB 无线网卡。

图 5-2　USB 无线网卡

2. PCMCIA 无线网卡

PCMCIA 无线网卡主要是针对笔记本计算机用户，支持热插拔，可以非常方便地实现移动式无线接入。PCMCIA 无线网卡也属于即插即用的，当搜索到可用的无线网络时，卡上的 line 信号灯就会亮起来。图 5-3 所示为 PCMCIA 无线网卡。

图 5-3　PCMCIA 无线网卡

3. PCI 无线网卡

PCI 类型的无线网卡为台式机专用，在无线网络发展之初使用较为普遍，因为当时笔记本尚未成为主流。选择 PCI 接口，原因在于台式机主板上可能会因为集成显卡而没有多余 AGP 插槽，也可能因为电脑较早而没有 PCI-E 插槽，但 PCI 插槽却是电脑必不可少的。因此，PCI 接口能向前兼容老式台式机，也可以向后支持新台式机。

需要强调的是，PCI 接口的无线网卡有两种：一种是独立 PCI 无线网卡，另一种是 PCMCIA→PCI 转接卡。前者是真正全功能的无线网卡；后者只是一个转接卡，本身并不能提供无线接入功能，其上面有 PCMCIA 接口，插入 PCMCIA 的无线网卡就变成了 PCI 无线网卡。目前市场上常见的 PCI 无线网卡都是前者，而 PCI 无线网卡转接卡只适用于已有 PCMCIA 无线网卡或其他 PCMCIA 设备而又想在台式机上使用网卡的用户。图 5-4 为 PCI 无线网卡。

图 5-4　PCI 无线网卡

5.3.2　无线访问点

无线访问点(AP)负责为其关联的无线客户端进行数据通信，也负责将无线客户端桥接到有线以太网，是架构无线局域网模式的中心设备。无线访问点还兼有网络管理的功能，可对无线结点实施控制。无线访问点都带有天线，天线有内置和外置的，无线接入点(Wireless Access Point，WAP)就相当于传统网络中的集线器(Hub)。AP 相当于一个连接有线网络和无线网的桥梁，其主要作用是将各无线网络客户端连接到一起，然后将无线网络接入以太网。AP 的室内覆盖范围一般是 30~100m。如图 5-5 所示是一款外置天线的无线访问点。

图 5-5　无线访问点

5.3.3　无线桥接设备

无线桥接设备(见图 5-6)用于将分布在不同地方的局域网进行连接，可分为点对点的桥接(将两个局域网互联)和点对多点的桥接(将多个局域网进行互联)两种方式。

无线网桥的应用使 WLAN 不需要租用专线或者自己布线，就可以把网络扩展到以前难以到达的用户那里，应用时只需要把一个网桥连接到局域网 A 上，把另一个网桥连接到另一座楼里面的局域网 B 上就可以了。另外，无线网桥也非常适合连接多个建筑物、临时教室和临时网络。如果网络需求或地点发生改变，楼到楼无线网桥可以很方便地重新部署。

图 5-6　无线网桥

5.3.4　无线宽带路由器

无线宽带路由器(见图 5-7)集成了有线宽带路由器和无线 AP 的功能，合二为一(即有线路由器+AP)，既能实现宽带接入共享，具有多种宽带接入能力以让一个局域网的所有用户共用一个宽带账号访问 Internet，又能轻松拥有无线局域网的功能，方便用户在小型办公区域、家庭和公众运营网络等场合快速构建高速共享的无线与有线融合网络。

通过与各种无线网卡配合，无线宽带路由器就可以无线方式连接成不同拓扑结构的局域网，从而共享网络资源。

图 5-7　无线宽带路由器

5.3.5　高增益天线

当计算机与无线 AP 或其他计算机相距较远时，随着信号的减弱，或者传输速率会明显下降，或者根本无法实现与 AP 或其他计算机之间的通信，此时，就必须借助无线天线对所接收或发送的信号进行增益。

无线局域网使用频率较高的 2.4GHz 或 5GHz 的微波频段，它的天线与一般收音机、电视机或移动电话所用的天线不同，设计和构造都有自身的特点。天线的功能是将载有源数据的高频电流，借助天线本身的特性转换成电磁波发送出去，发送的距离与发射的功率和天线的增益成正比关系。天线的增益用分贝表示，分贝越高，所能发送的距离也就越远。无线天线有许多类型，常见的有两种：一种是室内天线，一种是室外天线。室外天线的类型比较多，一种是锅状的定向天线，一种是棒状的全向天线。定向天线在某一指向上的发送信号强度远远大于其他方向，适合于长距离使用；而全向天线的发送强度在各个方向上相同，适合区域性的应用。图 5-8 所示为不同类型天线的形态。

全向天线

定向天线

图 5-8　天线

5.4　WLAN 的拓扑结构

在无线局域网 WLAN 中，主要的网络结构只有两类：一种是类似于对等网的 Ad-Hoc 结构，另一种是类似于星型结构的 Infrastructure 结构。

5.4.1　无 AP 的 Ad-Hoc 模式

Ad-Hoc 对等 WLAN 模式仅适用于数量较少的计算机无线互联(通常在 5 台主机之内)。但由于这一模式没有中心管理单元，所以这种网络在可管理性和扩展性方面受到一定的限制，连接性能也不是很好。而且各无线结点之间只能单点通信，不能实现交换连接，就像有线网络中的对等网一样。这种无线网络模式通常只适用于临时的无线应用环境，如小型会议室、SOHO 家庭无线网络等。它是独立的，不需要与其他网络连接，其网络拓扑结构如图 5-9 所示。当然，它还是可以通过第二块网卡与其他有线网络连接的，通常在台式机上安装该网卡。

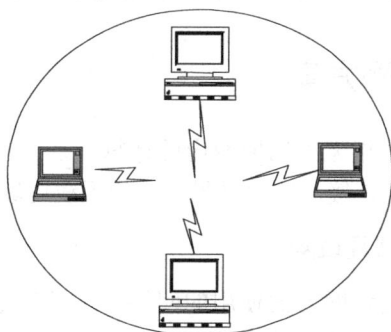

图 5-9　无 AP 的 Ad-Hoc 拓扑结构

5.4.2　基于 AP 的 Infrastructure 结构

这种基于无线 AP 的基础结构模式其实与有线网络中的星型拓扑相似，其中的无线 AP 相当于有线网络中的交换机，起着集中连接的作用。在这种结构中，除了需要像 Ad-Hoc 对等结构一样在每台主机上安装无线网卡外，还需要一个 AP 接入设备，俗称"AP 访问点"。这个 AP 设备用于集中连接所有无线结点并进行集中管理。一般无线 AP 还提供一个有线以太网接口，用于与有线网络、工作站和路由设备进行连接。这种基础结构网络如图 5-10 所示。

图 5-10　基于 AP 的 Infrastructure 拓扑结构

这种网络结构主要有网络易于扩展、便于集中管理、能提供用户身份验证等优势，其数据传输性能也明显高于前者，可用于组建规模较大的无线局域网。

目前，一个网络往往并非以单一拓扑结构出现，在一个实际网络中，可能是上述多种网络拓扑结构的混合。在一些庞大复杂的应用系统中，有时需要将各种拓扑结构的局域网连接在一起而结合成复合型的拓扑结构。比如，拓扑结构可以以"层次+网状结构(ATM 的多路由、快速以太网的冗余线路备份)"的形式出现，通常采用主干网加子网(LAN)结构进行设计。子网由交换/集线设备上连主干网络、下连用户计算机，远程用户通过终端访问服务器与系统相连。

5.5 无线局域网连接方案

5.5.1 独立无线局域网方案

所谓独立无线局域网，是指无线局域网内的计算机之间构成一个独立的网络，没有与其他无线局域网或以太网相互连接，这也是最简单的无线局域网联网方案。

1. 无接入点独立对等无线局域网

无接入点独立对等无线局域网方案使用的网络设备只有无线网卡。它通过在一组客户机上加装无线网卡，实现计算机之间的直接通信，无须基站或网络基础架构干预，从而构建成最简单的无线局域网，如图 5-11 所示。

图 5-11　无接入点独立对等无线局域网

图中的任何一台计算机都可以兼作文件服务器、打印服务器以及共享 Internet 时的代理服务器。共享 Internet 连接时，只需要其中一台工作站连接 Internet，而其他软件协议的设置与有线局域网相同。

在该方案中，台式计算机和笔记本电脑只使用无线网卡进行连接，没有任何其他接入设备。这在无线局域网中属于投资最少的方案。

但该网络的覆盖范围非常有限，一般的网卡在室内环境下传输距离通常为 30m 左右，当超过此有效传输距离时，就不能实现彼此之间的通信。另外，该方案中所有的计算机之间共享连接的带宽，若是有 6 台机器，当同时使用带宽时，每台机器的实际可利用带宽只有标准带宽的 1/5，所以此方案只适用于用户量较少、对传输速率没有较高要求的小型无线网络。

在此方案中，还要注意无线局域网中距离与传输速率的关系。

如果两台无线通信设备(如装有无线网卡的计算机)相互靠近，它们将以两个接口所支持的最高传输速率进行通信。如果相互移开达到一定距离，并导致在最高速率下通信失败，无线通信设备将以相同的数据传输速率重新传输"丢失的报文"；如果这次也失败了，无线接口将自动切换到另一种较低的传输速率，再次尝试传输，直到重新连接成功。而当两个无线通信设备再相互靠近时，无线接口又将自动提高传输速率，以达到尽可能高的传输速率并提供可靠通信。这就是无线局域网接口的自动选择传输速率机制。这样，数据传输速率越低，无线范围越大，从而有助于传输报文。

而当使用多家供应商或制造商提供的产品组成无线局域网时，无线客户机网络接口将自动调整其传输速率，以保证网络正常运行。无线接口将根据网络中不同厂商产品的标准，以尽可能高的传输速率进行工作。

2. 有接入点独立对等无线局域网

有接入点独立对等无线局域网与无接入点独立对等无线局域网非常相似，所有连入网络的计算机都装有一块无线网卡，所不同的只是有接入点独立对等无线局域网加入了一个无线访问点(Access Point，AP)，如图 5-12 所示。

接入点

图 5-12　有接入点独立对等无线局域网

无线访问点类似于有线网络中的集线器，可以对网络信号进行放大处理，一个工作站到另一个工作站的信号都可以经过 AP 放大并进行中继，因此有 AP 的独立对等无线局域网的覆盖范围是无接入点独立对等无线局域网多一倍，在室内通常为 60 m 半径左右的范围。

虽然相比无 AP 的独立对等无线局域网增大了覆盖范围，但该方案仍属于共享式接入，所有计算机之间的通信仍然共享无线局域网的带宽。这也是为什么众多 AP 产品能够支持 256 个接入点，但建议在网络中使用的客户机总数不超过 30 个的原因。

5.5.2　无线以太网和有线 LAN 互联

在实际的组网工作中，使用单纯的独立无线局域网的情况并不多见，而大多数都是在现有工作良好的以太网上加装无线网络设备，为现有的网络增加移动办公功能，这样的网络架构有力地保护了现有投资。在这种架构中，最重要的就是无线局域网与有线 LAN 之间如何互联互通。

无线局域网和有线 LAN 的互联实际上相当方便，只需要在现有的有线 LAN 中接入一个无线访问点(AP)，再使用此访问点构建另一部分的无线网络。AP 在无线网络的工作站和有线 LAN 之间起到网桥的作用，实现有线与无线的无缝集成，既允许无线工作站访问有线网络资源，也允许有线网络共享无线工作站中的信息，如图 5-13 所示。

图 5-13　无线以太网和有线 LAN 互联

此外，用户也可以在任何一台有线 LAN 的工作站上加装一块无线网卡，通过 Windows 内置的软路由来实现桥接器的功能，这和双网卡三机互联有异曲同工之处。

5.5.3　多接入点无线连接方案

1. 点对点无线连接方案

当网络规模较大，或者两个有线局域网相隔较远，布线困难时，可以采用点对点的无线网络连接方案。

采用点对点连接方案时，需要在两个需要互联的网段之间各安装一个 AP 设备，并且将其中的一个 AP 设置为 master(主结点)，另一个设置为 slave(从结点)。

由于点对点连接一般距离较远，所以安装无线天线也是必需的，再加上只有两个 AP，所以最好都采用定向天线。

点对点的连接方案既可以实现两个网段之间的互联，也可以实现有线主干的扩展，如图 5-14 所示。

图 5-14　点对点无线连接方案

2. 点对多点无线连接方案

随着网络规模的扩大，一个公司可能拥有两三个甚至更多的分布式局域办公网络，这些网络之间的互联成为较大的问题，特别是在公司分布于几个临近的大楼中，并且布线不方便时。这时，无线局域网点对多点的连接方案就成为最有效的解决方案之一，只需要在每个网段中都安装一个 AP 和无线天线，即可实现网段之间的互联或有线主干网络的扩展，如图 5-15 所示。

图 5-15　点对多点无线连接方案

在此连接方案中，需要将一个 AP 设置为 Master，其他 AP 设置为 Slave，并且设置为 Master 的结点采用全向无线天线，Salve 为定向天线。

3. 无线中继方案

当两个局域网络间的距离超过无线局域网产品所允许的最大传输距离，或者在两网络之间有较高或较大干扰的建筑物存在时，可以在两个网络之间或建筑物上架设一个户外的无线 AP，实现信号的中继，以扩大无线网络的覆盖范围，如图 5-16 所示。

图 5-16　无线中继方案

作为中继站，无线 AP 需要设置为 Master，并且使用双向或全向天线。

4. 无线漫游方案

在网络跨度很大的大型企业中部署无线局域网，某些员工可能需要完全的移动能力，这就可以采用无线漫游的连接方案，使装备有无线网卡的移动终端能够实现如手机般的漫游功能。

无线漫游方案需要建立多个单元网络，而基站设备也必须通过有线基站连接。

无线漫游方案的 AP 除具有网桥功能外，还具有传递功能。当某一员工使用便携工作站在局域无线漫游的设备范围内移动时，这种传递功能可以将工作站从一个 AP "传递"给下一个 AP，这一切对于用户来说都是透明的，如图 5-17 所示。在此期间，用户的网络连接以及数据传输都保持原来的状态，他根本感觉不到接入点已经发生了变化，这就是所谓的无缝漫游。

图 5-17 无线漫游方案

5.6 无线局域网的组建

在了解了无线局域网标准、结构、设备及连接方案等知识之后，就可以利用这些知识来构建无线局域网了。下面我们通过两个实例分别来 Ad-Hoc 架构与 Infrastructure 架构的 WLAN 如何构建。

5.6.1 Ad-Hoc 无线网络的组建

假设你是某公司的网管。一天，公司同事打电话告诉你要为客户共享一个资料，现场没有交换机，且公司同事与客户均没有移动存储设备；公司同事携带一条直连网线，但同事与客户的网卡不支持网线自适应功能。你获知这些情况的同时，了解到现场有两块锐捷公司的 RG-WG54U 型号的外置 USB 无线网卡，所以你决定指导同事用两块无线网卡进行联络，完成同事与客户的资料共享。网络拓扑如图 5-18 所示。

PC1:192.168.1.1/24   PC2:192.168.1.2/24
图 5-18 Ad-Hoc 无线网络拓扑

Ad-Hoc 来源于拉丁文，意思是为了专门的目的而设立的，在无线网络中主要应用在笔记本之间通过无线网卡共享数据。无线网卡通过设置相同的 SSID 信息和相同的信道信息，最终完成移动设备之间的通信。

在本案例中，有以下几个要点。

● 安装无线网卡驱动。无线网卡同普通网卡一样，需要驱动程序的支持，没有驱动程序是无法工作的。一般无线网卡自带光盘中都附有驱动程序。

● 设置 SSID。SSID 是 Service Set Identifier 的缩写，意思是服务集标识。简单地说，SSID 就是一个无线局域网的名称，只有设置为相同 SSID 值的计算机才能互相通信。所以想让 PC1 与 PC2 正常通信，必须使二者拥有相同的 SSID 标识。

- 设置工作模式。如前所述，工作模式有两种，即 Ad-Hoc 与 Infrastructure。在这里，我们需要的是无 AP 的 Ad-Hoc 模式，所以要做相应的选择。
- 配置 TCP/IP 属性。同有线网络一样，要使主机在网络上有合法的身份，IP 地址等信息是不可缺少的。必须使两机属于同一网段才可正常通信。

下面，我们就来一步步完成无线对等网络的组建。

1. 步骤 1：安装 RG-WG54U

(1) 把 RG-WG54U 适配器插入到计算机的空闲 USB 端口，系统会自动搜索到新硬件并且提示安装设备的驱动程序。

(2) 选择"从列表或指定位置安装"选项并插入驱动光盘或软盘，选择驱动所在的相应位置(软驱或者指定的位置)，然后单击"下一步"按钮。

(3) 计算机找到设备的驱动程序，按照系统指示安装 54Mbps 无线 USB 适配器，单击"下一步"按钮。

(4) 单击"完成"按钮结束安装，屏幕的右下角出现无线网络已连接的图标，同时显示速率和信号强度，如图 5-19 所示。

图 5-19　无线网络已连接的图标

2. 步骤 2：设置 PC2 无线网卡之间相连的 SSID

(1) 进入"网络连接"窗口，右击"无线网络连接"图标，从弹出的快捷菜单中选择"属性"命令，如图 5-20 所示。打开"无线网络连接 属性"对话框，如图 5-21 所示。

图 5-20　网络连接设置

(2) 在"无线网络配置"选项卡中，单击"添加"按钮，添加一个新的 SSID 为 ruijie，注意此处操作与 PC1 完全一致。

(3) 在"高级"选项卡中选择"仅计算机到计算机"模式，如图 5-22 所示，或者通过 RG-WG54U 产品中的无线网络配置软件选择 Ad-Hoc 模式。

3. 步骤 3：设置 PC2 无线网卡的 IP 地址(如图 5-23 所示)

4. 步骤 4：配置 PC1 的相关属性

PC1 的配置方法与 PC2 完全一致，但 PC1 的 IP 地址要设置为 192.168.1.1/24，否则与 PC2 的地址会有冲突。

5. 步骤 5：测试 PC2 与 PC1 的连通性(如图 5-24 所示)

如果两机之间能 ping 通，说明临时网络已组建成功。

图 5-21 "无线网络连接 属性"对话框

图 5-22 "高级"对话框

图 5-23 TCP/IP 属性

图 5-24 测试 PC2 与 PC1 的连通性

在组建过程中，需要注意以下几点。

(1) 两台移动设备的无线网卡的 SSID 必须一致。

(2) RG-WG54U 无线网卡默认的信道为 1，如遇其他系列网卡，则要根据实际情况调整无线网卡的信道，使多块无线网卡的信道一致。

(3) 两块无线网卡的 IP 地址设置为同一网段。

(4) 无线网卡通过 Ad-Hoc 方式互联，对两块网卡的距离有限制，使用前应明确最大距离限制。

5.6.2 Infrastructure 无线网络的组建

Infrastructure 是无线网络搭建的基础模式。移动设备通过无线网卡或者内置无线模块与无线 AP 取得联系，多台移动设备可以通过一个无线 AP 来构建无线局域网，实现多台移动设备的互联。无线 AP 覆盖范围一般在 100～300m，适合移动设备灵活的接入网络。

组建 Infrastructure 无线网要比 Ad-Hoc 方式复杂一些，下面通过案例进行介绍。假设你是某网络公司的技术工程师，现有客户提出需求进行网络部署，但该客户的办公地点是一栋比较古老的建筑，不适合进行有线网络的部署。为了使用户能够正常通信并且实现资源共享，你建议用户使用 RG-WG54P 架设无线局域网。拓扑结构及参数信息如图 5-25 所示。

RG-WG54P:AP-TEST
ESSID:ruijie
RG-WG54P管理地址:192.168.1.1/24

PC1无线IP地址:1.1.1.2/24
PC1以太网IP地址:192.168.1.23/24

PC2无线IP地址:1.1.1.36/24

图 5-25　拓扑结构及参数信息

在本案例中，需要三步完成。

(1) 安装无线网卡驱动程序。安装无线网卡驱动程序是指安装 PC1、PC2 的无线网卡驱动程序，其过程与 Ad-Hoc 模式相同。

(2) 安装和设置 AP。安装和设置 AP 是组网过程中的重点。要想设置 AP，必须建立正确的连接，配置正确的参数。当登录到 AP 之后，需要设置 SSID、信道及选择工作模式等参数。

(3) 设置客户端。客户端，也就是网络中进行资源共享的用户主机。在此，要完成选择接入网点，设置 SSID、信道、工作模式，以及配置 IP 地址等工作。

下面，我们就来一步步完成 Infrastructure 架构无线局域网的组建。

1. 步骤 1：安装 RG-WG54U

(1) 把 RG-WG54U 适配器插入到计算机空闲的 USB 端口，系统会自动搜索到新硬件并且提示安装设备的驱动程序。

(2) 选择"从列表或指定位置安装"选项并插入驱动光盘或软盘，选择驱动所在的相应位置(软驱或者指定的位置)，然后单击"下一步"按钮。

(3) 计算机找到设备的驱动程序，按照系统指示安装 54Mbps 无线 USB 适配器，单击"下一步"按钮。

(4) 单击"完成"按钮结束安装，屏幕的右下角出现无线网络已连接的图标，同时显示速率和信号强度，如图 5-26 所示。

图 5-26　无线网络已连接的图标

2. 步骤 2：配置 RG-WG54P 基本信息

(1) 对 AP 设备进行配置，此时一定要注意正确的连接方式。由于 RG-WG54P 有一个供电的适配器是支持以太网供电的，故需要按图 5-27 所示正确连接。适配器有三个口，一口连接 AP，一口连接电源，一口连接配置主机。

(2) 进入配置主机的 TCP/IP 属性对话框，进行 IP 地址等信息的配置，如图 5-28 所示。

图 5-27　AP 配置连接图

图 5-28　TCP/IP 属性对话框

(3) 设置 PC1 的以太网接口地址为 192.168.1.23/24，因为 RG-WG54P 的管理地址默认为 192.168.1.1/24，需要将二者设置到同一网段中。

(4) 在 IE 浏览器的地址栏中输入"http://192.168.1.1"，登录到 RG-WG54P 的管理界面，输入默认密码 default，如图 5-29 和图 5-30 所示。

图 5-29　RG-WG54P 的登录界面

(5) RG-WG54P 登录界面的常规信息，如图 5-31 所示。

(6) 在常规设置中修改接入点名称为 AP-TEST(此名称为任意设置)，设置"无线模式"为"AP 模式"，ESSID 为 ruijie(ESSID 名称可任意设置)，"信道/频段"为 01/2412MHz，"模式"为"混合模式"(此模式可根据无线网卡类型进行具体设置)。

图 5-30　RG-WG54P 的管理界面

图 5-31　RG-WG54P 的常规信息

3. 步骤 3：使 RG-WG54P 应用新的设置

配置完成后，单击"确定"按钮，使配置生效，如图 5-32 所示。

4. 步骤 4：为 PC1 与 PC2 安装 RG-WG54U 配置软件

设置 SSID 为 ruijie，模式为 Infrastructure，如图 5-33 所示。

图 5-32　配置更新提示

5. 步骤 5：将 PC1 与 PC2 的 RG-WG54P 网卡加入到 ruijie 这个 ESSID(如图 5-34 所示)

选中 ruijie，然后单击右下角的 Join 按钮。

图 5-33　在 RG-WG54U 配置软件中设置参数

图 5-34　查找选择接入点

6. 步骤 6：设置 PC1 与 PC2 的无线网络 IP 地址(如图 5-35 所示)

配置 PC1 地址为 1.1.1.2/24，PC1 地址为 1.1.1.36/24，保证在同一网段即可(图中为 PC2 地址配置，PC1 与 PC2 地址配置方法相同)。

7. 步骤 7：测试 PC1 与 PC2 的连通性(如图 5-36 所示)

如果 PC1 1.1.1.2 ping 1.1.1.36 可正常通信，说明建网成功。

图 5-35　设置 PC1 与 PC2 的无线
网络 IP 地址

图 5-36　测试 PC1 与 PC2 的连通性

在组网过程中，需注意以下几点。

(1) 两台移动设备的无线网卡的 SSID 必须与 RG-WG54P 上设置一致。

(2) RG-WG54U 无线网卡信道必须与 RG-WG54P 设置一致。

(3) 两块无线网卡的 IP 地址设置为同一网段。

(4) 无线网卡通过 Infrastructure 方式互联，覆盖距离可以达到 100～300m。

思 考 题

1. 无线局域网主要应用在哪些领域？

2. 无线局域网与传统有线局域网相比，具有哪些显著特点？

3. 无线网卡按接口分类，可以分为哪几类？

4. 如果要组建 Infrastructure 架构的 WLAN，最基本的配置需要哪些？

5. 有一用户家里同时有几台电脑，已开通有线宽带网络，现只有一台电脑可以上网，该用户想实现无线共享上网，请帮其实现。

第6章
搭建网络服务

本章学习目标

对客户提供服务是组建网络的最终目的，搭建网络服务是网络组建的重要环节之一。网络服务包括很多种，本章将对 DNS、DHCP、Web 等组建网络必须的几种服务进行简要分析，并对网络服务器配置及网络资源共享的方法进行介绍。通过本章的学习，读者应该掌握以下内容。

- 基本网络服务规划与部署。
- 网络服务器的配置与使用。
- 从工作站登录到服务器的方法。
- 网络资源共享的方法。

6.1 网络服务概述

6.1.1 网络操作系统

网络操作系统的英文缩写为 NOS(Network Operating System)，是使网络上各计算机方便而有效地共享网络资源，为网络用户提供的各种服务软件和有关规程的集合。

Windows Server 2008 是微软于 2008 年 3 月发布的基于 Windows NT 技术开发的网络操作系统。Windows 2008 完全基于 64 位技术，在性能和管理等方面，系统的整体优势相当明显。对于企业应用，服务器操作系统的选择对构建网络是非常重要的。Windows Server 2008 作为微软新一代的网络操作系统，兼容了 Windows Server 2003 的稳定性和 Windows Server XP 的易用性，并且提供了更好的硬件支持和更强大的功能。

1. 服务器角色

Windows Server 2008 作为一种网络操作系统，能提供各种网络服务，其中包括如下一些服务器角色。

(1) 文件和打印服务器。

(2) Web 服务器和 Web 应用程序服务器。

(3) 邮件服务器。

(4) 终端服务器。

(5) 远程访问/虚拟专用网络(VPN)。

(6) 目录服务器。

(7) 域名系统(DNS)。

(8) 动态主机配置协议(DHCP)服务器。

(9) 证书服务。

(10) 流媒体服务器。

2. 网络操作系统的功能

网络操作系统除了具有通常操作系统的处理器管理、存储器管理、设备管理和文件管理功能外，还应具有两种功能，即提供高效、可靠的网络通信能力以及提供多种网络服务功能，如远程作业录入并进行处理的服务功能、文件传输服务功能、电子邮件服务功能和远程打印服务功能。

(1) 网络最基本的功能是网络通信，它在源主机和目标主机之间实现端到端的无差错的数据传输。

(2) 资源管理功能：它对网络中共享的硬件和软件资源实施有效的管理，协调不同用户对共享资源进行使用。

(3) 网络服务功能：提供电子邮件服务、文件传输等常见的网络服务。

(4) 网络管理：它的最主要任务是安全管理，基于存取控制原理确保数据的安全性，并基于容错技术提高系统的数据可靠性。

(5) 互操作能力：在局域网环境下采用客户/服务器模式时，连续在服务器上的多种类客户机和主机，不仅能与服务器通信，而且能够以透明的方式访问服务器上的文件系统。

网络操作系统管理的资源有由其他工作站访问的文件系统、在网络操作系统上运行的计算机存储器、加载和执行共享应用的程序、共享网络设备的输入/输出接口，以及网络操作系统进程之间的 CPU 调度程序，如图 6-1 所示。

图 6-1　网络操作系统管理的资源

3．网络操作系统的特点

网络操作系统与一般操作系统的不同在于它们提供的服务有差别。一般来说，网络操作系统偏重于优化与网络活动相关的特性，即经过网络来管理诸如共享数据文件、应用软件和外部设备之类的资源。一般操作系统则偏重于优化用户与系统的接口，以及在其上运行的应用。网络操作系统可定义为整个网络管理的一种程序。

一个典型的网络操作系统一般具有以下 8 个特点。

(1) 相对于硬件和拓扑结构独立。网络操作系统可以在不同的网络硬件上运行，支持多种网络接口；网络操作系统独立于网络的拓扑结构，可以运行在总线型、环型、星型等多种形式的网络上。

(2) 多用户支持和多任务操作。在多用户环境下，网络操作系统给应用程序和数据文件提供了足够的、标准化的保护。它能够支持多用户共享网络资源，包括磁盘处理、打印机处理、网络通信处理等面向用户的处理程序和多用户的系统核心调度程序。

(3) 网络管理。网络操作系统可以为网络管理员管理网络系统和资源提供必要的管理工具，这些工具具有多种网络控制方式，从而提供网络管理功能，如系统备份、安全管理、容错、性能控制等。

(4) 安全和存取控制。对用户资源进行控制，并控制用户对网络访问的方法。

(5) 用户界面。网络操作系统提供丰富的界面功能，且有多种网络控制方式。

(6) 桥/路由连接。为了提供网络的互联性，网络操作系统具有多种复杂的桥接和路由功能，可以将相同或不同的网络接口及不同协议与不同拓扑结构的网络连接起来。

(7) 支持远程访问。

(8) 高可靠性。

6.1.2 域控制器

Windows Server 2008 提供有一种新型的域控制器，可以在域控制器安全性无法保证的位置轻松部署域控制器，降低了在无法保证物理安全的远程位置(如分支机构)中部署域控制器的风险。RODC 维护活动目录(Active Directory，AD)服务数据库的只读副本，通过将该数据库副本放置在更接近分支机构的地方，使用户可以更快地登录。这样，即使在没有物理安全性的地方部署传统域控制器的环境，也能有效地访问网络上的身份验证资源。

1. 活动目录

在 Windows Server 2008 实现的系统环境中，AD 及其服务占有非常重要的地位，是 Windows Server 2008 系统的精髓。AD 是存储网络对象(比如用户账户、组、计算机、打印机和共享资源等)的相关信息，并按照层次方式进行信息的组织，以方便用户和网络管理员的查找和使用。活动目录是 Windows Server 2008 域坏境中提供目录服务的组件。

活动目录包括两个部分：目录和与目录相关的服务。目录是存储各种对象的一个物理容器，从静态角度理解，活动目录与以前了解的"目录"和"文件夹"没有本质区别，也是一个对象，一个实体；目录服务是使目录中的所有信息和资源发挥作用的服务。活动目录是一个分布式的目录服务，是一个完全可扩展、可伸缩的目录服务，系统管理员可在统一的系统环境下管理整个网络中的资源。与以往的应用相比，Windows Server 2008 有了更加突出的新特性。

(1) 简化管理。活动目录以层次结构组织域中的资源。域是在一个域名称下的服务器和其他网络资源的逻辑组合，是网络中基本的复制和安全单元。每个域包含一个或多个域控制器。为了简化管理，所有域中的域控制器都是平等的，用户可以在任何域控制器上进行修改，这种更新可以复制到域中所有的其他域控制器上。每个域中可有一台或多台域控制器，用户可在任何域控制器上进行修改。

(2) 增强信息的安全性。Windows Server 2008 系统支持多种网络安全协议，安装活动目录后，信息的安全性完全与活动目录集成，用户授权管理和目录进入控制已经整合在活动目录中。活动目录集中控制用户授权，还可以提供存储和应用程序作用域的安全策略，提供安全策略的存储和应用范围。在活动目录数据库中存储了域安全策略的相关信息，其中包含域用户口令的权限策略、系统访问权限等。

(3) 智能的信息复制能力。信息复制为目录提供了信息可用性、容错、负载平衡和性能优势。活动目录使用多主机复制，允许在任何域控制器上而不是单个主域控制器上同步更新目录。多主机模式具有容错的优点，因为使用多域控制器，即使单独的域控制器停止工作也可继续复制。由于进行了多主机复制，它们将更新目录的单个副本，在域控制器上创建或修改目录信息后，新创建或更改的信息将发送到域中的所有其他域控制器上，所以其目录信息是最新的。域控制器需要最新的目录信息，但是要做到高效率，必须把自身的更新限制在只有新建或更改目录信息的时候，以免在网络高峰期进行同步而影响网络速度。在域控制器之间不加选择地交换目录信息，能够迅速搞垮任何网络。而通过活动目录就能只复制更改的目录信息，而不至于大量增加域控制器的负荷。

(4) 与 DNS 集成紧密。Windows Server 2008 活动目录服务基于 Internet 标准协议，活动使用域名系统为服务器目录命名。DNS 是将更容易理解的主机名转换为数字 IP 地址的 Internet 标准服务，利于在 TCP/IP 网络的计算机之间进行相互识别和通信。Active Directory 必须有 DNS 服务的支持才能正常工作。单个域树中所有的域与 Internet 的域名空间一致，共享一个等级命名结构。一个子域的名称就是将该名称添加到父域的名称中，例如 abc.rst.com 就是 rst.com 域的子域。活动目录使用 DNS 为域完成命名和定位服务，域名同时也是 DNS 名称。

(5) 服务的集成性。活动目录的集成服务能力主要体现在如下三个方面：用户及资源的管理、基于目录的网络服务和网络应用管理。Windows Server 2008 中的活动目录不仅可以应用到局域网环境中，还可以应用于跨地区的广域网系统环境中。

2. 域

活动目录的逻辑结构包括域(Domain)、域树(Domain Tree)、域林(Domain Forest)和组织单位(Organization Unit，OU)。域是逻辑组织形式，它能够对网络中的资源进行统一管理。但是在规划 Windows Server 2008 域模式的网络环境时，需要具体部署和组织不同角色的计算机，这称之为活动目录的物理结构。活动目录的物理结构是由域控制器和站点组成。域(Domain)是 Windows 网络中独立运行的单位，域之间相互访问则需要建立信任关系(Trust Relation)。信任关系是连接在域与域之间的桥梁。微软公司把域定义为用户和计算机组成的一个逻辑组，但这个定义同样适用于工作组(或对等型)网络。更好的定义应该是：域是由集中共享账户数据管理的用户和计算机的逻辑组。在域中，账户数据库位于中央服务器，该服务器称作"域控制器"，处理所有登录要求、资源认证和管理任务。账户管理通过域控制器中存储的中心账户数据库来完成，当一个用户的账户在域控制器中创建后，他便可使用网络中的任何一项被授权的资源。

3. 域控制器

域控制器(Domain Controller，DC)是安装、运行活动目录的 Windows Server 2008 服务器。在 Windows Server 2008 的网络环境中，各域必须至少有一台域控制器，域控制器中保存着整个域的用户账号和安全数据库并提供域的相关服务。在一台计算机上安装活动目录，则成为域控制器。在域控制器上，活动目录存储了域范围内的所有账户和策略信息，比如安全策略、用户身份验证数据和目录检索。DC 通过活动目录来提供目录服务，例如负责维护 AD 数据库，审核用户的账号和密码是否正确等。DC 是一台物理上的计算机，而活动目录是运行在 DC 上的一种服务。

在域中，可以同时存在多台域控制器，各域控制器都是平等关系。也就是说，网管可以在域内任何一台域控制器上管理活动目录，包括建立账号、设置组策略、委派控制等。用户也可通过任何一台域控制器来登录域，并访问活动目录数据库。设置多台域控制器主要是为了提高域的容错能力，在某一台域控制器出现故障时，还有其他域控制器可维持域的运行，不致造成域全面瘫痪。由于域可能跨越数个低速连接的局域网络，为避免用户每次登录或访问活动目录时都通过低速连接，可视需求在各局域网络中架设域控制器，以提升使用效率。

使用单个局域网(LAN)的小公司可能只需要一个具有两个域控制器的域。具有多个网络位置的大公司在每个站点都需要一个或多个域控制器以提供高可用性和容错能力。如果某一网络划分为多个站点，通常一种较好的做法是在每个站点中至少配置一台域控制器以提高网络性能。当用户登录网络时，作为登录过程的一部分必须联系域控制器。如果客户必须连接位于不同站点的域控制器，登录过程将耗费很长的时间。通过在每个站点中创建域控制器，对站点内的用户登录处理会更加有效。

由于域中所有的域控制器具有相同的活动目录数据库，且网管人员可在任一台域控制器上修改活动目录信息，因此域控制器间必须有复制机制，以维持活动目录数据的一致性。

4．创建 Active Directory 域

在 Windows Server 2008 初始安装时，默认没有安装活动目录，而只有安装了活动目录，用户才能搭建域环境。创建域的必要条件如下。

(1) 一个 NTFS 硬盘分区：域控制器需要一个能够提供安全设置的硬盘分区来存储 SYSVOL 文件夹，而只有 NTFS 硬盘分区才具备安全设置的功能。

(2) 合适的域控制器计算机名称：如果计划安装活动目录域服务的服务器名称不符合域名系统规范，则活动目录域服务安装向导将显示警告，要求重命名服务器或者使用微软域名服务器。

(3) 配置 TCP/IP 和 DNS 客户端设置：活动目录域服务依赖于正确配置 TCP/IP 协议参数和域名服务客户端，而这些配置都是通过修改域控制器的所有物理网络适配器的 IP 属性来完成的；活动目录域服务安装向导将检测 TCP/IP 或 DNS 客户端配置是否正确，若检查无误，则该向导将继续安装。

(4) 有一台允许动态更新域控制器定位器记录的域名服务器：为了使域成员和其他域控制器能发现和使用正要安装的域控制器，必须向域名服务器中添加允许动态更新的域控制器定位器记录。域名服务器管理员可手动添加域控制器定位器记录。

6.1.3 DNS 服务

DNS 是计算机域名系统(Domain Name System)的英文缩写，它是由解析器和域名服务器组成的。域名服务器是指保存有该网络中所有主机的域名和对应 IP 地址，并具有将域名转换为 IP 地址功能的服务器。服务器的功能是转换名称与 IP 地址。

早期的 Internet 规模较小，主机名字管理由 Internet 的网络信息中心(NIC)集中完成，采用一种无层次名字命名机制。Internet NIC 维护一个名为 hosts.txt 的文件，该文件中包含了所有主机的信息及每台主机名字到 IP 地址的映射，NIC 根据网络的变化不断改动文件 hosts.txt，并定期向全网传递。随着 Internet 的规模不断扩大，网络结点不断增加，主机命名冲突的可能性不断增加，保持主机命名的唯一性变得越来越困难。为了解决这个问题，Internet 管理机构提出了一个的新系统设计思想，并于 1984 年公布，这就是域名系统 DNS。

DNS 采用了层次化、分布式、面向客户机/服务器模式的名字管理来代替原来的集中管理，并允许名字管理者在较低的结构层次上管理他们自己的名字，这样就可以把名称空间划分得足够小，由不同的组织进行分散管理，使名字管理更加灵活、方便。DNS 的分层管理机制使它形成了一个规则的树型结构的名字空间，如图 6-2 所示。

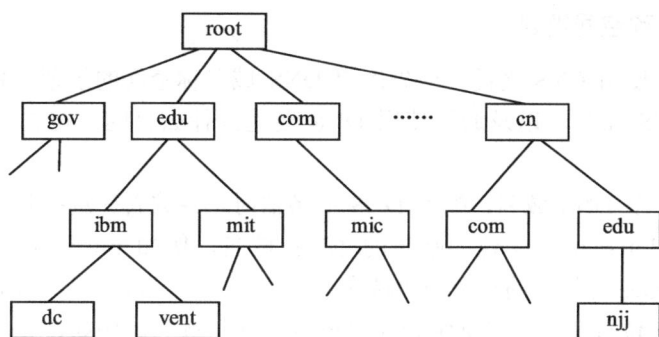

图 6-2　Internet 的域名结构示意图

在这棵结构树中，每个结点都有一个独立的结点名字，根结点的名字为空。兄弟结点不允许重名，而非兄弟结点可以重名，叶子结点通常代表主机。由于 Internet 本身的结构就是一种树状层次结构，因此，层次型命名机制与 Internet 结构一一对应，使 Internet 的名字管理层次结构非常清晰。

Internet 主机域名的一般结构为：主机名.三级域名.二级域名.顶级域名。Internet 的顶级域名由 Internet 网络协会负责网络地址分配的委员会进行登记和管理。它还为 Internet 的每一台主机分配唯一的 IP 地址。全世界现有三个大的网络信息中心：位于美国的 Inter-NIC，负责美国及其他地区；位于荷兰的 RIPE-NIC，负责欧洲地区；位于日本的 AP-NIC，负责亚太地区。顶级域名如表 6-1 所示，它有两种主要模式：组织模式和地域模式。组织模式是按管理组织的层次结构划分域名，产生的域名就是组织性域名。地域模式是按国家地理区域划分域名，用两个字符的国家代码表示主机所在的国家和地区。

表 6-1　Internet 的顶级域名

组织模式域名	含　义	地域模式域名	含　义
com	商业机构	cn	中国
edu	教育机构	ca	加拿大
gov	政府部门	us	美国
mil	军事部门	jp	日本
net	主要网络支持中心	uk	英国
org	非商业组织	hk	中国香港
arpa	临时 arpanet 域(未用)	tw	中国台湾
int	国际组织	ru	俄罗斯

虽然字符型的主机域名比数字型的 IP 地址更容易记忆，但在通信时还必须将其映射成能直接用于 TCP/IP 协议通信的数字型 IP 地址，这个将主机域名映射为 IP 地址的过程叫域

名解析。安装与配置 DNS 服务器并不是非常困难的事,从网络组建的角度来看,根据实际的网络环境和应用需求对 DNS 服务器属性进行合理的规划才是最重要的,只有这样才能部署一个层次分明、结构严谨的 DNS 域树,以满足企业实际的网络应用需求,其中包括名称空间的规划、DNS 区域规划和 DNS 服务器规划等。

1. DNS 的名称空间规划

在网络上开始使用 DNS 之前,应先确定 DNS 域名称空间的规划。名称空间规划包括决定如何使用 DNS 命名,以及通过使用 DNS 要达到什么目的。在这一阶段要解决以下问题。

(1) 选择第一个 DNS 域名。配置 DNS 服务器时,建议首先选择和注册一个可用于维护 Intranet 或者 Internet 上单位的唯一的 DNS 域名,例如 microsoft.com。该名称是在 Intranet 或者 Internet 上使用的一个顶级域内的二级域。一旦选择了父域名,就可以将该名称与单位内使用的位置或单位名称组合起来形成其他子域名。例如,如果添加了子域,如 itg.example(针对单位的信息技术组使用的资源),则可使用该名称组成附加的子域名 itg.example. microsoft.com。

如果是应用于 Internet 上,还需要在确定 Internet 上使用的父 DNS 域名之前,先执行"搜索"命令以查看该名称是否已经被注册。Internet DNS 名称空间目前由 Internet 网络信息中心管理,用户可到相关域名申请机构查询。

(2) 选择名称。在 DNS 名称中,允许使用的字符在 RFC1123 中定义如下:所有大写字母(A~Z)、小写字母(a~z)、数字(0~9)和连字符(-)。

对于以前使用 NetBIOS 技术的单位,现有的计算机名称可能不符合 DNS 命名标准。如果出现这种情况,就考虑根据 Internet DNS 标准修改计算机名称。

完整的计算机名称是计算机名和计算机的主要 DNS 后缀的结合。该计算机的 DNS 域名是计算机系统属性的一部分,并且与任何特定安装的网络组件没有关系。既不使用网络,也不使用 TCP/IP 的计算机没有 DNS 域名。

(3) 综合规划:支持多名称空间。除了支持内部 DNS 名称空间,许多网络还需要解析外部 DNS 名称,例如 Internet。DNS 服务器提供了集成和管理名称空间的方法,在这些名称空间中,外部和内部 DNS 名称都可在网络上解析。

DNS 服务器几乎是所有域网络中除了域控制器以外最重要的服务器角色,因为它担负着整个网络中用户计算机的名称解析。没有正确的名称解析,服务器就无法识别各客户机,客户机也无法与网络进行连接,更别说进行文件访问了。域名解析有两个方向:从主机域名到 IP 地址的正向解析;从 IP 地址到主机域名的反向解析。域名的解析是由一系列的域名服务器 DNS 完成的,如图 6-3 所示。

如果将名称服务 DNS 的使用限制在专用名称空间内,对于如何设计和实现它则不存在限制。例如,可以选择任何 DNS 命名标准配置 DNS 服务器,使之作为网络 DNS 分布式设计的有效根服务器,或形成一个自身包含 DNS 域树的结构和层次。

在提供对外部 DNS 名称空间的引用或 Internet 上的整个 DNS 服务时,需要考虑专用名称空间和外部名称空间之间的兼容性。另外,Internet 服务要求注册父域名称。

图 6-3 域名解析过程

2．DNS 的区域规划

尽管 DNS 在设计上有利于减少本地子网之间的广播通信，但它在服务器和客户端之间产生了一些应检查的通信量。在 DNS 用于路由网络的情况下，尤其会出现这种情况。要检查 DNS 通信，可以使用系统监视器提供的 DNS 服务器(统计信息)或 DNS 性能计数器。除路由通信外，还需要考虑以下 DNS 相关通信的影响，特别是在广域网上通过慢速链路操作时。

(1) 由与其他 DNS 服务器之间的区域传送和与其他 DNS 服务器的互操作引起的服务器到服务器的通信。

(2) 由 DNS 客户端或 DHCP 服务器发送的加载和动态更新引起的客户端到服务器的通信。

3．DNS 服务器的分类

互联网上的域名服务器用来存储域名的分布式数据库，并为 DNS 客户端提供域名解析。它们也是按照域名层次来安排的，每一个域名服务器都只对域名体系中的一部分进行管辖。根据它们的用途，域名服务器有以下几种不同类型。

(1) 主域名服务器。负责维护这个区域的所有域名信息，是特定域的所有信息的权威信息源。也就是说，主域名服务器内所存储的是该区域的正本数据，系统管理员可以对它进行修改。

(2) 辅助域名服务器。当主域名服务器出现故障、关闭或负载过重时，辅助域名服务器作为备份提供域名解析服务。辅助域名服务器中区域文件内的数据是从另外一台域名服务器复制过来的，并不是直接输入的，也就是说这个区域文件的数据只是一个副本，这里的数据是无法修改的。

(3) 缓存域名服务器。可运行域名服务器软件，但没有域名数据库。它从某个远程服务器取得每次域名服务器查询的回答，一旦取得一个答案，就将它放在高速缓存中，以后查询相同的信息时就用它予以回答。缓存域名服务器不是权威性服务器，因为它提供的所有信息都是间接信息。

(4) 转发域名服务器。负责所有非本地域名的本地查询。转发域名服务器接收到查询请求时，在其缓存中查找，如果找不到，就把请求依次转发到指定的域名服务器，直到查询到结果为止，否则返回无法映射的结果。

4．DNS 服务器的配置

DNS 服务器角色所花费的系统资源很少，任何一台能够运行 Windows Server 2008 的计算机都能配置成 DNS 服务器。如果是一台大型网络或 ISP 的 DNS 服务器，区域中要包含成千上万条资源记录，被访问的频率非常高，因此服务器内存大小和网卡速度就成为制约条件。另外，每个客户机在配置时都要指定 DNS 服务器的 IP 地址，因此 DNS 服务器必须拥有静态的 IP 地址，不能用 DHCP 动态获取。由于涉及客户机的配置问题，DNS 服务器的 IP 地址一旦固定下来，就不可随意更改。

Windows Server 2008 系统内置了 DNS 服务组件，但默认情况下并没有安装，需要管理员手动安装并配置，从而为网络提供域名解析服务。下面以添加 DNS 服务器角色为例，说明利用服务管理器添加服务器角色的过程。添加其他角色的过程与本过程大致相似。

(1) 以管理员账户登录到 Windows Server 2008 系统，打开"服务器管理器"窗口，选择左侧的"角色"，单击"添加角色"连接，启动添加角色向导，如图 6-4 所示。

图 6-4 角色

(2) 在"开始之前"向导页中，提示此向导可以完成的工作以及操作之前应注意的事项，单击"下一步"按钮，如图 6-5 所示。

(3) 在"选择服务器角色"向导页中，显示所有可以安装的服务器角色。如果角色前面的复选框没有被选中，表示该网络服务尚未安装；如果已经选中，说明该服务已经安装。这里选中"DNS 服务器"复选框，单击"下一步"按钮，如图 6-6 所示。在"DNS 服务器"向导页中，单击"下一步"按钮，如图 6-7 所示。

(4) 在"确认安装选择"向导页中，要求确认所要安装的服务器角色，若出错可以单击"上一步"按钮返回。这里单击"安装"按钮开始安装 DNS 服务器角色，如图 6-8 所示。

图 6-5　开始之前

图 6-6　选择服务器角色

图 6-7　DNS 服务器简介

图 6-8　确认安装选择

(5) "安装进度"向导页如图 6-9 所示。

(6) 在"安装结果"向导页中，显示 DNS 服务器角色已经安装完成，提示用户可以使用 DNS 管理器对 DNS 服务器进行配置。若系统未启动 Windows 自动更新，还提醒用户设置 Windows 自动更新，以即时给系统更新。单击"关闭"按钮便完成了 DNS 服务的安装，如图 6-10 所示。此时，在"服务器管理器"窗口中将显示 DNS 服务器角色已经安装，以及其运行状态，如图 6-11 所示。

图 6-9　安装进度

图 6-10　安装结果

图 6-11　服务器管理器

6.1.4　DHCP 服务

DHCP(Dynamic Host Configuration Protocol，动态主机配置协议)服务器用于为网络中的其他主机自动配置 IP 地址与相关的 TCP/IP 设置。虽然 DHCP 服务器不像 DNS 服务器那样必不可少，但它在大中型企业网络中同样非常重要。

1．DHCP 简介

TCP/IP 网络上的每台计算机都必须有唯一的 IP 地址。IP 地址(及与之相关的子网掩码)用来标识主机及其连接的子网，在将计算机移动到不同的子网时，必须更改 IP 地址。DHCP 允许通过本地网络上的 DHCP 服务器 IP 地址数据库为客户端动态指派 IP 地址。对于基于 TCP/IP 的网络，DHCP 降低了重新配置计算机的难度，减少了涉及的管理工作量。DHCP 服务器只能安装到 Windows 的服务器操作系统中，例如 Windows Server 2000、Windows Server 2003 和 Windows Server 2008 等。在 Windows Server 2008 系统中内置了DHCP 服务组件，但是需要管理员手动安装与配置，从而为网络提供 DHCP 服务。将一台运行 Windows Server 2008 的计算机配置成 DHCP 服务器，最简单的方法是使用服务器管理器添加 DHCP 服务器角色。

DHCP 使用客户机/服务器模型。网络管理员建立一个或多个维护 TCP/IP 配置信息并将其提供给客户端的 DHCP 服务器。服务器数据库包含以下信息：网络上所有客户端的有效配置参数，在指派到客户端的地址池中维护的有效 IP 地址以及用于手动指派的保留地址，服务器提供的租约持续时间(租约定义了指派的 IP 地址可以使用的时间长度)。通过在网络上安装和配置 DHCP 服务器，DHCP 的客户端可在每次启动并加入网络时动态地获得其 IP 地址和相关配置参数，DHCP 服务器以地址租约的形式将该配置提供给发出请求的客户端。DHCP 的工作原理如图 6-12 所示。

DHCP 为管理基于 TCP/IP 的网络提供了以下好处。

(1)　提供了安全而可靠的配置。DHCP 避免了由于手动在每个计算机上输入值而引起的配置错误。DHCP 还有助于防止配置新的计算机时重用以前指派的 IP 地址而引起的地址冲突。

(2)　减少了配置管理。使用 DHCP 服务器可以大大降低配置和重新配置网上计算机的时间。服务器在指派地址租约时能提供其他配置值的全部范围，这些值是 DHCP 选项指派的。

图 6-12　DHCP 的工作原理

2. 规划 DHCP 网络

(1)　确定要使用的 DHCP 服务器的数目。由于 DHCP 服务器可以服务的客户端最大数量或可以在 DHCP 服务器上创建的作用域数量没有限制，因此在确定 DHCP 服务器数目时，最主要的考虑因素是网络体系结构和服务器硬件。例如，在单一的子网环境中仅需要一台 DHCP，但用户可能希望使用两台服务器或部署 DHCP 服务器集群来增强容错能力。在多子网环境中，由于路由器必须在子网间转发 DHCP 消息，因此路由器性能可能影响 DHCP 服务。

(2)　路由 DHCP 网络的规划。图 6-13 显示了一个由 DHCP 实现的简单路由网络。

图 6-13　由 DHCP 实现的简单路由网络

在路由网络中，一个 DHCP 服务器必须至少位于一个子网中。为使 DHCP 服务器能支持其他被路由器分开的远程子网上的客户端，必须将路由器或远程计算机作为 DHCP 和 BOOTP 中继代理程序以支持子网之间的 DHCP 通信。

3．安装 DHCP 服务器角色

(1) 选择"开始"→"服务器管理器"命令，选择左侧的"角色"，单击"添加角色"启动添加角色向导。在"开始之前"向导页中单击"下一步"按钮。

(2) "选择服务器角色"向导页中显示了所有可以安装的服务器角色。如果角色前面的复选框没有被选中，则表示该网络服务尚未安装；如果已选中，则说明该服务已经安装。这里选中"DHCP 服务器"复选框，单击"下一步"按钮，在"DHCP 服务器"向导页中单击"下一步"按钮。

(3) 在"选择网络连接绑定"向导页中选择此 DHCP 服务器将用于向客户端提供服务的网络连接，单击"下一步"按钮，如图 6-14 所示。

(4) 在"指定 IPv4 DNS 服务器设置"向导页中指定客户用于名称解析的父域名，以及客户端用于域名解析的 DNS 服务器 IP 地址，单击"下一步"按钮，如图 6-15 所示。

图 6-14　选择网络连接绑定　　　　　　图 6-15　指定 IPv4 DNS 服务器设置

(5) 在"添加或编辑 DHCP 作用域"向导页中可以添加 DHCP 作用域。只有指定了作用域，DHCP 服务器才能向客户端分配 IP 地址、子网掩码和默认网关等。现在可以不指定，等 DHCP 安装完成后再添加。若现在指定，可单击"添加"按钮，如图 6-16 所示。

图 6-16　添加或编辑 DHCP 作用域

（6）在"添加作用域"对话框中设置作用域的名称、起始 IP 地址、结束 IP 地址、子网掩码、默认网关以及子网类型。若选中"激活此作用域"复选框，则创建完成后会自动激活，如图 6-17 所示。设置完成后，单击"确定"按钮，返回上一步操作后单击"下一步"按钮。

（7）在"配置 DHCPv6 无状态模式"向导页中选择启用还是禁用服务器的 DHCPv6 无状态模式。选中"对此服务器禁用 DHCPv6 无状态模式"单选按钮，单击"下一步"按钮，如图 6-18 所示。

图 6-17　添加作用域

图 6-18　配置 DHCPv6 无状态模式

（8）若 DHCP 服务器已加入了域，还会打开"授权 DHCP 服务器"向导页；若没有加入域，则不会出现此向导页。为 DHCP 服务器授权必须具有域管理员的权限，若当前没有以域管理员身份登录到域，则选中"使用备用凭据"单选按钮，然后单击"指定"按钮输入域管理员的用户名及密码。单击"下一步"按钮，如图 6-19 所示。

（9）在"确认安装选择"向导页中，确认所要安装的服务器角色及配置情况，如果配置错误，可以单击"上一步"按钮返回。单击"安装"按钮即可开始安装 DHCP 服务器角色，如图 6-20 所示。

图 6-19　授权 DHCP 服务器

图 6-20　确认安装选择

(10) 在"安装结果"对话框中显示 DHCP 服务器角色已经安装完成,提示用户可以使用 DHCP 管理器对 DHCP 服务器进行配置。若系统未启用 Windows 自动更新,还提醒用户设置 Windows 自动更新,以即时给系统打上补丁。单击"完成"按钮关闭添加角色向导,便完成了 DHCP 服务器的安装。DHCP 服务器安装完毕后,选择"开始"→"管理工具"→"DHCP 命令打开 DHCP 管理器"命令,通过 DHCP 窗口可以管理本地或远程的 DHCP 服务器,如图 6-21 所示。

图 6-21　DHCP 管理器

6.1.5　Web 服务

Web 服务采用客户机/服务器工作模式,它可以接收从 Internet 上的其他系统中传递过来的请求,是一种轻量级的、独立的通信技术。Windows Server 2008 为 Web 发布提供了统一的平台,此平台集成了 Internet 信息服务(Internet Information Service,IIS)、ASP.NET、Windows Communication Foundation 等。

1. Web 服务

Web 服务以超文本标记语言 HTML(Hyper Text Markup Language)与超文本传输协议 HTTP(Hyper Text Transfer Protocol)为基础,为用户提供界面一致的信息浏览系统。Web 服务器负责组织各种信息,并以文件的形式存储在某一个指定目录中。Web 服务器使用超链接技术连接各个信息片段,这些信息片段既可集中地存储在同一台主机上,也可以分布地存放在不同地理位置的不同主机上。

(1) Web 服务的工作原理

Web 客户机负责显示信息和向服务器发送请求。当客户机提出访问请求时,服务器负责响应客户机的请求并按照用户的要求发送文件;当客户机收到文件后,解释该文件并在屏幕上显示出来。

- Web 的客户机:客户机软件通常称为浏览器,它是 HTML 的解释器。Web 浏览器的任务是使用统一资源定位符 URL(Universal Resource Locators)来获取一个 Web 服务器上的 Web 文档,解释这个 HTML 并将该文档内容以用户环境许可的效果最大限度地显示出来。当用户选择一个超文本(Hypertext)链接时，这个过程重新开始，Web 浏览器通过与超文本链接相连的 URL 来请求文档，等待服务器发送、处理并显示文档。

- Web 服务器：从硬件角度是指在 Internet 上保存超文本和超媒体信息的计算机；从软件角度看是指提供上述 Web 功能的服务程序。Web 服务器软件默认使用 TCP 的 80 端口，等待客户机浏览器发出的连接请求。请求连接建立后，客户机可以发送一个获取文件的请求，并等待服务器发送文件到客户机。

Web 服务系统的工作原理如图 6-22 所示。

图 6-22 Web 服务系统的工作原理

(2) 超文本传输协议

超文本传输协议 HTTP 贯穿了整个 Web 应用，它是 Web 客户机和 Web 服务器之间的应用层传输协议。它规定了客户机可以发送什么信息给服务器，客户机可以获得什么应答。HTTP 由两个程序来实现：一个是客户机程序，一个是服务器程序。HTTP 定义了信息的结构以及客户和服务器之间如何交流信息。

HTTP 将此请求/服务的全过程定义为一个简单事物处理，包括以下四个步骤：

- 连接：客户机与服务器建立连接。
- 请求：客户机向服务器提出请求，在请求中指明想要操作的页。
- 应答：如果请求被接受，服务器送回应答。
- 关闭：客户机与服务器断开连接。

2. 安装 Web 服务器角色

在安装 Web 服务器角色之前，用户需要做如下的准备工作。

(1) 为服务器配置一个静态 IP 地址，不能使用由 DHCP 动态分配的 IP 地址。

(2) 为了让用户能够使用域名来访问 Web 站点，建议在 DNS 服务器中为站点注册一个域名。

(3) 为了让 Web 站点具有更高的安全性，建议用户把存放网站内容的驱动器格式化为 NTFS 文件系统。

Web 服务是 Windows Server 2008 重要角色之一，它包含在 IIS 7.0 中，用户可以通过"添加角色向导"来安装。在安装过程中，用户可以选择或取消选择 Web 服务组件(如安装或不安装 ASP 功能)，具体的安装过程如下。

(1) 选择"开始"→"管理工具"→"服务器管理器"命令，打开"服务器管理器"窗口，选择左侧的"角色"，在右侧窗格的"角色摘要"区域单击"添加角色"超链接，启动添加角色向导。在"开始之前"向导页中单击"下一步"按钮。

(2) 在"选择服务器角色"向导页中显示所有可以安装的服务器角色。如果角色前面的复选框没有选中，表示该网络服务尚未安装；如果已选中，说明该服务已经安装。这里选中"Web 服务器(IIS)"复选框，如图 6-23 所示。

图 6-23　选择服务器角色

(3) 系统提示在安装 Web 服务器(IIS)角色时，必须安装 Windows 进程激活服务功能，否则无法安装 Web 服务器(IIS)角色。单击"添加必需的功能"按钮，如图 6-24 所示。

图 6-24　系统提示

(4) 返回"选择服务器角色"向导页，选中"Web 服务器(IIS)"复选框，单击"下一步"按钮。在"Web 服务器(IIS)简介"向导页中单击"下一步"按钮。

(5) 在"选择角色服务"向导页中默认只选择安装 Web 服务所必需的组件，用户可根据实际需要选择安装的组件。选择完毕后，单击"下一步"按钮，如图 6-25 所示。

(6) 在"确认安装选择"向导页中显示前面所进行的设置，如果选择错误，用户可以单击"上一步"按钮返回。确认无误后，单击"安装"按钮开始安装 Web 服务器角色，如

图 6-26 所示。

图 6-25　选择角色服务　　　　　　　　　　图 6-26　确认安装选择

(7)　在"安装结果"向导页中显示安装 Web 服务器(IIS)角色的已经安装,并列出了已安装的角色服务。单击"完成"按钮关闭"添加角色向导"向导页,即可完成 Web 服务器(IIS)角色的安装。

(8)　基于 IIS 的 Web 服务器安装成功后,用户可以通过"Internet 信息服务(IIS)管理器"窗口来管理 Web 站点。打开"Internet 信息服务(IIS)管理器"窗口的方法是选择"开始"→"管理工具"→"Internet 服务管理器"命令,图 6-27 所示的是"Internet 信息服务(IIS)管理器"窗口,从中可以看出,在安装 IIS 时已创建一个名为 Default Web Site 的 Web 网站。

图 6-27　Internet 信息服务(IIS)管理器

(9)　在局域网中的另一台计算机(以 Windows XP 为例)上打开浏览器,在地址栏中输入"http://<服务器 IP 或域名>/",若能看到如图 6-28 所示的界面,则说明 Web 服务器安装成功。

图 6-28　访问 Default Web Site

6.2　网络服务器的配置与使用

Windows Server 2008 中的角色和功能，相当于 Windows Server 2003 中 Windows 组件，重要的组件被 Windows Server 2008 划分到了角色，不太重要的服务和增加的服务器功能被 Windows Server 2008 划分到了功能。在 Windows Server 2008 中，附带了 17 个角色和 35 个功能。下面从网络服务器的配置开始讲起。

6.2.1　服务器角色和功能简介

服务器是局域网中的一个重要组成部分。Windows Server 2008 的一个主要亮点就是组件化，系统管理员通过在服务器管理器里进行"角色"和"功能"的添加、删除操作，就可以实现几乎所有的服务器任务。像 DNS 服务器、文件服务器、打印服务等被视为一种"角色"，而故障转移集群、组策略管理等则被视为"功能"。那么，在 Windows Server 2008 中，服务器的角色与功能到底有什么不同呢？服务器角色指的是服务器的主要功能，管理员可以选择整个计算机作为一个服务器角色，或在单台计算机上安装多个服务器角色，每个角色可以包括一个或多个角色服务。而功能则提供对服务器的辅助或支持。通常，管理员添加功能不会作为服务器的主要功能，但可以增强安装角色的功能。像故障转移集群是管理员在安装了特定的服务器角色(如文件服务)后安装的功能，它可以将冗余特性添加到文件服务并缩短可能的灾难恢复时间。

1．服务器角色、角色服务和功能

(1) 角色(Roles)是 Windows Server 2008 中出现的一个新概念，也是 Windows Server 2008 管理特性中很重要的一个亮点。服务器角色即程序的集合，在安装并正确配置之后，允许计算机为网络内的多个用户或其他计算机执行特定的功能。

(2) 角色服务是提供角色功能的程序。安装角色时，可以选择它为企业中的其他用户和计算机提供的服务。例如，DNS 服务器角色只有一个功能，没有可用的角色服务。

(3) 功能：用于支持或增强一个或多个角色，或增强整个服务器的功能。

2．服务器管理器

服务器管理器作为扩展的 Microsoft 管理控制台(Microsoft Management Console，MMC)
是包括有关服务器配置、已安装角色的状态等信息的一个服务器综合视图。Windows
Server 2008 在 MMC 中有两种类型的管理单元：独立管理单元和扩展管理单元。服务器管
理器的主要功能如下：

- 查看和更改服务器上安装的服务器角色和功能。
- 执行特定服务器的管理任务，如启动或停止服务、管理本地用户账户等。
- 执行特定服务器上所安装角色的管理任务。
- 检查服务器状态，确定关键事件以及分析配置问题。

服务器管理器中包含可展开结点，管理员通过它可直接转到管理特定角色的控制台、
疑难解答工具或备份和灾难恢复选项。图 6-29 所示为服务器管理器主窗口。

图 6-29　服务器管理器

6.2.2　配置服务器

服务器是局域网的"心脏"，而操作系统则是网络服务器的"灵魂"。这里以
Windows Server 2008 操作系统为例来讲解网络服务器的配置与使用方法。

在安装 Windows Server 2008 后，开机时系统会自动运行"管理您的服务器"对话框，
单击其中任何一项，开始运行服务器配置向导。添加服务器角色的过程在前文已给出，这
里不再重复介绍。DNS 服务安装完毕之后，可以通过选择"开始"→"管理工具"→
"DNS"命令打开"DNS 管理器"窗口，在"DNS 管理器"窗口中可以管理本地或远程
的 DNS 服务器，如图 6-30 所示。

图 6-30　DNS 管理器

在以往的 Windows 操作系统中，会默认安装 Telnet 客户端功能。但是在 Windows Server 2008 中，没有安装该功能。下面以安装 Telnet 客户端为例，说明利用服务器管理器向导添加服务器功能的过程。

(1) 打开"服务器管理器"窗口，选择左侧的"功能"，单击"添加功能"链接，启动添加功能向导，如图 6-31 所示。

(2) 在"选择功能"向导页中，显示所有可以安装的服务器功能。如果功能前面的复选框没有被选中，表示该网络服务尚未安装，如果已选中，说明该功能已经安装。这里选中"Telnet 客户端"复选框，单击"下一步"按钮，如图 6-32 所示。

图 6-31　功能

图 6-32　选择服务器功能

(3) 在"确认安装选择"向导页中，确认所要安装的服务器角色，如果选择错误，可以单击"上一步"按钮返回。这里单击"安装"按钮开始安装，如图 6-33 所示。

(4) 在图 6-34 中显示了安装进度。在"安装结果"向导页中，显示 Telnet 客户端已经安装成功，单击"关闭"按钮，如图 6-35 所示。

(5) Telnet 客户端功能安装完成后，在命令行窗口中再执行如图 6-36 所示的命令，此时就可以管理交换机了，这说明 Telnet 客户端功能已安装成功。

图 6-33 确认安装选择

图 6-34 安装进度

图 6-35 安装结果

图 6-36 执行 Telnet 客户端功能

6.2.3 创建与管理用户

用户账户机制是维护计算机操作系统安全的基本而重要的技术手段，操作系统通过用户账户来辨别用户身份，让具有一定使用权限的人登录计算机、访问本地计算机资源或从网络访问计算机的共享资源。用户账户是活动目录最基本的对象，也是登录网络和访问网络资源的基础，用户必须拥有一个域的用户账户才能访问域资源。管理员的主要任务就是根据不同用户的具体工作场景创建和管理账户。

在运行 Windows Server 2008 系统的计算机中，都需要通过用户账户登录计算机，用户账户是 Windows Server 2008 系统环境中用户的唯一标识符。Windows Server 2008 支持两种用户账户：本地账户和域账户。

(1) 本地账户是指安装了 Windows Server 2008 的计算机在本地安全目录数据库中建立的账户。在网络中没有域的情况下，用户使用本地账户登录计算机，可以使用和管理本地计算机的资源。当用户需要访问网络中其他计算机资源时，必须提供本地账户。

(2) 域账户是建立在域控制器的活动目录数据库中的账户。此类账户具有全局性，可以登录到域网络环境模式中的任何一台计算机，并获得访问该网络的权限。当网络中存在域时，想要访问网络中的资源，用户就不能使用本地账户登录，必须使用域账户登录。在域控制器中，本地账户是被禁止的。

1．创建本地用户账户

用户必须拥有管理员权限，才可以创建用户账户。当有新的用户需要访问网络上的资源时，管理员必须在域控制器上为其创建一个对应的用户账户，否则该用户将无法访问域中的资源。Windows Server 2008 系统最常用的两个内置账户是系统管理员(Administrator)和用户(Guest)，如图 6-37 所示。系统管理员拥有最高的资源使用权限。在安装 Windows Server 2008 后，第一次启动过程中，就要求设置系统管理员账户和密码。系统管理员账户的默认名称是 Administrator，为了安全起见，用户可以根据需要改变其名称或禁用该账户，但无法删除它。Guest 为临时访问计算机的用户而提供的账户，是在系统安装中自动添加的，并且不能删除。

图 6-37　创建用户账户 Windows Server 2008 内置用户

下面以服务器管理器为例，说明创建用户账户的主要步骤。

(1) 在服务器管理器中选择"配置"→"本地用户和组"项，在"用户"上右击，从弹出的快捷菜单中选择"新用户"命令，创建用户账户，如图 6-38 所示。

(2) 在弹出的"新用户"对话框中输入用户信息，包括用户名、全名、用户描述信息，指定用户密码。这里的"用户名"用于登录和验证，如果这个账户需要在 Windows 2000 以前的版本中使用，必须提供对应的名称，单击"创建"按钮新增用户账户。创建完用户后，单击"关闭"按钮，如图 6-39 所示。密码必须重复输入以确认，选项包括"用户下次登录时须更改密码""用户不能更改密码""密码永不过期"和"账户已禁用"等。

(3) Windows Server 2008 创建的用户账户是不允许相同的，并且系统内部使用安全标志符 SID (Security Identifier)来识别每个用户账户。每个用户账户都对应唯一的安全标识符，这个安全标识符在创建用户时由系统自动产生。指派系统权利、授权资源访问权限等都需要使用这个安全标志符。用户登录后，可以在命令提示符状态下执行"whoami /logonid"命令查询当前用户账户的安全标志符，如图 6-40 所示。

图 6-38 创建用户账户

图 6-39 "新用户"对话框

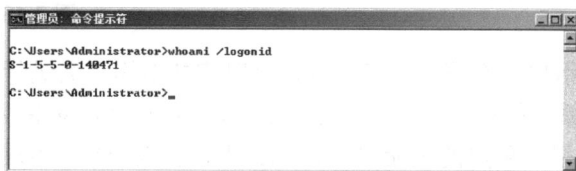

图 6-40 查询当前账户的 SID

2. 管理本地用户账户属性

为了方便管理和使用，一个用户账户不应只包括用户名和密码等信息，还应包括其他一些属性，如用户隶属的用户组、用户配置文件、用户的拨入权限、终端用户设置等。新增用户以后，其账户的很多属性都使用系统默认值或空白，系统管理员或账户管理员需要为这个用户账户设置各种属性。

(1) 在"常规"选项卡中，可以设置与账户有关的一些描述性信息，包括全名、描述、账户及密码选项等。管理员通过设置密码选项，可以禁用账户；如果账户已经被系统锁定，管理员可以解除锁定，如图 6-41 所示。

当用户忘记其密码无法登录系统时，就需要给该用户账户重新设置一个新密码。右击需要重新设置密码的用户账户，在弹出的快捷菜单中选择"设置密码"命令。在设置密码对话框中，输入用户的新密码并确认，再单击"确定"按钮即可，如图 6-42 所示。

图 6-41 用户属性

图 6-42 重设密码

(2) 在"隶属于"选项卡中，可以设置这个账户隶属于哪个组。通过将用户账户加入不同权限的组中，可以使这个账户继承该组的所有权限，如图 6-43 所示。

为了方便管理，通常把用户加入到组当中，通过设置组的权限统一管理用户的权限。根据需要对用户组进行权限的分配与设置，用户属于哪个组，用户就具有该用户组的权限。新增的用户账户默认加入到 Users 组，Users 组的用户一般不具备特殊权限，如安装应用程序、修改系统设置等。当要为这个用户分配一些别的权限时，可以将该用户账户加入到其他拥有这些权限的组。如果需要将用户从一个或几个用户组中删除，单击"删除"按钮即可。

图 6-43 "隶属于"选项卡

(3) 若某用户的用户名不符合命名规范，这时需要对用户名进行重命名。用户账号重命名只是修改登录时系统的标识，其用户账号的 SID 号并没有发生改变，因此其权限、密码都没有改变。本地用户账户的重命名方法为：右击要重命名的用户账户，在弹出的快捷菜单中选择"重命名"命令，输入新的用户名，然后按 Enter 键，如图 6-44 所示。

图 6-44 重命名本地用户账户

6.2.4 创建和管理组

组账户是 Active Directory 的基本对象之一。组可以方便地帮助活动目录组织用户账户和赋予用户访问资源的权限。根据创建方式的不同，组可以分为默认组和用户自定义组。默认组是在安装 Windows Server 2008 操作系统时自动创建的。如果一个用户属于某个默认组，则该用户就具有在本地计算机上执行各种任务的权利和能力。如果内置的组不能满足特殊安全和灵活性的需要，则必须根据网络具体情况新增一些组并设置其属性。

1. 默认组

打开服务器管理器后，在"本地用户和组"下"组"上右击，可查看本地内置的所有组账户，包含 Administrators、Backup Operators、Cryptographic Operators 和 Distributed

COM Users 等默认组及其描述，如图 6-45 所示。管理员可以根据需要向默认组添加成员或删除默认组成员，也可以重命名默认组，但不能删除默认组。

图 6-45　默认组

2. 创建自定义组账户

通常情况下，系统默认的用户组能够满足某些方面的系统需要，但无法满足安全性和灵活性的需要，管理员必须根据需要新增一些组，即用户自定义组。这些组创建之后，就可以像管理系统默认组一样，赋予其权限和增加组成员。需要注意的是，只有本地计算机上的 Administrators 组和 Power Users 组成员有权创建自定义组。使用服务器管理器在本地计算机上创建自定义组的步骤如下。

(1) 打开"Active Directory 用户和计算机"控制台在目录树中展开域根结点。右击要创建组的组织单位或容器，从弹出的快捷菜单中选择"新建"→"组"命令，打开"新建对象-组"对话框，如图 6-46 所示。

图 6-46　"新建对象-组"对话框

(2) 在"组名"文本框中输入要创建的组名，在"组作用域"选项组中选择组的作用范围；在"组类型"选项组中选择组类型。单击"确定"按钮，即可完成创建。

3. 管理自定义组账户属性

一个新组被用户创建好之后，系统并没有设置该组的常规属性和权限，也没有为其指定组成员和管理人，该组几乎不发挥任何作用。如果要充分发挥组用户和计算机账户的作用，必须为该组设置属性和权限。

(1) 修改自定义组成员：包括向组中添加成员或者从组中删除已有的成员。双击欲添加成员的组，打开组的属性对话框，然后单击"添加"按钮，如图 6-47 所示。在"选择用户"对话框中，可以输入成员名称，或者单击"高级"按钮查找用户，然后单击"确定"按钮，如图 6-48 所示。

(2) 如果要删除某组的成员，在服务器管理器中，右击要删除的组账户，在弹出的快捷菜单中选择"删除"命令。在打开的确认对话框中，单击"是"按钮，如图 6-49 所示。

与用户账户一样，每个组都拥有一个唯一的安全标识符(SID)，一旦删除了用户组，就不能重新恢复，即使新建一个与被删除组有相同名字和成员的组，也不会与被删除组有相同的权限。

图 6-47　修改本地组成员

图 6-48　选择用户

图 6-49　确认删除用户组

(3) 设置组属性：打开"Active Directory 用户和计算机"控制台，右击要设置的组成员，选择"属性"命令，打开该组的属性对话框，如图 6-50 所示。为了便于管理，在"描述"文本框和"注释"列表框中输入有关该组的注释信息。切换到"成员"选项卡，单击"添加"按钮，打开"选择用户、联系人或计算机"对话框，可选择要添加的成员。如果要删除组成员，在"成员"列表框中选择组成员，单击"删除"按钮即可，如图 6-51 所示。

図 6-50　修改本地组成员

図 6-51 选择用户

6.3　从工作站登录到服务器的方法

6.3.1　配置客户端网络

用户要想从工作站登录到服务器，使用服务器上的资源，首先要保证网卡已正确安装，并安装了相关的协议。对于 Windows XP 工作站，可以在"本地连接 属性"对话框中单击"安装"按钮来安装相关的协议，如图 6-52 和图 6-53 所示。

図 6-52　添加网络协议

図 6-53　选择网络协议

另外，还要在工作站上安装 Microsoft 网络客户，方法同上，只是安装的网络组件类型选择"客户端"选项。安装完成后，选择"Microsoft 网络客户端"选项，单击"属性"按钮，再选择登录区域。其他系统的工作站设置大致相同。

6.3.2 将客户端加入活动目录

客户端计算机必须加入到域，才能接受域的统一管理，使用域中的资源。目前主流的 Windows 系统操作系统中，除 Home 版外都能添加到域中。Windows 操作系统中客户机加入域的操作步骤基本与 Windows XP Professional 系统类似。下面将以 Windows XP Professional 系统为例，介绍将计算机添加到域的步骤。

(1) "系统属性"对话框见图 6-54。在"Internet 协议(TCP/IP)属性"对话框中，指定 DNS 服务器的地址，如图 6-55 所示。如果域控制器使用默认的安装过程，则域控制器就是 DNS 服务器。

图 6-54 "系统属性"对话框

(2) 在"计算机名称更改"对话框中，选中"隶属于"区域的"域"按钮，并在文本框中输入要加入域的名称，然后单击"确定"按钮，如图 6-56 所示。

图 6-55 "Internet 协议(TCP/IP)属性"对话框

图 6-56 "计算机名称更改"对话框

(3) 系统提示需要输入账户名称和密码，如图 6-57 所示。域控制器的系统管理员具有这个权限，同时被委派具有将计算机添加到域权限的用户也拥有这个权限。

(4) 输入用户名和密码后，单击"确定"按钮，若验证通过，则提示加入域成功，如图 6-58 所示。单击"确定"按钮，关闭对话框，系统提示重新启动计算机。

图 6-57 输入用户名和密码

图 6-58 单击"确定"按钮

高等院校计算机教育系列教材

(5) 重新启动计算机后，回到域控制器，打开"Active Directory 用户和计算机"窗口，选择 Computer 结点，就可以看到新加入域的客户端，如图 6-59 所示。

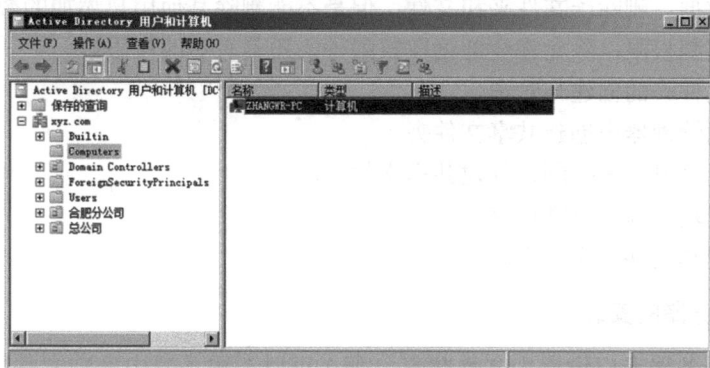

图 6-59　新加入的客户机

6.4　网络资源共享的方法

6.4.1　共享资源的权限

共享资源是指多个程序或其他设备共同使用的设备、数据或程序。在 Windows 操作系统中，共享资源是指网络用户共同使用的任何资源，例如文件夹、文件、打印服务等。在 Windows Server 2008 操作系统中，将会记录共享资源的访问情况，用户可以通过"计算机管理"窗口进行查看。共享资源提供了以下两种级别的权限：

- 读取：该权限允许用户显示文件名、文件夹名、文件内容和属性，复制和运行程序。
- 读/写：该权限允许用户创建文件夹、添加文件到文件夹、修改文件中的数据、添加文数据到文件、修改文件属性、删除文件和文件夹、执行只读权限中允许的操作。

在企业网络中，最基础、最常见的应用就是共享文件和共享打印机。文件的共享是通过将文件夹设为共享，并赋予其他用户一定的访问权限来实现。除此之外，使用域用户账户登录到域中，就可以访问网络中的任何资源。

6.4.2　共享文件夹

在 Windows Server 2008 中，只允许共享文件夹，不能共享单个文件。共享文件夹的方法包括两种：一种是通过公用文件夹，另一种是通过计算机上的任何文件夹。两种方法均可通过使用计算机或同一网络中其他计算机的用户共享文件或文件夹来实现。

1．共享文件夹概述

(1) 共享文件夹的权限：包含三种，读取、更改和完全控制。

- 读取权限：包括查看文件名和子文件名、查看文件中的数据、运行程序文件。
- 更改权限：除允许使用的读取权限外，还增加了添加文件和子文件夹、更改文件中的数据、删除子文件夹和文件，但是不能删除其他用户添加的数据。
- 完全控制权限：除允许全部读取权限外，还具有更改权限。

(2) 共享文件夹的创建与管理。

- 在资源管理器中创建共享文件夹。
- 利用计算机管理控制台创建共享文件夹。
- 在客户端访问共享文件夹。
- 在客户端上共享文件夹。

2．文件服务器的安装

如果一台服务器专门设置为文件共享，那么可以在服务器中安装文件服务器角色，这样不仅可以通过服务器管理器实现对共享文件夹的管理和控制，还可以将它发布到基于域的分布式文件系统(DFS)中。在 Windows Server 2008 中，文件服务器主要通过完全向导的方法安装。安装文件服务器角色的步骤如下。

(1) 选择"开始"→"管理工具" →"服务器管理器"命令，打开"服务器管理器"窗口，选择左侧的"角色"选项，在右窗格的"角色摘要"区域单击"添加角色"超链接，启动添加角色向导。

(2) 在"开始之前"向导页中提示了此向导可以完成的工作，以及操作之前应注意的相关事项，单击"下一步"按钮。

(3) 在"选择服务器角色"向导页中显示了所有可以安装的服务器角色。如果角色前面的复选框没有被选中，则表示该网络服务尚未安装；如果已选中，则说明该服务已经安装。这里选中"文件服务"复选框单击"下一步"按钮，如图 6-60 所示。

(4) 在"文件服务"向导页中对文件服务的功能进行了简要介绍，单击"下一步"按钮，打开"选择角色服务"向导页，在"角色服务"列表框中选中"文件服务器"复选框，只安装文件服务器角色服务，其他角色服务暂不安装。单击"下一步"按钮，如图 6-61 所示。

图 6-60　选择服务器角色

图 6-61　选择角色服务

(5) 在"确认安装选择"向导页中，确认所要安装的角色服务。如果选择错误，可以单击"上一步"按钮返回。单击"安装"按钮，开始安装文件服务器角色。在"安装进度"向导页中显示了安装文件服务器角色的进度。

(6) "安装结果"向导页中显示了文件服务器角色已经安装完成。若系统未启用Windows 自动更新，则会提醒用户设置 Windows 自动更新，以即时为系统打上补丁。单击"完成"按钮，关闭"添加角色向导"向导页便完成了文件服务器的安装。

3. 在文件服务器中设置共享资源

文件服务器器角色安装完成后，可在文件服务器中设置共享资源。管理员有两种基本相同的操作方式可管理文件服务器："服务器管理器"控制台或"共享和存储管理"控制台。

(1) 选择"开始"→"管理工具"→"共享和存储管理"命令，打开"共享和存储管理"窗口，如图 6-62 所示。该窗口由 3 个窗格组成，中间窗格显示了当前系统所共享的文件夹列表，右窗格列出了共享和存储时常用的操作命令。若要新建一个共享文件夹，可在"操作"窗格中单击"设置共享"超链接，从而启动设置共享文件夹向导。

图 6-62　共享和存储管理

(2) 打开"设置共享文件夹向导"向导页后，在"位置"文本框中输入设置为共享的文件夹的路径，或单击"浏览"按钮，浏览设置为共享文件夹的路径。用户也可以根据实际需要新建一个共享文件夹，并将其设置为共享。"可用卷"列表框中列出了当前系统中可用的卷，选择相应的卷即可。如果列表中没有合适的卷，用户可以自己创建一个卷。操作完毕后，单击"下一步"按钮，如图 6-63 所示。

(3) 在"NTFS 权限"向导页中指定 NTFS 权限，以控制具体用户和组如何在本地访问该文件夹，这样当网络中的用户访问该文件夹时，就会以登录用户的权限来访问该文件夹。若选中"否，不更改 NTFS 权限"单选按钮，将会以该文件夹自己的 NTFS 设置来控制允许访问的用户。若选中"是，更改 NTFS 权限"单选按钮，单击"编辑权限"按钮即可根据需要设置该文件夹的访问权限。设置完毕后，单击"下一步"按钮，如图 6-64所示。

图 6-63　共享文件夹位置

图 6-64　NTFS 权限

(4) 在"共享协议"向导页中，根据需要选择可访问该共享文件夹的协议。若系统没有安装网络文件系统(NFS)，则 NFS 选项为不可用状态。选中 SMB 复选框，在"共享名"文本框中输入欲让用户看到的文件夹名称，单击"下一步"按钮，如图 6-65 所示。

(5) 在"SMB 设置"向导页中指定客户端如何通过 SMB 协议访问此文件夹，用户可以在"描述"中添加如何使用该共享文件夹的信息。在"高级设置"选项组中可以设置允许的最大连接数、基于访问权限的枚举和脱机设置，如图 6-66 所示。若要进行高级设置，可单击"高级"按钮。

图 6-65　"共享协议"向导页

图 6-66　"SMB 设置"向导页

(6) 在"高级"对话框中可以设置用户限制、缓存等参数，如图 6-67 所示。如果服务器的性能不是很好，可以在这里限制同时访问该服务器的用户数量，从而达到减小服务器负荷的目的。选中"允许的最多用户数量"单选按钮，可在数值框中输入欲设置的用户数量。若选中"启用基于访问权限的枚举"复选框，则可以根据具体用户的访问权限筛选用户能看到的共享文件夹，从而避免显示用户无权访问的文件夹和其他共享资源。若要设置缓存，可切换到"缓存"选项卡进行设置。设置完毕后单击"确定"按钮，返回"SMB 设置"向导页，并单击"下一步"按钮。

(7) 在"SMB 权限"向导页中可以设置该共享文件夹的共享权限。管理员可以选定预定义的权限，也可以自定义权限。若要自定义权限，则选中"用户和组具有自定义共享权限"单选按钮，并单击"权限"按钮打开"权限"对话框进行设置。设置完毕后，单击"下一步"按钮，如图 6-68 所示。

图 6-67　"高级"对话框

图 6-68　"SMB 权限"向导页

(8)　在"DFS 命名空间发布"向导页中，指定现有的 DFS 命名空间以及欲在该命名空间创建的文件夹，并将该共享文件夹发布到命名空间中。具体关于 DFS 命名空间的内容，我们将在后文进行详细的介绍，这里保持默认设置，然后单击"下一步"按钮，如图 6-69所示。

(9)　打开"复查设置并创建共享"向导页，在"共享文件夹设置"中检查前面所做的设置是否正确，单击"上一步"按钮，可返回重新设置。单击"创建"按钮，系统将进行创建操作，如图 6-70 所示。

图 6-69　"DFS 命名空间发布"向导页

图 6-70　"复查设置并创建共享"向导页

(10)　创建成功后，打开确认向导页，单击"关闭"按钮即可完成在文件服务器中设置共享的操作。此时新建的共享将显示在服务器管理器窗口中。

4．在文件服务器中管理共享资源

管理员可以使用"共享和存储管理"窗口修改共享文件夹的共享属性。

(1)　选择"开始"→"管理工具"→"共享和存储管理"命令，打开"共享和存储管理"窗口，如图6-71所示。该窗口由3个窗格组成，中间窗格显示了当前系统所共享的文件夹列表，不但包括设置的普通共享文件夹，也包括特殊共享和隐藏的共享文件夹。右窗格中列出了共享和存储管理时常用的操作命令。

(2) 若要修改一个共享文件夹的属性或权限，可先选中该共享文件夹，再在"操作"窗格中单击"属性"超链接，打开属性对话框，如图6-72所示。在"共享"选项卡中修改描述、用户限制、脱机设置等。在"权限"选项卡中设置共享文件夹的访问权限和 NTFS 权限。

图 6-71　共享和存储管理窗口　　　　图 6-72　共享属性

(3) 若要停止对文件夹的共享，可先选中该共享文件夹，再在"操作"窗格中单击"停止共享"超链接并确认。

6.4.3　共享打印机

打印服务是网络管理的重要组成部分，也是网络资源共享技术之一。在网络打印中，需要部署和配置打印服务器。打印服务器是打印服务的核心，它直接影响用户对打印机的使用。虽然企业的电子化程度越来越高，但对打印服务的要求不降反升。Windows Server 2008 支持功能强大的打印服务，可以使企业的打印机资源尽可能地得到利用。下面就来看看如何共享打印机。

1. 网络中共享打印机的连接模式

网络中共享打印机主要有两种连接模式："打印服务器-本地打印设备"模式和"打印服务器-网络打印设备"模式。

(1) "打印服务器-本地打印设备"模式：将一台普通打印机连接在打印服务器上，通过网络共享该打印机，供局域网中的授权用户使用。将计算机作为打印服务器时的网络拓扑结构如图6-73所示。可以将针式打印机、喷墨打印机和激光打印机充当共享打印机。

(2) "打印服务器-网络打印设备"模式：将一台带有网卡的网络打印机接入局域网，并为它设置 IP 地址，使网络打印机成为网络上的一个不依赖于其他计算机的独立结点。在打印服务器上对该网络打印机进行管理，用户就可以使用网络打印机进行打印了。网络打印机模式的拓扑结构如图 6-74 所示。在网络打印机中用以太网端口接入网络，一台打印服务器可以管理多台网络打印机，这种模式适合于大型网络的打印服务。

图 6-73 打印服务器+本地打印设备

图 6-74 打印服务器+网络打印设备

2. 安装与共享本地打印机

在 Windows Server 2008 中，如果采用"打印服务器-本地打印设备"模式连接共享打印机，首先需要安装和共享本地打印设备。打开"控制面板"窗口，双击"打印机"，在"打印机"窗口中单击"添加打印机"按钮，启动打印机安装向导。

(1) 在"选择本地或网络打印机"向导页中选择是安装本地打印设备，还是安装网络上的打印设备。选择"添加本地打印机"选项，如图 6-75 所示。

(2) 在"选择打印机端口"向导页中选择打印设备所在的端口，如果端口不在列表中，选中"创建新端口"单选按钮并创建新端口，单击"下一步"按钮，如图 6-76 所示。

图 6-75 选择本地或网络打印机

图 6-76 选择打印机端口

(3) 在"安装打印机驱动程序"向导页中选择打印设备生产厂家和型号。若列表中没有所使用的打印机型号，可单击"从磁盘安装"按钮，手动安装打印机驱动程序。操作完成后单击"下一步"按钮，如图 6-77 所示。

(4) 在"键入打印机名称"向导页中输入打印机名，以便标识和管理。用户还可以根据自己的需要，选择是否将这台打印机设置为默认打印机。操作完成后单击"下一步"按钮，如图 6-78 所示。

图 6-77 安装打印机驱动程序

图 6-78 键入打印机名称

(5) 打开"打印机共享"向导页后，在"共享名称"文本框中输入网络中的用户可以看到的共享名，在"位置"和"注释"文本框中分别输入描述打印机位置及功能的文字。单击"下一步"按钮，如图 6-79 所示。

(6) 系统提示已成功安装打印机，单击"打印测试页"按钮，可以打印测试页来确认打印机设置是否成功。确认设置无误后，单击"完成"按钮，如图 6-80 所示。

图 6-79 打印机共享

图 6-80 完成本地打印机的安装

3. 安装打印机服务器

在较大规模的网络中，打印任务繁重，所以需要管理打印权限和打印队列，还需要有专门的服务器来管理打印作业，即需要安装打印服务器角色。在 Windows Server 2008 中，可用完全向导的方式来完成安装。安装打印服务器的步骤如下。

(1) 选择"开始"→"管理工具"→"服务器管理器"命令，选择左侧的"角色"，在右窗格的"角色摘要"区域中单击"添加角色"超链接，启动添加角色向导。

(2) 在"开始之前"向导页中提示了此向导可以完成的工作，以及操作之前应注意的相关事项，单击"下一步"按钮。

(3) 在"选择服务器角色"向导页中显示了所有可以安装的服务器角色。如果角色前面的复选框没有被选中，表示该网络服务尚未安装；如果已选中，说明该服务已经安装。这里选中"打印服务"复选框，单击"下一步"按钮，如图 6-81 所示。

(4) 在"打印服务"向导页单击"下一步"按钮,打开"选择角色服务"向导页,在"角色服务"列表框中选中"打印服务器"复选框,只安装打印服务器角色服务,单击"下一步"按钮,如图6-82所示。

图 6-81 选择服务器角色   图 6-82 选择角色服务

(5) 完成打印服务器角色的安装后,在"管理工具"菜单中就多了一项"打印管理"。选择"打印管理",打开"打印管理"窗口,选中左侧的"打印机",就可以看到已创建的打印机了,如图6-83所示。

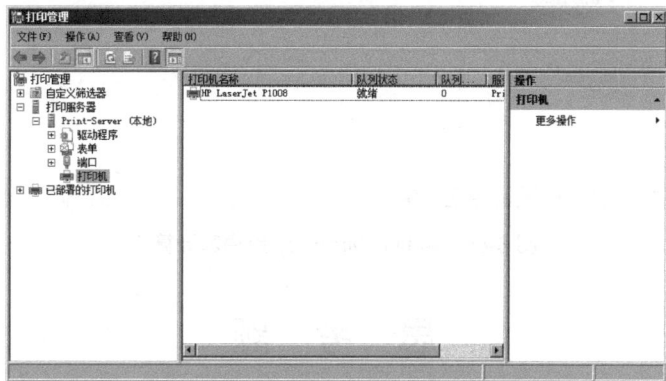

图 6-83 打印管理

4. 共享网络打印机

设置打印服务器成功之后,网络用户就可以使用网络打印服务了。但在使用之前,要安装共享打印机。为所有操作系统在打印服务器上安装打印机驱动程序之后,在客户端安装共享打印机时不需要再安装打印机驱动程序。下面介绍在活动目录环境中发布和使用网络打印机的操作。

(1) 将打印服务器加入域中,在打印服务器上打开"打印管理"窗口,选中左侧的"打印机"节点,右击需要发布到活动目录中的打印机,在弹出的快捷菜单中选择"在目录中列出"命令,如图6-84所示。

图 6-84　在活动目录中发布打印机

(2)　在域控制器服务器中打开"Active Directory 用户和计算机"窗口,展开打印服务器所在的容器,再展开打印服务器,就可以看到共享打印机了,如图 6-85 所示。若需要,可以将共享打印机对象移动到其他容器中。

图 6-85　Active Directory 用户和计算机

思 考 题

1. 什么是网络操作系统?
2. 试述 Active Directory 与域服务器之间的关系。
3. 试述 DNS 的域名解析过程。
4. 如何规划 DNS 服务器的属性?需要从哪几个方面下手?
5. DHCP 对管理网络有何好处?如何规划?
6. WINS 的作用是什么?
7. 从客户端登录网络需要进行哪些设置?
8. 要使用网络打印机,服务器和客户端各需要进行哪些工作?
9. 尝试自己动手建立一台域控制器。

第 7 章
网 络 互 联

本章学习目标

现在的局域网通常不是一个孤立的网络，而是与其他网络发生着千丝万缕的联系。根据客户的不同需求，联网方式也有多种不同的选择，本章重点介绍网络之间互联的技术。通过本章的学习，读者应该掌握以下内容。

➤ 虚拟专用网（VPN）：VPN 原理、VPN 设置方法。

➤ 网络地址转换 NAT：NAT 原理、NAT 的软/硬件实现方法。

7.1 虚拟专用网 VPN

7.1.1 VPN 原理

虚拟专用网(Virtual Private Network，VPN)用于实现局域网之间通过 Internet 公共网络安全地传递数据。在 Internet 公共网络内部构建一条虚拟的连接广域网中不相邻的两个局域网的链路，该链路可以实现数据安全可靠的传输。

1. 专用地址

由于 IP 地址紧缺，一个机构能够申请到的 IP 地址数往往小于本机构所拥有的主机数。实际上，出于安全等原因，一个机构内的很多主机并不需要接入到外部的 Internet，它们主要是利用内部的其他主机进行通信(例如，在大型商场或宾馆中有很多用于营业和管理的计算机，显然这些计算机并不需要和 Internet 相连)。假定一个机构内部的计算机通信也是采用 TCP/IP 协议，从原则上讲，对于这些计算机就可以由本机构自行分配其 IP 地址。这就是说，让这些计算机使用仅在本机构有效的 IP 地址(这种地址称为本地地址)，而不需要向 Internet 的管理机构申请全球唯一的 IP 地址(这种地址称为全球地址)。这样就可以节约宝贵的全球 IP 地址资源。

但是，任意选择一些 IP 地址作为本地地址，在某种情况下可能会引起一些麻烦。例如，一个不连接到 Internet 的主机 A 分配到本地地址 150.1.2.3。这个地址不需要在 Internet 地址管理机构注册，但在本机构内必须是唯一的。然而正巧 Internet 上有一个主机，其 IP 地址就是 150.1.2.3，而且这个主机要和本机构的某个具有全球地址的主机通信，这样就会出现二义性问题。为了解决这一问题，RFC1918 指明了一些专用地址(Private Address)，这些地址只能用于一个机构的内部通信，而不能用于和 Internet 上的主机通信。换言之，专用地址只能用作本地地址而不能用作全球地址。在 Internet 上，所有路由器的目的地址是专用地址的数据报一律不进行转发。RFC1918 指明的专用地址如下。

(1) 10.0.0.0～10.255.255.255(或记为 l0/8，是一个 24 位块)。

(2) 172.16.0.0～172.31.255.255(或记为 172.16/12，是一个 20 位块)。

(3) 192.168.0.0～192.168.255.255(或记为 192.168/16，是一个 16 位块)。

上面的三个地址块分别相当于 1 个 A 类网络、16 个连续的 B 类网络和 256 个连续的 C 类网络。A 类地址本来早已用完了，地址 10.0.0.0 是分配给 ARPANET 的。由于 ARPANET 已经停止运行，因此这个地址就用作了专用地址。采用这样的专用 IP 地址的互联网络称为专用互联网或本地互联网，或更简单些，就叫做专用网。显然，全世界可能有很多的专用互联网络具有相同的专用 IP 地址，但这并不会引起冲突，因为这些专用地址仅在本机构内部使用。专用 IP 地址也叫做可重用地址。

2. 采用隧道技术实现 VPN

有时一个很大的机构有许多部门分布在相距很远的地方，而任何一个地方都有自己的专用网。假定这些分布在不同地点的专用网需要经常进行通信，这时，就可以使用两种方法：第一种方法是租用电信公司的线路为本机构专用。这种方法的好处是简单方便，但线路的租金太高。第二种方法是利用 Internet(即公用互联网)来实现本机构的专用网，这样的专用网又称为虚拟专用网。虚拟即"好像是"但实际上不是，因为现在是 Internet(而并没有用专线)来连接分散在各地的本地网络，VPN 只是在效果上和真正的专用网一样。图 7-1 说明如何使用隧道技术实现虚拟专用网。

(a) 使用隧道技术

(b) 构成虚拟专用网 VPN

图 7-1　用隧道技术实现虚拟专用网

　　假定某个机构在两个相隔较远的部门 A 和 B 之间建立了专用网，其网络地址分别为专用地址 10.1.0.0 和 10.2.0.0，现在这两个部门需要通过 Internet 进行通信。

　　显然，每个部门至少要有一个路由器具有合法的全球 IP 地址，如图 7-1 中的路由器 R1 和 R2。这两个路由器和 Internet 的接口地址必须是合法的全球 IP 地址。路由器 R1 和 R2 在专用网内部网络的接口地址就是专用网的本地地址。

　　现在设部门 A 的主机 X 要向部门 B 的主机 Y 发送数据报，源地址是 10.1.0.1，而目的地址是 10.2.0.3。这个数据报作为本机构的内部数据报，从 X 发送到与外界连接的路由器 R1，路由器 R1 收到内部数据报后将整个内部数据报进行加密，然后重新添加上首部封装成在 Internet 上发送的外部数据报，其源地址是路由器 R1 的全球地址 125.1.2.3，目的地址是路由器 R2 的全球地址 194.4.5.6。路由器 R2 收到数据报后将其数据部分取出进行解密，恢复出原来的内部数据报，并转发给主机 Y。

　　由于在 Internet 上传送的外部数据报的数据部分(即内部数据报)是加密的，因此在 Internet 上所经过的所有路由器都不知道内部数据报的内容。图 7-1(a)中在路由器 R1 和 R2 之间的隧道表明了这一概念。

　　如图 7-1(b)所示，由部门 A 和 B 的内部网络所构成的虚拟专用网 VPN 又称为内联网

(Intranet)，表示部门 A 和 B 都在同一个机构的内部。但有时一个机构需要和某些外部机构共同建立虚拟专用网，这样的 VPN 又称为外联网(Extranet)。需要强调的是，内联网和外联网都是采用 Internet 技术，即都是基于 TCP/IP 协议。

3．实现 VPN 连接的技术

VPN 技术主要依靠认证加密和隧道技术来实现。实现 VPN 连接时使用了以下几种技术。

(1) 安全隧道技术：隧道是在公共网络上传递私有数据的一种方式，而安全隧道是在公网上几个局域网之间进行数据传输时，保证数据安全及完整的技术。

(2) 信息加密技术：用于实现传输过程中数据的安全，VPN 技术采用了多种加密技术，而且可以支持多种加密级别。

(3) 用户认证技术：用于确保 VPN 通信方的身份及合法性。

(4) 访问控制技术：用于限制 VPN 通信双方的信息流。

7.1.2 VPN 的 Windows 解决方案

微软公司的 Windows Server 2008 提供了对 VPN 通信技术的支持，本节将讲述 VPN 在该网络操作系统中的实现方案。Windows Server 2008 支持的 VPN 通信协议有以下两种。

(1) PPTP(Point-to-Point Tunneling Protocol)，只有 IP 网络才可以建立起 PPTP 的 VPN。两个局域网之间如通过 PPTP 连接，则两端直接连接到 Internet 的 VPN 服务器必须支持 TCP/IP 协议，而网络内的其他计算机并不需要支持 TCP/IP，它们可以支持 TCP/IP、IPX 或 NETBEUI 通信协议。

(2) L2TP(Layer Two Tunneling Protocol)，与 PPTP 类似。

VPN 一般用在以下两种情况。

(1) 总公司的网络已经连接到 Internet，用户通过远程拨号连接 ISP 进入 Internet 后，就可以通过 Internet 连接总公司的 VPN 服务器，并建立 PPTP 或 L2TP 的 VPN，如图 7-2 所示。

图 7-2　用 VPN 连接建立路由连接

(2) 两个局域网都连接到 Internet，都具有 VPN 服务器，并且通过 Internet 建立 PPTP 或 L2TP 的 VPN。

1．架设 VPN 服务器

本案例主要介绍第一种情况。下面就来看 Windows Server 2008 中的 VPN 实现步骤。它与 Windows Server 2003 的区别在于系统要先打开服务管理，添加角色。

(1) 安装"网络策略和访问服务"，选中"路由和远程访问服务"。

(2) 选择"控制面板"→"管理工具"→"路由和远程访问"命令，打开如图 7-3 所示的"选择角色服务"窗口，勾选"路由和远程访问"选项后，单击"下一步"按钮，打开如图 7-4 所示的"路由和远程访问服务器安装向导"对话框，在计算机名上面右击，选择"配置并启用路由和远程访问"命令。

图 7-3　选择角色服务

图 7-4　配置并启用路由和远程访问

(3) 在弹出图 7-5 的复选框中选择"远程访问(拨号或 VPN)"单选按钮，单击"下一步"按钮，打开如图 7-6 所示的"远程访问"界面。

图 7-5　路由和远程访问服务器安装向导

图 7-6　选择 VPN

(4) 选中 VPN 复选框，单击"下一步"按钮，打开如图 7-7 所示的"VPN 连接"界面。

(5) 要允许 VPN 客户端连接到服务器，至少要有一个网络接口连接到 Internet。选择连接到 Internet 的网络接口，单击"下一步"按钮，打开如图 7-8 所示的"IP 地址指定"

界面。

图 7-7　选择将服务器连接到 Internet 的网络接口

图 7-8　选择如何对远程客户端指派 IP 地址

(6)　若选择"自动"单选按钮，则可由 VPN 服务器向 DHCP 服务器租用 IP 地址，然后分配给客户端；若选择"来自一个指定的地址范围"单选按钮，单击"下一步"按钮后，设置的地址范围将被指派给客户端使用。这里选择"自动"单选按钮。单击"下一步"按钮，打开如图 7-9 所示的"管理多个远程访问服务器"界面。

(7)　选择并单击"下一步"按钮，显示如图 7-10 所示的界面。

图 7-9　设置此服务器是否与 RADIUS 服务器一起工作

图 7-10　完成安装

(8)　单击"完成"按钮，显示如图 7-11 所示的"路由和远程访问"对话框，单击"确定"按钮。此提示设置完成 VPN 服务器后，还要再指定 DHCP 服务器的 IP 地址。

系统会自动建立 128 个 PPTP 端口和 128 个 L2TP 端口，如图 7-12 所示，每个端口可供一个 VPN 客户端用来建立 VPN。如果要增加或减少 VPN 的数量，可以右击"端口"，从弹出的快捷菜单中选择"属性"命令，打开如图 7-13 所示的"端口 属性"对话框。双击"WAN 微型端口(PPTP)"或"WAN 微型端口(L2TP)"选项，单击"配置"按钮，打开如图 7-14 所示的"配置设置-WAN 微型端口(PPTP)"对话框，在此可以修改 VPN 端口的数量。

图 7-11　提示怎样支持对远程访问客户端的 DHCP 消息的中继

图 7-12　打开端口列表

图 7-13　"端口 属性"对话框

图 7-14　配置端口属性

2. 在 VPN 客户端建立 Internet 连接

假设客户端要利用 ADSL 拨号连接 Internet，客户端除了要将 ATU-R(ADSL 调制解调器)连接好之外，还必须建立一个通过 ADSL 的 Internet 连接。下面以 Windows 2000 Professional 为例进行说明。

(1) 在桌面上右击"网上邻居"图标，从弹出的快捷菜单中选择"新建连接向导"命令，如图 7-15 所示，打开如图 7-16 所示的"新建连接向导"对话框。

(2) 在图 7-16 中选择"连接到 Internet"单选按钮，单击"下一步"按钮，打开如图 7-17 所示的"Internet 连接"界面。

图 7-15 选择"新建连接向导"

图 7-16 "新建连接向导"对话框

图 7-17 选择用宽带连接

(3) 选择"用要求用户名和密码的宽带连接来连接"单选按钮,单击"下一步"按钮,打开如图 7-18 所示的"连接名"界面。

(4) 输入 ISP 的名称,单击"下一步"按钮,打开如图 7-19 所示的"可用连接"界面,在此可选择此项连接是可为任何人使用还是只为用户自己使用。单击"下一步"按钮,打开如图 7-20 所示的"Internet 账户信息"界面。

图 7-18 输入 Internet 连接的服务名

图 7-19 选择此连接的使用对象

(5) 输入 ISP 账户名和密码，单击"下一步"按钮，出现"完成新建连接向导"界面时单击"完成"按钮即可。

3．在 VPN 客户端建立 VPN 拨号连接

客户端通过 ADSL 连接上 Internet 后，还需要建立一个 VPN 连接才能与 VPN 服务器建立 VPN。下面仍以 Windows 2000 Professional 为例进行说明。

(1) 在桌面上右击"网上邻居"图标，选择"新建连接向导"命令，打开如图 7-21 所示的"新建连接向导"对话框。

图 7-20　输入 ISP 账户名和密码 　　　　　　图 7-21　"新建连接向导"对话框

(2) 选择"连接到我的工作场所的网络"单选按钮，单击"下一步"按钮，打开如图 7-22 所示的"网络连接"界面。

(3) 选择"虚拟专用网络连接"单选按钮，单击"下一步"按钮，打开如图 7-23 所示的"连接名"界面。

图 7-22　选择用虚拟专用网络连接 　　　　　　图 7-23　指定连接到工作场所的连接名称

(4) 输入将要建立的连接的名称，例如可输入单位名称或连接的服务器的名称。单击"下一步"按钮，打开如图 7-24 所示的"可用连接"界面。

(5) 选择可以使用该连接的对象，单击"下一步"按钮，打开如图 7-25 所示的"VPN 服务器选择"界面。

图 7-24　指定新连接的使用对象

图 7-25　输入 VPN 服务器的名称和地址

(6) 输入正要连接的 VPN 服务器的主机名或 IP 地址。单击"下一步"按钮，出现如图 7-26 所示的完成界面，单击"完成"按钮即可。

图 7-26　完成连接

用户完成架设 VPN 服务器、建立客户端的 Internet 连接、建立客户端的 VPN 连接后，就可以在客户端与 VPN 服务器之间建立 VPN 连接了。

7.2　网络地址转换 NAT

下面讨论另一种情况，就是在专用网内部的一些主机本来已经分配到了本地 IP 地址，但现在又想和 Internet 上的主机通信(并不需要加密)，应当如何实现呢？最简单的办法就是设法再申请一些全球 IP 地址。但这在很多情况下是不容易做到的，因为全球 IP 地址已所剩不多了。目前使用得最多的方法是采用网络地址转换(Network Address Translation，NAT)。

7.2.1　NAT 工作原理

网络地址转换方法是在 1994 年提出的。这种方法需要在专用网连接到 Internet 的路由

高等院校计算机教育系列教材

器上安装 NAT 软件。装有 NAT 软件的路由器叫做 NAT 路由器，它至少有一个有效的内部全球地址 IPG。这样，所有使用本地地址的主机和外界通信时，都要在 NAT 路由器上将其本地地址转换成 IPG 才能和 Internet 连接。

NAT 技术中最常用两种实现模式：静态 NAT 和动态 NAT。静态 NAT 是最简单的转换方式，它在 NAT 表中为每个需要转换的内部地址创建了固定的转换条目，映射了唯一的公网 IP 地址。当外部网络需要通过固定的全局可路由地址访问内部主机时，静态 NAT 就显得十分重要。动态 NAT 将可用的公网 IP 地址集定义成 NAT 池，建立起内部本地地址和内部全球地址池的临时对应关系，如果经过一段时间后，内部本地地址没有向外的请求或者数据流，该对应关系将被删除。

图 7-27 所示为内部主机 X 用本地地址 IPX(10.1.0.1)和 Internet 上的主机 Y(194.4.5.6)通信的详细过程如下。

图 7-27　NAT 转换过程

(1)　内部主机 X(10.1.0.1)发起对 Y(194.4.5.6)的连接。

(2)　所发送的数据报经过 NAT 路由器。当 NAT 路由器收到以 IPX(10.1.0.1)为源地址的第一个数据包时，路由器会检查 NAT 映射表。如果该地址配置有静态映射，就执行第(3)步；如果没有静态映射，就进行动态映射，路由器从内部全局地址池中选择一个有效的地址，并在 NAT 映射表中创建 NAT 转换记录，这种记录叫基本记录。

(3)　路由器用 10.1.0.1 对应的 NAT 转换记录中的全局地址替换数据包源地址，转换成全球地址 IPG(125.1.2.3)，但目的地址 IPY(194.4.5.6)保持不变，然后发送到 Internet。

(4)　目的地址 IPY(194.4.5.6)收到数据包后，向 IPG(125.1.2.3)发回响应包。

(5)　NAT 路由器收到主机 Y 发回的数据包时，知道数据包中的源地址是 IPY(194.4.5.6)，目的地址是 IPG(125.1.2.3)。根据 NAT 转换表，NAT 路由器将目的地址 IPG(125.1.2.3)转换为 IPX(10.1.0.1)，转发给最终的内部主机 X。

(6)　主机 X 收到应答包，并继续保持会话。第(1)步～第(5)步将一直重复，直到会话结束。

如果 NAT 路由器具有多个全球 IP 地址，就可以同时将多个本地地址转换为全球 IP 地址，因而使多个拥有本地地址的主机能够和 Internet 上的主机进行通信。

有一种 NAT 转换表将传输层的端口号也利用上，这样就可以用一个全球 IP 地址让多个拥有本地地址的主机同时和 Internet 上的不同主机进行通信，这种方法叫做网络地址端口转换(Network Address Port Translation，NAPT)，它是将内部地址映射到外部网络的一个 IP 地址的不同端口上。

NAPT 普遍应用于接入设备中，它可以将中小型的网络隐藏在一个合法的 IP 地址后面。NAPT 与动态地址 NAT 不仅将内部连接映射到外部网络中的一个单独的 IP 地址上，同时在该地址上加上一个由 NAT 设备选定的 TCP 端口号。

在 Internet 中使用 NAPT 时，所有不同的 TCP 和 UDP 信息流看起来好像来源于同一个 IP 地址。这个优点在小型办公室内非常实用，通过从 ISP 处申请一个 IP 地址，可以将多个连接通过 NAPT 接入 Internet。

图 7-28 反映了内部源地址 NAPT 的整个映射过程。

(1) 内部主机 192.168.1.5 发起一个到外部主机 63.5.8.10 的连接。

(2) 当路由器接收到以 192.168.1.5 为源地址的第一个数据包时，引起路由器检查 NAT 映射表。如果 NAT 没有转换记录，路由器就为 192.168.1.5 作地址转换，并创建一条转换记录。如果启用了 NAPT，就进行另外一次转换，路由器将复用全球地址并保存足够的信息以便还能将全球地址转换回本地地址。NAPT 的地址转换记录称为扩展记录。

(3) 路由器用 200.8.7.3 对应的 NAT 转换记录中的全球地址替换数据包源地址，经过转换后，数据包的源地址变为 200.8.7.3，然后转发该数据包。

(4) 63.5.8.10 主机接收到数据包后，就向 200.8.7.3 发回响应包。

(5) 当路由器接收到内部全球地址的数据包时，将以内部全球地址 200.8.7.3 及其端口号、外部全球地址及其端口号为关键字查找 NAT 记录表，将数据包的目的地址转换成 192.168.1.5 并转发给 192.168.1.5。

(6) 192.168.1.5 接收到应答包，并继续保持会话。第(1)～第(5)步一直重复，直到会话结束。

内部本地地址：端口	内部全球地址：端口	外部全球地址：端口
192.168.1.7** 1024	200.8.7.3** 1024	63.5.8.10** 80
192.168.1.5** 1136	200.8.7.3** 1136	63.5.8.10** 80

图 7-28 内部源地址 NAPT 映射过程

7.2.2 静态 NAT 技术的硬件实现

下面用一个例子来说明静态 NAT 技术在路由器中的基本配置方法。通过使用基本配置命令，可以对 NAT 功能有一个清晰的认识。

假设某公司有 FTP 服务器可以为外部用户提供服务，但是该服务器处在公司的内网中，通过公网访问不到该服务器，该公司也不想让外界获悉本地网络结构，所以采用一个公网地址和一个私有地址映射的办法来实现外网与内网用户对该服务器的访问，如图 7-29 所示。

图 7-29　实现外网用户对内网 FTP 服务器的访问

在特权模式下，配置步骤如下。

(1)　configure terminal：进入全局配置模式

(2)　interface fastethernet 1/0：进入连接内网的快速以太网接口

(3)　ip nat inside：将该接口定义为内部接口

(4)　interface serial 1/2：进入连接外网的同步串口

(5)　ip nat outside：将该接口定义为外部接口

(6)　ip nat inside source static 192.168.1.2 200.8.7.3：将服务器的原本的私有地址和一个公网地址映射起来，该服务器被外界用户访问时，外界用户将访问这个公网地址，而不知道该服务器真正的内网地址。

7.2.3　动态 NAT 技术的软件实现

上一节介绍了在路由器中设置 NAT 的方法，NAT 同样可以在 Windows Server 2008 网络操作系统中完成设置。下面介绍一种通过在双网卡计算机上配置动态 NAT 技术使小型局域网访问外网的方法。

一小型公司内部有多台计算机通过 NAT 计算机接入外网，网络整体连接方式如图 7-30 所示。NAT 计算机上需要安装两块网卡，其中一块网卡连接 ADSL Modem，在此称为"外网卡"；另一块连接局域网的交换机，在此称为"内网卡"。

在如图 7-31 所示的网络中，NAT 计算机的外网卡需要配置公共 IP 地址，NAT 计算机的内网卡通常配置为 192.168.0.1 即可，其默认网关和 DNS 地址不用配置。局域网计算机的 IP 地址配置为 192.168.0.X(2～254)，默认网关和 DNS 地址配置为 192.168.0.1。当然，局域网计算机的 IP 地址也可以配置为通过 DHCP 服务器自动获得。

完成 IP 地址的设置后，接下来需要在 Windows Server 2008 中配置 NAT。首先在 NAT 服务器上面打开服务器管理器，然后添加角色。操作步骤如下。

(1)　选择"开始"→"程序"→"管理工具"→"路由和远程访问"命令。

(2)　在如图 7-32 的"路由和远程访问"窗口中右击计算机名，从弹出的快捷菜单中选择"配置并启用路由和远程访问"命令，打开"路由和远程访问服务器安装向导"对话框。

(3)　单击"下一步"按钮，在打开的"配置"界面中选择"网络地址转换(NAT)"单选按钮，如图 7-33 所示，再次单击"下一步"按钮。

图 7-30   网络拓扑结构图

图 7-31   IP 地址的配置

图 7-32   "路由和远程访问"窗口

图 7-33   "配置"界面

(4) 选择连接 Internet 的网络接口(网卡),如图 7-34 所示,单击"下一步"按钮。

(5) 若系统检测不到网络中提供 DHCP 和 DNS 服务的计算机，会出现如图 7-35 所示的"名称和地址转换服务"界面，此时可以按图中的选择让 NAT 计算机同时提供 DHCP 和 DNS 服务，单击"下一步"按钮。

图 7-34　选择连接 Internet 的网络接口　　　　图 7-35　　"名称和地址转换服务"界面

(6) 此时显示 NAT 计算机为客户计算机提供的 IP 地址范围，单击"下一步"按钮。

(7) 单击"完成"按钮，完成 NAT 计算机的配置。完成 NAT 配置后的界面如图 7-36 所示。

图 7-36　完成 NAT 配置后的界面

(8) 双击图 7-36 中的"远程连接"选项，弹出如图 7-37 所示的"远程连接 属性"对话框，在此可查看或修改接口类型。同理，双击"本地连接"选项，同样弹出"本地连接 属性"对话框，如图 7-38 所示，在此可查看或修改接口类型。

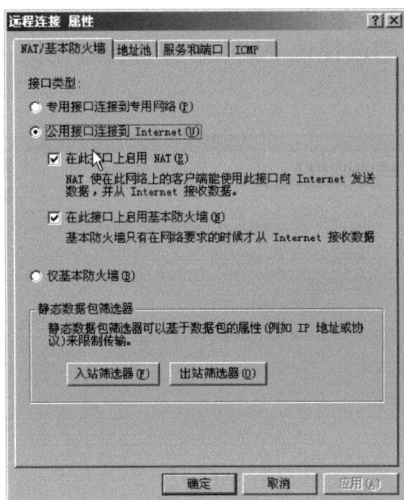

图 7-37 "远程连接 属性"对话框   图 7-38 "本地连接 属性"对话框

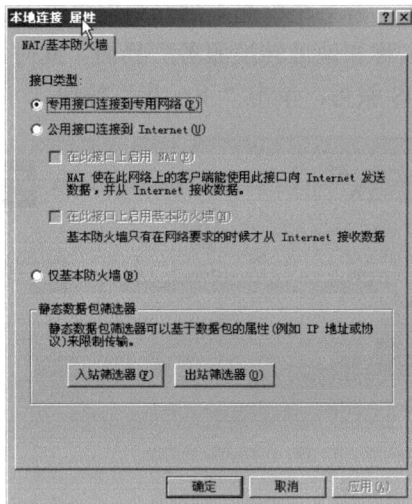

思 考 题

1. VPN 有何作用? 试述其运行原理。
2. 简述 NAT 转换过程。
3. 请说明 VPN 与 NAT 的相同点与不同点。
4. 什么叫 NAPT? 它与 NAT 相比有何优点?
5. 一企业想通过一台路由器 NAT 转换功能满足内部用户上网需求, 请帮其实现。

第 8 章
局域网安全技术

 本章学习目标

本章主要讲解局域网安全技术的相关知识。通过本章的学习，读者应该掌握以下内容。

- ➥ 网络安全基础：网络安全概念、网络安全威胁、网络安全技术。
- ➥ 交换机网络端口安全。
- ➥ 访问控制列表。
- ➥ 防火墙。

8.1　网络安全概述

当今世界，在互联网高度全球化的背景下，人们对 Internet 的依赖越来越强。互联网不仅能够为人们提供海量信息，而且网上电子商务的开展更是在慢慢改变人们的生活方式。但是，由于互联网是一个面向大众的开放系统，本身存在脆弱性，这导致每个上网者既会成为网络的受益者也会成为网络的破坏者。网络发展给人们带来前所未有的便利的同时，也对人们提出了新的挑战，网络安全问题正日益突出。国家强调"没有网络安全就没有国家安全，没有信息化就没有现代化"。如果没有网络安全，信息化发展越快，对社会和国家造成的危害就越大。因此，网络安全已经上升到国家安全的层面，达到和国家信息化同等重要的位置。

8.1.1　网络安全的概念

网络安全(Network Security)是指网络系统的硬件、软件及其系统中的数据受到保护，不会由于偶然或恶意的原因而发生破坏、更改、泄露等意外。网络安全是一门涉及计算机科学、网络技术、通信技术、密码技术、信息安全技术、应用数学、数论和信息论等多种学科的交叉学科。

网络安全技术层次划分如下。

(1) 物理系统安全，即保证信息处理和传输系统的安全。包括计算机系统机房环境的保护，法律、政策的保护，计算机结构设计上的安全，硬件系统的可靠安全运行，计算机操作系统和应用软件的安全，数据库系统的安全，电磁信息泄露的防护等。它侧重于保证系统的正常运行，避免因为系统的崩溃和损坏而对系统存储、处理和传输的信息造成破坏和损失，避免由于电磁泄漏产生信息泄露、干扰他人(或受他人干扰)，本质上是保护系统的合法操作和正常运行。

(2) 网络上操作系统安全。包括用户口令鉴别、用户存取权限控制、数据存取权限、方式控制、安全审计、安全问题跟踪、计算机病毒防治和数据加密等。

(3) 网络上信息内容的安全。侧重于信息的保密性、真实性和完整性，避免攻击者利用系统的安全漏洞进行窃听、冒充和诈骗等有损合法用户的行为。

8.1.2　网络安全威胁

安全威胁是指某个人、物、事件或概念对某一资源的机密性、完整性、可用性或合法性所造成的危害。安全攻击(Security Attack)就是安全威胁的具体实现。

针对网络安全的威胁主要有以下三种。

(1) 人为的无意失误。如操作员安全配置不当造成的安全漏洞，用户安全意识不强，用户口令选择不严谨，用户将自己的账号随意转借他人或与别人共享等，都会给网络安全带来威胁。

（2）人为的恶意攻击。这是计算机网络所面临的最大威胁，对手的攻击和计算机犯罪就属于这一类。此类攻击又可以分为两种：一种是主动攻击，它以各种方式有选择地破坏信息的有效性和完整性；另一类是被动攻击，它是在不影响网络正常工作的情况下，进行截获、窃取、破译以获得重要机密信息。这两种攻击均可对计算机网络造成极大的危害，并导致机密数据的泄露。

（3）网络软件的漏洞和"后门"。网络软件不可能是百分之百无缺陷和无漏洞的，然而这些漏洞和缺陷恰恰是黑客进行攻击的首选目标，曾经出现过黑客攻入网络内部的事件，这些事件大部分都是因为安全措施不完善所招致的苦果。另外，软件的"后门"是软件公司的编程人员为了方便操作而设置的，一般不为外人所知，但一旦"后门"洞开，其后果将不堪设想。

1．安全攻击的概念

安全攻击是指损害机构所拥有信息的安全的任何行为。对于计算机或网络安全性的攻击，最好通过在提供信息时查看计算机系统的功能来记录其特性。信息从信源向信宿流动会有正常流动和受到各种类型的攻击的情况，如图 8-1 所示。

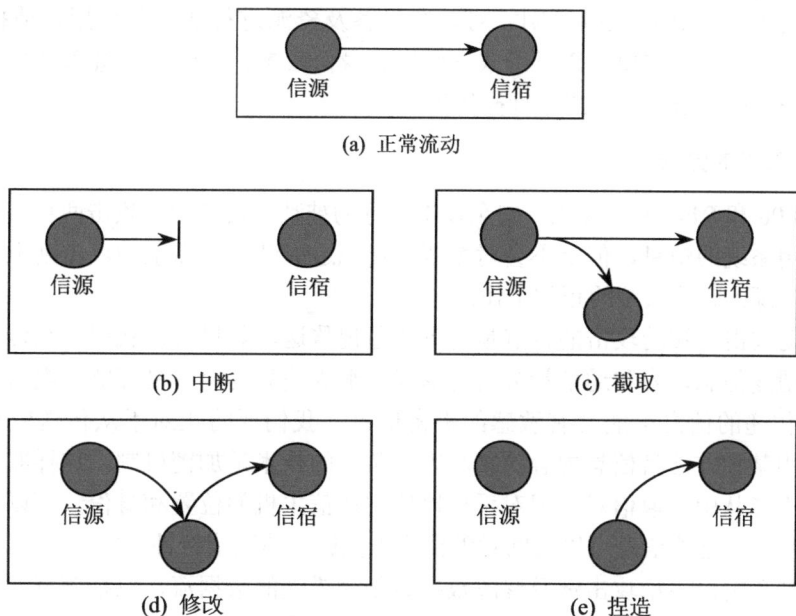

(a) 正常流动

(b) 中断　　(c) 截取

(d) 修改　　(e) 捏造

图 8-1　安全攻击

（1）中断是指系统资源遭到破坏或变得不能使用，这是对可用性的攻击。例如，对一些硬件进行破坏、切断通信线路或禁用文件管理系统。

（2）截取是指未授权的实体得到了资源的访问权，这是对保密性的攻击。未授权实体可能是一个人、一个程序或一台计算机。例如，为了捕获网络数据的窃听行为，以及在未授权的情况下复制文件或程序的行为。

（3）修改是指未授权的实体不仅得到了访问权，而且篡改了资源，这是对完整性的攻击。例如，在数据文件中改变数值、改动程序使其按不同的方式运行，修改在网络中传送信息的内容等。

(4) 捏造是指未授权的实体向系统中插入伪造的对象,这是对真实性的攻击。例如,向网络中插入欺骗性的消息,或者向文件中插入额外的记录。

网络安全的基本目标是实现信息的机密性、完整性、可用性和合法性。四个基本的安全威胁直接破坏了这四个安全目标。一般认为,网络存在的威胁主要表现在以下方面。

(1) 信息泄露或丢失。信息泄露或丢失是指敏感数据在有意或无意中被泄露出去或丢失,通常包括信息在传输中丢失或泄露、信息在存储介质中丢失或泄露、通过建立隐蔽隧道窃取敏感信息等。

(2) 破坏数据完整性。破坏数据完整性是指以非法手段窃得对数据的使用权,删除、修改、插入或重发某些重要信息,以取得有益于攻击者的响应;恶意添加、修改数据,以干扰用户的正常使用。

(3) 拒绝服务攻击。它不断对网络服务系统进行干扰,改变其正常的作业流程,执行无关程序,使系统响应变慢甚至瘫痪,影响用户的正常使用,甚至使合法用户被排斥而不能进入计算机网络系统或不能得到相应的服务。

(4) 非授权访问。没有预先经过同意就使用网络或计算机资源,被看做是非授权访问,如有意避开系统访问控制机制、对网络设备及资源进行非正常使用,或擅自扩大权限、越权访问信息。它主要有以下形式:假冒、身份攻击、非法用户进入网络系统进行违法操作、合法用户以未授权方式进行操作等。

2. 安全攻击的分类

根据 X.800 和 RFC2828 文档,安全攻击可分为被动攻击和主动攻击两种。被动攻击试图获得或利用系统的信息,但是不会对系统的资源造成破坏。而主动攻击则不同,它试图破坏系统的资源,影响系统的正常工作。

(1) 被动攻击。被动攻击的特点是偷听或监视传送,其目的是获得正在传送的消息。被动攻击有泄露信息内容和通信量分析等形式。泄露信息内容容易理解。电话对话、电子邮件消息、传递的信息可能含有敏感的机密信息,我们要防止对手从传送中获得这些内容。我们要用某种方法将信息内容隐藏起来,常用的技术是加密机制,这样即使对手捕获了消息,也不能从中提取信息。但对手可以确定通信主机的位置和身份,可以观察交换消息的频率和长度,这些信息可以帮助对手猜测正在进行的通信特性。

(2) 主动攻击。主动攻击涉及修改数据或创建错误的数据流,包括假冒、重放、修改消息和拒绝服务等。假冒是一个实体假装成另一个实体,假冒攻击通常包括一种其他形式的主动攻击。重放涉及被动捕获数据单元及其后来的重新传送,以产生未经授权的效果。修改消息意味着改变了真实消息的部分内容,或将消息延迟或重新排序,导致未授权的操作。拒绝服务是指禁止对通信工具的正常使用或管理。这种攻击拥有特定的目标,例如,可以取消送往特定目的地址的所有消息(如安全审核服务)。另一种拒绝服务的形式是整个网络的中断,这可以通过使网络失效而实现,或通过消息过载使网络性能降低。

主动攻击具有与被动攻击相反的特点。虽然很难检测出被动攻击,但可以采取措施进行防范。相反,主动攻击很难绝对预防,因为这需要在任何时候对所有通信工具和路径进行完全的保护。防范主动攻击的做法是对攻击进行检测,并从它引起的中断或延迟中恢复过来。因为检测具有威慑的效果，它也成为一种预防手段。

另外，从网络高层协议的角度看，攻击方法可以概括地分为两大类：服务攻击与非服务攻击。

(1) 服务攻击(Application Dependent Attack)是针对某种特定网络服务的攻击，如针对E-mail、Telnet、FTP、HTTP 等服务的专门攻击。目前 Internet 应用的协议集(主要是TCP/IP 协议集)缺乏认证、保密措施，这是造成服务攻击的重要原因。现在有很多具体的攻击工具，如 Mail Bomb(邮件炸弹)等，可以很容易实施对某项服务的攻击。

(2) 非服务攻击(Application Independent Attack)不针对某项具体的应用服务，而是基于网络层等低层协议进行的攻击。TCP/IP 协议(尤其是 IPv4)自身的安全机制不足为攻击者提供了方便之门。与服务攻击相比，非服务攻击与特定服务无关，它往往利用协议或操作系统实现协议时的漏洞来达到攻击的目的，攻击更为隐蔽，而且也常常被忽略，因而被认为是一种更为有效的攻击手段。

3．主要的可实现的威胁

可实现的威胁可以使威胁成为可能，因此十分重要。它包括两类：渗入威胁和植入威胁。

(1) 主要的渗入威胁有假冒、旁路控制、授权侵犯。

假冒：这是大多数黑客采用的攻击方法。某个未授权实体使守卫者相信它是一个合法的实体，从而攫取到合法用户的特权。

旁路控制：攻击者通过各种手段发现本应保密却又暴露出来的一些系统特征。利用这些特征，攻击者绕过防线守卫者渗入系统内部。

授权侵犯：也称为内部威胁，指授权用户将其权限用于其他未授权的目的。

(2) 主要的植入威胁有：特洛伊木马、陷门和病毒。

特洛伊木马：攻击者在正常的软件中隐藏一段用于其他目的的程序，这段隐藏的程序常常以安全攻击作为其最终目标。

陷门：陷门是在某个系统或文件中设置的机关，当提供特定的输入数据时，它允许违反安全策略。

病毒：计算机病毒(Computer Virus)指编制者在计算机程序中插入的破坏计算机功能或者数据，影响计算机正常使用并且能够自我复制的一组计算机指令或程序代码。计算机病毒具有传染性、隐蔽性、感染性、潜伏性、可激发性、表现性或破坏性等特征。

8.1.3 网络安全技术

1．密码学

网络安全技术离不开密码学理论的支撑，密码学是网络安全的基石。随着信息交换需求的激增，对信息保密的需求也从军事、政治和外交等领域迅速扩展到民用领域和商用领域。网络上传输的数据对数据安全性的要求因用户需求不同而不同，例如，电子商务中传输的敏感数据要有保密性，电子邮件要求不能被非授权用户窃听或篡改，所以密码学已渗透到雷达、导航、遥控、通信、电子邮政、计算机、金融系统、各种管理信息系统，甚至家庭等各方面。使用密码，不单纯是为了"保密"，它还有认证、鉴别和数据签名等新功能。

密码学(Cryptology)是设计和分析密码的科学。设计和开发密码被称为密码编码学(Cryptography)；分析和破解密码被称为密码分析学(Cryptanalysis)。密码编码学是对信息进行编码，实现隐蔽信息的一门学问。密码分析学是研究、分析、破译密码的学问。两者相互独立，又相互促进。在互联网中，通信安全要求信息具有不可伪造性，即确保信息所声称的来源(认证性，Authentication)。此外，要保证信息在传输过程中未被窃取和篡改(完整性，Integrity)。最后，即使信息在传输过程中被敌手截获，也无法正确解密信息(机密性，Confidentiality)。

常见的加密技术可以分为两类：对称加密算法和非对称加密算法。对称加密(即私钥加密)算法使用单个密钥对数据进行加密或解密。非对称加密算法也称为公钥加密算法，它的特点是使用了两个密钥，一个密钥公开，一个密钥保密，只有两者搭配使用才能完成加密和解密的全过程。

2．认证技术

认证技术是实现计算机网络安全的关键技术之一。认证主要是指对某个实体的身份加以鉴别、确认，从而证实是否名副其实或者证实是否有效。认证的基本思想是验证某一实体的一个或多个参数的真实性和有效性。

网络用户的身份认证可以通过下述三种基本途径之一或它们的组合来实现：①所知(Knowledge)，个人所掌握的密码、口令等；②所有(Possesses)，个人的身份认证、护照、信用卡、钥匙等；③个人特征(Characteristics)，个人的指纹、声音、笔迹、手型、血型、视网膜、DNA 以及个人动作的特征等。

根据安全要求和用户可接受的程度，以及成本等因素，可以选择适当的方法组合来设计一个自动身份认证系统。

在安全性要求较高的系统中，由口令和证件等提供的安全保障是不完善的，因为口令可能被泄露，证件可能被伪造。更高级的身份验证是根据用户的个人特征进行确认，它是一种可信度高而又难以伪造的验证方法。

新的、广义的生物统计学正在成为网络环境中身份认证技术的最简单而安全的方法，它是利用个人所特有的生理特征设计的。个人特征包括很多，如容貌、肤色、身材等。当然，采用哪种方式还要看是否能够方便地实现，以及是不是能够被用户接受。个人特征都具有因人而异和随身携带的特点，不会丢失且难以伪造，适用于高级别个人身份认证的要求。

3．数字签名

数字签名(Digital Signature)提供了手写签名的密码学模拟，可以用于认证合同、确认文档、认证个人或公司。作为一种有力的工具，数字签名被很多国家所接受。数字签名也实现了安全分发和公钥的传输，从实际应用角度看，它是所有公钥密码学的基础。

数字签名(Digital Signature)是不对称加密算法的另一用法，即数据源使用其私有密钥对数据的校验和(Checksum)或其他与数据内容有关的变量进行加密，数据接收方则用相应的公用密钥解读数字签名，并将解读结果用于对数据完整性的检验。数字签名一般通过公开密钥来实现。在公开密钥体制下，加密密钥是公开的，加密和解密算法也是公开的，保密性完全取决于解密密钥的秘密。只知道加密密钥不可能计算出解密密钥，只有知道解密密钥的合法解密者才能正确解密，将密文还原成明文。从另一角度看，保密的解密密钥代表解密者的身份特征，可以作为身份识别参数。因此，可以用解密密钥进行数字签名，并发送给对方。接收者接收到信息后，只要利用发信方的公开密钥进行解密运算，如能还原出明文来，就可证明接收者的信息是经过发信方签名的。接收者和第三者不能伪造签名的文件，因为只有发信方才知道自己的解密密钥，其他人是不可能推导出发信方的私人解密密钥的。这就符合数字签名的唯一性、不可仿冒、不可否认的特征和要求。

4. 防火墙

防火墙(Firewall)是通过有机结合各类用于安全管理与筛选的软件和硬件设备，帮助计算机网络于其内、外网之间构建一道相对隔绝的保护屏障，以保护用户资料与信息安全性的一种技术，是保护内部网络的第一道大门。

防火墙的功能主要是及时发现并处理计算机网络运行时可能存在的安全风险、数据传输等问题，其处理措施包括隔离与保护，同时可对计算机网络当中的各项操作实施记录与检测，以确保网络运行的安全性，保障用户资料与信息的完整性，为用户提供更好、更安全的计算机网络使用体验。

5. 入侵检测技术

入侵检测(Intrusion Detection)是对入侵行为的检测，它通过收集和分析计算机网络或计算机系统中若干关键点的信息，检查网络或系统中是否存在违反安全策略的行为和被攻击的迹象。入侵检测作为一种积极主动的安全防护技术，提供了对内部攻击、外部攻击和误操作的实时保护，在网络系统受到危害之前拦截入侵。

进行入侵检测的软件与硬件的组合便是入侵检测系统(Intrusion Detection System，IDS)。IDS 是一种网络安全系统，当有敌人或者恶意用户试图通过 Internet 进入网络甚至计算机系统时，IDS 能够检测出来并进行报警，通知网络该采取措施进行响应。在本质上，入侵检测系统是一种典型的"窥探设备"。它不跨接多个物理网段(通常只有一个监听端口)，无须转发任何流量，只需要在网络上被动地、无声息地收集它所关心的报文即可。与其他安全产品不同的是，入侵检测系统需要更多的智能功能，它必须可以将得到的数据进行分析，并得出有用的结果。一个合格的入侵检测系统能简化管理员的工作，保证网络运行的安全。

6. 交换机端口安全

交换机是局域网中必不可少的网络接入设备。作为直接面向终端用户的设备，交换机往往面临着以下风险：不安全的网络接入、未经授权用户随意接入网络、未经批准采用交换机级联从而增加网络终端数量、内网攻击等。

利用交换机的端口安全功能可以防止未经授权用户接入网络和随意接入终端等风险，也可以防止局域网的大部分内部攻击对用户、网络设备造成的破坏，如 MAC 地址攻击、ARP 攻击、IP/MAC 地址欺骗等。

7．访问控制列表

访问控制列表 ACL(Access Control List)，也称为访问列表(Access List)，其最直接的功能便是包过滤。通过访问控制列表，可以在路由器、三层交换机上进行网络安全策略配置，从而对进出路由器、三层交换机的数据流进行过滤。

访问控制列表与防火墙一样，都采用数据包过滤机制，但二者在网络中的防护位置不同。防火墙作为网络门户，防外不防内；而访问控制列表主要设置于网络内部的关键设备上，对数据流进行更细粒度的过滤与导引。

8．反病毒技术

网络反病毒技术包括预防病毒、检测病毒和杀毒等 3 种技术。

(1) 预防病毒技术

它通过自身常驻系统内存，优先获得系统的控制权，监视和判断系统中是否有病毒存在，进而阻止计算机病毒进入计算机系统和对系统进行破坏。这类技术包括加密可执行程序、引导区保护、系统监控与读写控制(如防病毒卡)等。

(2) 检测病毒技术

它指通过对计算机病毒的特征来进行判断的技术，如自身校验、关键字、文件长度的变化等。

(3) 杀毒技术

它指通过对计算机病毒的分析，开发出具有删除病毒程序并恢复原文件的软件。

从以上内容可以看出，网络安全技术有很多，下面选取几种在局域网中常见的实用技术进行详细介绍。

8.2 交换机端口安全

8.2.1 交换机端口安全的基本功能

端口安全功能主要应用在二层交换机中，更具体一些，是应用在局域网接入层的二层交换机中。这些设备位于网络边缘，主要面向用户终端。

在有些局域网中，用户可以随意使用交换机等工具将一个上网端口增至多个，或者使用未授权的电脑连接到企业的网络中，类似的做法都会给网络安全带来不利的影响，主要有以下两种情况。

(1) 未经授权的用户主机随意连接到企业的网络中，如用户在不经管理员同意的情况下，拔下某台主机的网线，插在自己带来的笔记本电脑上，接入到企业的网络中。如果用户带来的计算机本身就带有病毒，就有可能使病毒通过企业内部网络进行传播，或者非法复制企业内部的资料。

(2) 未经批准使用交换机设备。有些用户为了增加网络终端的数量，会在未经授权的情况下，将交换机接入到办公室的网络接口上，这会导致此网络接口对应的交换机接口流量增加，从而导致网络性能的下降。在园区网日常管理中，这是经常遇到的一种危险行为。

设置交换机端口安全可以规避以上风险，保证交换机端口安全功能包括两个方法。

(1)　限制交换机端口的最大连接数。

可以对一个交换机端口上能包含的安全地址最大个数进行设置，如果将最大连接数设置为 1，则连接到该端口的工作站将独享端口带宽。

(2)　端口的安全地址绑定。

可以通过限制允许访问交换机上某个端口的 MAC 地址和 IP 地址来严格控制对该端口的输入。当给端口打开了端口安全功能，并设置了一些安全地址后，除了来自这些安全地址的数据包外，这个端口将不转发其他任何包。可以将 MAC 地址和 IP 地址绑定作为安全地址，当然也可以指定 MAC 地址，而不绑定 IP 地址。

8.2.2　端口安全配置

1．默认配置

端口安全的具体内容有 4 项，其默认设置如表 8-1 所示。

表 8-1　端口安全默认设置

序　号	内　容	设　置
1	端口安全设置	关闭所有端口安全功能
2	最大安全地址个数	128
3	安全地址	无
4	违例处理方式	保护(Protect)/违例通知(Restrict)/关闭(Shutdown)

2．配置命令

(1)　设置端口为 access 模式

交换机的端口工作模式一般可以分为三种：Access，Trunk，Dynamic。

①　Trunk 模式的端口用于连接交换机与交换机、交换机与路由器，大多用于级联网络设备。

②　Access 模式多用于接入层，也叫接入模式，主要是将端口静态接入。

③　Dynamic 模式为动态协商端口，也叫自适应端口，其状态由连接的另一端设备端口状态所决定。

如想开启端口安全，端口必须为 Access 模式，配置命令如下：

```
Switch(config-if)#switchport mode access
```

(2)　开启端口安全功能

所有端口安全功能默认是关闭的，想要使用端口安全功能，必须在端口模式下人工开启，配置命令如下：

```
Switch(config-if)#switchport port-security
```

(3) 最大安全地址连接数配置。

最大安全地址连接数同样在端口模式下配置，表示接口上安全地址的最大个数，范围是 1～128，默认值为 128。命令如下：

```
Switch(config-if)#switchport port-security maximum value
```

(4) 地址绑定配置。

端口的安全地址绑定方式有单 MAC、单 IP、MAC+IP，配置命令如下：

```
switchport port-security [mac-address mac-address] [ip-address ip-address]
```

(5) 违例方式配置。

一个端口被配置为一个安全端口，当其安全地址的数目已经达到允许的最大个数后，如果该端口收到一个源地址不属于端口上的安全地址的包时，一个安全违例将产生。

当安全违例产生时，可以选择多种方式来处理违例：

① Protect 模式。当发现违规时，只丢弃违规的数据流量，不违规的正常转发，而且不会通知有流量违规，也就是不会发送 SNMP trap。

② Restrict。当发现违规时，只丢弃违规的流量，不违规的正常转发，但它会产生流量违规通知，发送 SNMP trap。

③ Shutdown。这个是默认模式，当发现违规时，将接口状态变成 error-disabled 并关闭接口，并且接口 LED 灯会关闭，发送 SNMP trap。

当接口状态变为 error-disabled 后需要恢复，可以在接口上使用命令：shutdown 后 no shutdown.

8.2.3 端口安全应用举例

下面通过一个例子来说明端口安全的应用方法。有一网络，如图 8-2 所示。该网络为两层架构，一台核心层三层交换机级联两台接入层二层交换机，下连多台主机。现要在该网络上实现端口安全功能。端口安全功能只能设置于二层交换机上，也就是说，该网络中的 S2 和 S3 可以配置端口安全，但 S1 不能配置。

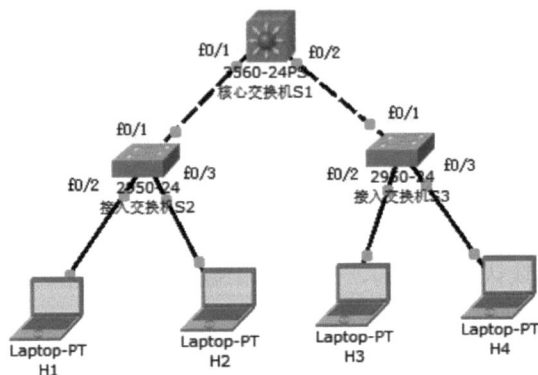

图 8-2　网络图

现假设 S2 的 fastethernet 0/2 端口需要配置端口安全功能，使其最大地址个数为 1，并为其设置地址绑定，将该端口与 MAC 地址为 00d0.f800.073c、IP 地址为 192.168.0.2 的主机绑定，设置违例方式为 shutdown。配置命令如下：

```
switch#configure terminal
switch(config)# interface fastethernet 0/2
switch(config-if)#switchport modes access
switch(config-if)#switchport port-security
switch(config-if)#switchport port-security maximun 1
switch(config-if)#switchport port-security mac-address 00d0.f800.073c
ip-address 192.168.0.2
switch(config-if)#switchport port-security violation shutdown
```

经过以上操作后，如果 fastethernet 0/2 下的级联交换机产生多个终端，或出现了非绑定地址的主机接入的情况，但会触发违例，使端口进入关闭状态，除非有管理员人为激活，端口才会再次被打开。

而事实上，在网络中交换机的端口安全功能配置往往并不是针对某一个端口，而是对所有端口的群体操作。比如，将交换机 S2 的所有端口最大连接数都设置为 1。为了实现以上目标，可选择连续端口设置方式来简化操作，配置方式如下：

```
switch(config)# interface range fastethernet 0/2-24
switch(config-range-if)#switchport modes access
switch(config-range-if)#switchport port-security
switch(config-range-if)#switchport port-security maximun 1
switchconfig-range-if)#switchport port-security violation shutdown
```

需要注意的是，在 "switch(config)# interface range fastethernet 0/2-24" 命令中设置的端口并不包括 fastehernet 0/1 端口，因为该端口为上行端口，而端口安全功能一般应用于下行端口中。

8.3 访问控制列表

8.3.1 访问控制列表的基本概念

访问控制列表的主要作用有以下两个。

(1) 限制路由更新。控制路由更新信息发往什么地方，同时希望在什么地方收到路由更新信息。

(2) 限制网络访问。为了确保网络安全，通过定义规则限制用户访问一些服务(如只需要访问 WWW 和电子邮件服务，其他服务如 Telnet 则禁止)，或只允许一些主机访问网络等。如图 8-3 所示，通过在路由器上设置 ACL，可以控制内网用户只能访问外部 Internet，而不能访问 FTP 服务器。

过滤输入数据流的规则可以基于网络地址、TCP/UDP 的应用等。对于符合过滤标准的流，它可以选择是丢弃还是转发，因此必须知道网络是如何设计的，以及路由器接口是如何在过滤设备上使用的。要用 ACL 配置网络安全属性，只有通过命令完成配置。

图 8-3 用访问控制列表限制网络访问

创建访问列表时，定义的规则将应用于路由器上所有的分组报文，路由器通过判断分组是否与准则匹配来决定是否转发或阻断分组报文。

8.3.2 访问控制列表的定义

访问列表的定义分为两步：第一步，定义规则(哪些数据允许通过，哪些数据不允许通过)；第二步，将规则应用在设备接口上。

对于单一的访问列表来说，可以使用多条独立的访问列表语句来定义多种准则，其中所有的语句引用同一个编号，以便将这些语句绑定到同一个访问列表。但使用的语句越多，阅读和理解访问列表就越困难。

在每个访问列表的末尾隐含一条"拒绝所有数据流"的准则语句，因此如果分组与任何准则都不匹配，将被拒绝。

加入的每条准则都被追加到访问列表的最后，语句被创建后，就无法单独删除它，而只能删除整个访问列表。所以访问列表语句的次序非常重要。路由器在决定转发还是阻断分组时，路由器按语句创建的次序将分组与语句进行比较，找到匹配的语句后，便不再检查其他准则语句。

ACL 的基本定义准则有以下几条。

● 一切未被允许的就是禁止的。

● 路由器默认允许所有的信息流通过。

● 防火墙默认封锁所有的信息流，对希望提供的服务逐项开放。

● 按规则链来进行匹配：使用源地址、目的地址、源端口、目的端口、协议、时间段进行匹配。

● 使用从头到尾、至顶向下的匹配方式。

● 匹配成功马上停止检查。

● 立刻使用该规则的"允许、拒绝"等。

操作流程如图 8-4 所示。

图 8-4　ACL 的基本定义准则

8.3.3　访问控制列表的配置

ACL 的类型主要分为标准 IP 访问控制列表(Standard IP ACL)和扩展 IP 访问控制列表(Extended IP ACL)，每一条 ACL 必须指定唯一的名称或编号，标准访问控制列表的编号范围为 1～99；扩展列表的编号范围为 100～199。主要的动作为允许(Permit)和拒绝(Deny)；应用的主要方法是入栈(In)和出栈(Out)。访问控制列表规则中包含的元素有：源 IP、目的 IP、源端口、目的端口、协议和服务等。

标准 IP 访问控制列表主要根据数据包源地址进行转发或阻断分组；扩展 IP 访问控制列表可使用以上任意元素组合进行转发或阻断分组。

(1) 标准 ACL。

定义标准 ACL 分两步：第一步，定义规则；第二步，将规则应用在设备接口上。具体命令如下。

● 定义规则。在路由器上使用以下命令：

```
Router(config)# access-list <1-99> { permit |deny } 源地址 [反掩码]
```

在交换机上使用以下命令：

```
Switch(config)# Ip access-list <1-99> { permit |deny } 源地址 [反掩码]
```

● 应用 ACL 到接口：

```
Router(config-if)#ip access-group <1-99>|{name} { in | out }
```

下面用一个例子来说明标准 ACL 的具体应用方法。如图 8-5 所示，假设我们要定义的规则是只允许 172.16.3.0/24 网段访问外网 172.17.0.0/16，而禁止其他网段访问外网。

图 8-5　ACL 应用拓扑

那么可以在路由器上建立一个标准访问控制列表，编号为 1，定义以下规则。

```
Router(config)#access-list 1 permit 172.16.3.0  0.0.0.255
Router(config)#access-list 1 deny 0.0.0.0 255.255.255.255
```

然后，将上述规则应用到 S0 端口上。

```
Router(config)#interface serial S0
Router(config-if)#ip access-group 1 out
```

这里需要注意的是，尽量把规则应用到离限制目标最近的位置上。

(2) 扩展 ACL。

定义扩展 ACL 同样分两步：第一步，定义规则；第二步，将规则应用在设备接口上。扩展 ACL 与标准 ACL 所不同的是限制元素得到了细化，不仅限于源 IP 地址，而且可以根据数据包内的源、目的地址，应用服务进行过滤。

● 定义扩展 ACL 规则：

```
Router(config)# access-list <100-199> { permit /deny } 协议源地址反掩码 [源端口] 目的地址反掩码 [ 目的端口 ]
```

● 应用 ACL 到接口：

```
Router(config-if)#ip access-group <100-199> |{name} { in | out }
```

在此需要注意，编号的范围为 100～199。

下面通过一个示例来说明扩展 ACL 规则的定义方法：允许网络 192.168.0.0 内所有主机访问 HTTP 服务器 172.168.12.3，拒绝其他主机使用网络。根据以上信息，可以定义如下规则。

```
Switch (config)# access-list 111  permit  tcp 192.168.0.0  0.0.255.255
host 172.168.12.3 eq www
```

上面这条规则虽然只有一条，但需注意的是，所有访问列表默认规则是拒绝所有数据包，所以，在规则的末尾隐含一条拒绝其他主机使用网络的规则。

我们可以使用命令 "Switch # show access-lists" 来查看定义好的规则。

另外，不要忘了将该规则应用到具体的某一个端口上，这一端口应尽量靠近 HTTP 服务器 172.168.12.3。

8.4　防火墙技术

8.4.1　防火墙的基本工作原理

防火墙是控制从网络外部访问本网络的设施，通常位于内网与 Internet 的连接处(网络边界)，充当访问网络的唯一入口(出口)，用来加强网络之间的访问控制，防止外部网络用户以非法手段通过外部网络进入内部网络，访问内部网络资源，从而保护内部网络设备。防火墙能根据过滤规则来判断是否允许某个访问请求，能够提高网络整体的安全性，因而给网络安全带来了众多的好处。防火墙的主要作用如下。

(1) 保护易受攻击的服务。

(2) 控制对特殊站点的访问。

(3) 集中的安全管理。

(4) 过滤非法用户，对网络访问进行记录和统计。

防火墙设计策略是基于特定的防火墙，定义服务访问策略的规则。通常有两种基本的设计策略：允许任何服务，除非被明确禁止；禁止任何服务，除非被明确允许。第一种策略的特点是"在被判有罪之前，任何嫌疑人都是无罪的"，它好用但不安全。第二种策略的特点是"宁可错杀一千，也不放过一个"，它安全但不好用。在实际应用中，防火墙通常采用第二种设计策略，但多数防火墙都会在两种策略之间进行折中。

最初防火墙主要用来提供服务控制，但是现在已经扩展为提供如下服务：服务控制、方向控制、用户控制和行为控制。

(1) 服务控制。确定在防火墙外面和里面可以访问的 Internet 服务类型。防火墙可以根据 IP 地址和 TCP 端口号来过滤通信量，可提供代理软件，以便在继续传递服务请求之前接收并解释每个服务请求，或在其上直接运行服务器软件提供的相应服务，如 Web 或邮件服务。

(2) 方向控制。启动特定的服务并允许它通过防火墙，这些操作是有方向的，方向控制就是用于确定该方向。

(3) 用户控制。根据请求访问的用户来确定是否提供该服务。这个功能通常用于控制防火墙内部的用户(本地用户)，也可以用于控制外部用户进来的通信量。后者需要某种形式的安全验证技术，如 IPSec。

(4) 行为控制。控制如何使用某种特定的服务，如防火墙可以从电子邮件中过滤掉垃圾邮件。它也可以限制外部访问，使用户只能访问本地 Web 服务器中的一部分信息。

设置防火墙，还要考虑网络策略和服务访问策略。

(1) 影响防火墙系统设计、安装和使用的网络策略可分为两级，高级的网络策略定义允许和禁止的服务以及如何使用服务，低级的网络策略描述防火墙如何限制和过滤在高级策略中定义的服务。

(2) 服务访问策略集中在 Internet 访问服务以及外部网络访问(如拨入策略、SLIP/PPP连接等)。服务访问策略必须是可行的和合理的。可行的策略必须在阻止已知的网络风险和提供用户服务之间获得平衡。典型的服务访问策略是：允许增强认证的用户在必要的情况下从 Internet 访问某些内部主机和服务；允许内部用户访问指定的 Internet 主机和服务。

8.4.2 防火墙分类

从构成上，可以将防火墙分为以下几类。

(1) 硬件防火墙。这种防火墙用专用芯片处理数据包，CPU 只进行管理之用；具有高带宽、高吞吐量，是真正的线速防火墙；安全与速度同时兼顾；使用专用的操作系统平台，避免了通用性操作系统的安全性漏洞；没有用户限制，性价比高，管理简单、快捷，有些防火墙还提供 Web 方式管理。这类产品的外观为硬件机箱形，此类防火墙一般不会对外公布其 CPU 或 RAM 等硬件水平，其核心为硬件芯片。如图 8-6 所示为一硬件防火墙。

图 8-6 硬件防火墙

(2) 软件防火墙。这类防火墙运行在通用操作系统上，能安全控制存取访问的软件，性能依赖于计算机的 CPU、内存等；基于众所周知的通用操作系统，对底层操作系统的安全依赖性很高；由于操作系统平台的限制，极易造成网络带宽瓶颈，实际达到的带宽只有理论值的 20%～70%；有用户限制，一般需要按用户数购买；性价比极低，管理复杂，与系统有关，要求维护人员必须熟悉各种工作站及操作系统的安装及维护。此类防火墙一般都有严格的系统硬件与操作系统要求，产品为软件。

(3) 软硬结合防火墙。这类防火墙一般将机箱、CPU、防火墙软件集成于一体，采用专用或通用操作系统，容易造成网络带宽瓶颈；只能满足中低带宽要求，吞吐量不高，通用带宽只能达到理论值的 20%～70%。这类防火墙的外观为硬件机箱形，一般会对外强调其 CPU 或 RAM 等硬件水平，其核心为软件。

根据所采用的技术，防火墙可以分为包过滤型、NAT、代理型和监测型防火墙等。

(1) 包过滤型。包过滤防火墙的原理是：监视并且过滤网络上流入流出的 IP 数据包，拒绝发送可疑的数据包。包过滤防火墙设置在网络层，可以在路由器上实现包过滤。首先应建立一定数量的信息过滤表。数据包中都会包含一些特定信息，如源 IP 地址、目的 IP 地址、传输协议类型(TCP、UDP、ICMP 等)、源端口号、目的端口号、连接请求方向等。当一个数据包满足过滤表中的规则时，则允许数据包通过，否则便会将其丢弃。

先进的包过滤型防火墙可以提供内部信息以说明所通过的连接状态和一些数据流的内容，并把判断的信息同规则表进行比较。在规则表中定义了各种规则来表明是否同意或拒绝包的通过，包过滤防火墙检查每一条规则，直至发现包中的信息与某条规则相符。如果没有一条规则符合，防火墙就会使用默认规则，一般情况下，默认规则就是要求防火墙丢弃该包。通过定义基于 TCP 或 UDP 数据包的端口号，防火墙能够判断是否允许建立特定的连接，如 Telnet、FTP 连接。

包过滤技术的优缺点如下。

① 优点。简单实用，实现成本较低，在应用环境比较简单的情况下，能够以较小的代价在一定程度上保证系统的安全。

② 缺点。包过滤技术是一种完全基于网络层的安全技术，无法识别基于应用层的恶意侵入，如图 8-7 所示。

图 8-7　包过滤技术

(2) NAT(网络地址转换)。NAT 是一种用于把私有 IP 地址转换成公有 IP 地址的技术，它允许具有私有 IP 地址的内部网络访问互联网。

当受保护网络连到 Internet 上时，受保护网络用户若要访问 Internet，必须使用一个合法的 IP 地址。但由于合法 Internet IP 地址有限，而且受保护网络往往有自己的一套 IP 地址规划(非正式 IP 地址)。网络地址转换器就是在防火墙上装一个合法 IP 地址集。当内部某一用户要访问 Internet 时，防火墙动态地从地址集中选一个未分配的地址分配给该用户，该用户即可使用这个合法地址进行通信。同时，对于内部的某些服务器如 Web 服务器，网络地址转换器允许为其分配一个固定的合法地址，外部网络的用户可通过防火墙来访问内部的服务器。这种技术既缓解了少量的 IP 地址和大量的主机之间的矛盾，又对外隐藏了内部主机的 IP 地址，提高了安全性。

(3) 代理型。代理防火墙由代理服务器和过滤路由器组成。代理服务器位于客户机与服务器之间。从客户机来看，代理服务器相当于一台真正的服务器；而从服务器来看，代理服务器又是一台真正的客户机。当客户机访问服务器时，首先将请求发给代理服务器，代理服务器再根据请求向服务器读取数据，然后将读来的数据传给客户机。由于代理服务器将内网与外网隔开，从外面只能看到代理服务器，因此外部的恶意入侵很难伤害到内网系统。

代理型防火墙的优缺点如下。

① 优点。安全性较高，可以针对应用层进行侦测和扫描，对付基于应用层的侵入和病毒都十分有效，如图 8-8 所示。

② 缺点。对系统的整体性能有较大的影响，而且代理服务器必须针对客户机可能产生的所有应用类型逐一进行设置，大大增加了系统管理的复杂性。

(4) 监测型。监测型防火墙是第三代网络安全技术。监测型防火墙能够对各层的数据进行主动的、实时的监测，如图 8-9 所示。在对这些数据加以分析的基础上，监测型防火墙能够有效地判断出各层中的非法入侵。虽然监测型防火墙在安全性上已超越了包过滤型和代理服务器型防火墙，但由于监测型防火墙技术的实现成本较高，也不易管理，所以目前在实用中的防火墙产品仍然以第二代代理型产品为主，但在某些方面也已经开始使用监测型防火墙。

图 8-8　代理型防火墙

图 8-9　监测型防火墙

8.4.3　防火墙的工作模式

防火墙一般有两种工作模式：路由模式和透明模式。

(1) 传统的防火墙一般工作于路由模式，除了完成包过滤的功能之外，它本身还承担了路由器的工作，防火墙的内外接口分别连接了两个不同网段。也就是说防火墙可以让处于不同网段的计算机通过路由转发的方式互相通信。图 8-10 就是一个最简单的工作于路由模式的防火墙。

图 8-10　工作于路由模式的防火墙

(2) 防火墙的另外一种工作模式是透明模式。透明模式防火墙可以接在 IP 地址属于同一子网的两个物理子网之间，如果在一个已经形成了的网络中加入它，可以不用修改周边网络设备的设置，如图 8-11 所示。

图 8-11　透明模式防火墙

高等院校计算机教育系列教材

一般来说，每一款防火墙都具备路由模式与透明模式两种模式。当我们需要某一种模式时，需要进行人工配置，使之满足网络的需求。

8.4.4　防火墙的应用

防火墙一般具有三种接口类型：Internal　内部网络接口、External　外部网络接口和DMZ (Demilitarized Zone)非军事区接口。

防火墙最基本的形式是两个网络接口：内部网络接口和外部网络接口。其中外部网络接口连接的是不可信赖的网络(常常是 Internet)，内部网络接口连接的是得到信任的网络。随着企业 Internet 商业需求的复杂化，只有两个接口的防火墙明显具有局限性。比如客户把 Web 服务器放在什么地方：如果放在防火墙的外面，Web 服务器完全暴露，容易受到攻击；而放到防火墙内部，则使得该 Web 服务器所在网段的其他主机暴露在外部网络视野中，增加了内部网络的不安全因素。解决这些问题的办法，便是允许建立可信任的中间区域，既不在内部也不在外部，这就需要第三个接口——DMZ 接口。DMZ 即俗称的非军事区，与军事区和信任区相对应，作用是把 Web、E-mail 等允许外部访问的服务器单独接在该区端口，使整个需要保护的内部网络接在信任区端口后，不允许任何访问，从而实现内外网分离。DMZ 可以理解为一个不同于外网或内网的特殊网络区域，通常放置一些不含机密信息的公用服务器，比如 Web、Mail、FTP 等。这样来自外网的访问者可以访问DMZ 中的服务，但不可能接触到存放在内网中的公司机密或私人信息等。即使 DMZ 中的服务器受到破坏，也不会对内网中的机密信息造成影响。图 8-12 便是一个具有三个接口的防火墙连接示意图。

图 8-12　具有三个接口的防火墙连接示意图

下面介绍几种典型的防火墙安装方式。

1. 安装方式一

图 8-13 所示，是一种较常规的连接方式。防火墙采用透明工作模式，内部接口通过交

换机连接外部网络，外部接口连接外部路由器，DMZ 接口连接 E-mail、DNS、HTTP 等服务器。

图 8-13　防火墙安装方式一

管理员在防火墙上可以设置以下策略。

(1) 内网可以访问外网：内网的用户可自由地访问外网。在这一策略中，防火墙需要进行源地址转换。

(2) 内网可以访问 DMZ：此策略是为了方便内网用户使用和管理 DMZ 中的服务器。

(3) 外网不能访问内网：内网中存放的是企业、机构内部数据，这些数据不允许外网的用户进行访问。

(4) 外网可以访问 DMZ：DMZ 中的服务器本身就是要给外界提供服务的，所以外网必须可以访问 DMZ。同时，外网访问 DMZ 需要由防火墙完成对外地址到服务器实际地址的转换。

(5) DMZ 不能访问内网：很明显，如果违背此策略，当入侵者攻陷 DMZ 时，就可以进一步攻击内网的重要数据。

(6) DMZ 不能访问外网：此条策略也有例外，比如 DMZ 中放置邮件服务器时，就需要访问外网，否则将不能正常工作。在网络中，非军事区(DMZ)是指为不信任系统提供服务的孤立网段，其目的是把敏感的内部网络和其他提供访问服务的网络分开，阻止内网和外网直接通信，以保证内网安全。

2. 安装方式二

防火墙在虚拟专网 VPN 中的应用，如图 8-14 所示。在广域网系统中，由于安全的需要，总部的局域网可以将各分支机构的局域网看成不安全的系统，总部的局域网和各分支机构连接时，一般通过公网 ChinaPac、ChinaDD 和 NFrame Relay 等连接，需要采用防火墙隔离，并利用某些软件提供的功能构成虚拟专网 VPN。

3. 安装方式三

双防火墙模式，如图 8-15 所示。这是一种对可靠性要求比较高的方式。要实现网络的高可用性，首先就要排除网络中的单点故障，使网络在任何一台网络设备失效时仍能提供服务。为实现以上功能要求，防火墙必须应用专门的双机容错技术，被称为 Failover 或者 HA。这种功能要求防火墙的两端设备必须具有交换功能，因为对于两个互相做 Failover 的设备，互为备份的链路需要有相同的配置。通过观察图可以发现，从外向内的连接是由左右两条通路构成的，任何一条通路都可以完成独立的任务。在实际工作中，只有一条通路也就是主防火墙所在通路是正常通信的，另外一条暂时处于屏蔽状态。而在主防火墙与备份防火墙之间有一条心跳线，心跳线是两台设备互相监测对方情况的方式，如果主防火墙发生故障，则备份防火墙监测到并接管其工作，从而打开右边通路。

图 8-14　防火墙安装方式二

图 8-15　防火墙安装方式三

思 考 题

1. 简述网络安全的概念及网络安全威胁的主要来源。
2. 简述防火墙的作用。
3. 防火墙有哪两种工作模式？各自的特点是什么？
4. DMZ 区域的作用是什么？
5. 交换机端口安全功能主要包括哪两项？分别可以防护哪些不安全因素？
6. ACL 有何作用？定义规则是什么？
7. 访问控制列表的类型有哪两种？试述其不同点。
8. 试在关键设备上使用扩展访问列表隔离网络"冲击波"病毒。

背景："冲击波"病毒是利用系统的 135、137、138、139、445、593 端口，以及 UDP 端口 69(TFTP)和 TCP 端口 4444 入侵系统的。只要禁用了这些端口，就能有效地防范此类病毒。

第9章
网络管理与维护技术

本章学习目标

对于一个庞大的计算机网络来说，良好的管理与维护是保证网络正常运转的必要条件，这就要求网络管理人员掌握一定的管理与维护技术。通过本章的学习，读者应该掌握以下内容。

- ↘ 网络管理的基本概念。
- ↘ 网络管理协议。
- ↘ 网络管理工具。
- ↘ 网络维护方法。
- ↘ 局域网常用的测试命令。
- ↘ 常见故障的排除方法。

9.1 网络管理技术

9.1.1 网络管理的意义

计算机网络的发展与普及，一方面对于如何保证网络的安全、组织网络高效运行提出了迫切的要求；另一方面，计算机网络日益庞大使管理更加复杂。这主要表现在如下几个方面。

(1) 网络覆盖范围越来越大。

(2) 网络用户数目不断增加。

(3) 网络共享数据量剧增。

(4) 网络通信量剧增。

(5) 网络应用软件类型不断增加。

(6) 网络对不同操作系统的兼容性要求不断提高。

这种大型、复杂、异构型的网络靠人工是无法管理的，随着网络管理技术的日益成熟，网络管理显得越来越重要。计算机网络管理技术的发展是与 Internet 的发展同步进行的，随着网络技术的发展，网络管理技术也得到了迅速的发展。时至今日，计算机时代和全球信息化时代已经到来，网络管理和网络安全等问题的重要性日益突出。一旦计算机网络崩溃，将会给企业、机构网络中的各种数据和信息资源，以及人们的工作、学习和日常生活带来巨大的损失。因此，网络管理成为网络技术发展中的一项重要技术，它不但对网络技术的发展有着重要的影响，也是现代信息网络中最重要的研究课题之一，并为越来越多的人所重视。从 20 世纪 80 年代起，随着一系列网络管理标准的出台，出现了大量的商用网络管理系统。

随着网络规模的扩大，网络已不再是单一型的网络，而是由若干个大大小小的子网组成，同时集成了多种网络操作系统的平台，包括各种不同厂家、公司的网络设备和产品。此外，为了提供各种网络服务，还集成了多种网络软件。因而，如果没有一个高效的网络管理系统，则很难向网络用户提供正常的网络服务，也很难保障网络能无故障、安全地运行。因此，为了保证计算机网络中硬件设备和软件的正常运行，除了需要专门的网络管理技术人员之外，还需要利用专用的网络管理工具来维护和管理网络的运行。

总之，现代化的网络管理技术集通信技术、网络技术、Internet 服务技术和信息处理技术等于一身，而现代化网络的管理人员则应当能够通过网络管理平台和管理工具调度和协调资源的使用，并可以对网络实行配置管理、故障管理、性能管理和安全管理等多方面管理。

9.1.2 网络管理的基本概念

1. 网络管理的定义

对于一个网络来说，首先应当建立起网络，实现网络设计的功能。其次，是通过网络管理系统保证建立起的网络系统能够持续、正常、稳定、安全和高效地运行。此外，当网络出现故障时，网络管理系统还应当能够进行及时的报告和处理，从而保障网络的正常运行。因此，网络管理就是为了完成上述目标而对网络系统实施的一系列方法和措施，换言之，网络管理就是指通过某种方式对网络状态进行调整，其目的是使网络能正常、高效地运行，并使网络中的各种资源得到更加高效的利用；当网络出现故障时，系统应能及时地作出报告和处理。

2. 网络管理的分类

网络管理为控制、协调和监控网络资源提供了手段，其实质就是网络管理者与被管理对象之间利用网络实现信息交换，最终完成网络管理的功能。

网络管理可以分为以下两类。

(1) 狭义网络管理：仅指对网络交换量等网络参考性能进行管理。

(2) 广义网络管理：指对网络应用系统进行管理。

3. 网络管理系统

1) 网络管理系统的定义

网络管理通常是由网络管理系统来实施的，对一个网络管理系统的定义应当包含以下几项内容。

(1) 系统的功能。一个网络管理系统首先应明确其具有的功能。

(2) 明确网络资源。在网络管理中，对于网络资源的管理占有很大一部分比重。网络资源通常被定义为网络系统的软件、硬件及所提供的网络服务和信息等资源。由此，在网络管理系统中只有明确地表明网络资源，才能对它们实施管理。

(3) 表明网络的管理信息。网络管理系统对网络实施管理时，必须依赖系统中的网络管理信息，因此，在设计网络管理系统时，必须解决如下问题。

- 如何表示用于网络管理的信息。
- 如何传送上述信息。
- 传送信息时使用何种协议。

(4) 确定网络管理信息的结构，即使用什么结构的网络管理系统对网络实现管理。

2) 网络管理系统的基本功能

一个实用的网络管理系统应当包括以下的基本网络管理功能。

- 为用户制定、设置和实施系统的授权访问策略。
- 为用户制定、设置和实施共享资源的授权访问策略。
- 能够收集和监控网络中各种设备和设施的工作参数，并能够依据这些信息进行处理、管理和控制网络。

4. 网络管理内容

目前国际标准化组织 ISO 在网络管理的标准化上做了许多工作，它特别定义了网络管理的五个功能域。

- 配置管理：管理所有的网络设备，包括各设备参数的配置与设备账目的管理。
- 故障管理：找出故障的位置并进行恢复。

- 性能管理：统计网络的使用状况，根据网络的使用情况进行扩充，确定设置的规划。
- 安全管理：限制非法用户窃取或修改网络中的重要数据等。
- 计费管理：记录用户使用网络资源的数据，调整用户使用网络资源的配额和记账收费。

1) 配置管理

配置管理的目的在于随时了解系统网络的拓扑结构以及所交换的信息，包括连接前静态设定和连接后动态更新。配置管理调用客体管理功能、状态管理功能和关系管理功能。

(1) 客体管理功能。客体管理功能为管理信息系统用户(MIS 用户)提供一系列功能，完成被管理客体的产生、删除报告和属性值改变报告。

(2) 状态管理功能。

- 通用状态属性：指客体应具有的操作态、使用态和管理态三种通用状态属性。
- 状况属性：定义了六个属性以限制操作态、使用态和管理态，表示应用于资源的特定条件，六个属性包括告警状况属性、过程状况属性、可用性状况属性、控制状况属性、备份状况属性、未知状况属性。

(3) 关系管理功能。管理者需有检查系统不同部件间和不同系统间关系的能力，以确定系统某部分的操作如何依赖于其他部分或如何被依赖。用户需有能力改变部件之间、系统之间以及系统与部件之间的关系，也应有能力得知是何种原因导致这种变化。

2) 故障管理

故障管理的目标是自动监测、记录网络故障并通知用户，以便网络有效地运行。

故障管理包含以下几个步骤：①判断故障症状；②隔离该故障；③修复该故障；④对所有重要子系统的故障进行修复；⑤记录故障的监测及其结果。

3) 性能管理

性能管理的目标是衡量和显示网络性能的各个方面，使人们可以在一个可接受的水平上维护网络的性能。性能变量的例子有网络吞吐量、用户响应时间和线路利用率。

性能管理包含以下几个步骤。

(1) 收集网络管理者感兴趣的那些变量的性能参数。

(2) 分析这些数据，以判断是否处于正常水平。

(3) 为每个重要的变量确定一个适合的性能阈值，超过该阈值就意味着网络出现了故障。

4) 安全管理

安全管理的目标是按照本地的指导来控制对网络资源的访问，以保证网络不被侵害，并保证重要信息不被未授权的用户访问。

安全管理子系统将网络资源分为授权和未授权两大类，它执行以下几种功能。

(1) 标识重要的网络资源。

(2) 确定重要的网络资源和用户集间的映射关系。

(3) 监视对重要网络资源的访问。

(4) 记录对重要网络资源的非法访问。

5) 计费管理

计费管理的目标是衡量网络的利用率，以便一个或一组用户可以按规则利用网络资源，这样的规则使网络故障降低到最小，也可以使所有用户对网络的访问更加公平。

为了达到合理的计费管理目的，首先必须通过性能管理测量出所有重要网络资源的利用率，分析其结果能对当前的应用模式有更深入的了解，并可以在该点设置定额。对资源利用率进行测量可以产生计费信息，并产生可用来估计费率的信息，以及产生可用于资源利用率优化的信息。

5. 网络管理系统的基本模型

公认的网络管理系统基本模型由四部分组成：多个被管代理(Agent)、至少一个网络管理者(或称管理工作站)、一种通用的网络管理协议(CMIP 或 SNMP)和一个或多个管理信息库(MIB)。网络设备、计算机主机等被称为被管设备，在这些设备上驻留有代理，代理实际上是一个小巧的应用程序。管理者也是一个程序，负责与用户交互，并通过代理对设备进行管理。管理者与代理通过网络管理协议通信。MIB 相当于一个数据库，提供有关被管网络设备的信息。因此，网络管理系统的模型包含以下四个基本的逻辑部分。

(1) 管理对象：指网络中具体可以操作的参数。

(2) 管理进程(Manager)：指对网络中的设备和设施进行全面管理及控制的软件程序。

(3) 管理信息库(MIB)：指记录网络中各种管理对象的信息库。

(4) 管理协议(CMIP 或 SNMP)：用于在管理系统与管理对象之间传递和解释操作命令。

9.1.3 网络管理协议 SNMP

第一个使用的网络管理(简称网管)协议称为简单网络管理协议(SNMP，又称 SNMP 第一版或 SNMPv1)。SNMP 是由因特网工程任务组 IETF(Internet Engineering Task Force)提出的面向 Internet 的管理协议，当时这个协议被认为是临时的、简单的、解决当时急需解决的问题的协议，而复杂的、功能强大的网络管理协议需要进一步设计。

到 20 世纪 80 年代，在 SNMP 的基础上设计了两个网络管理协议：一个称为 SNMP 第二版(简称 SNMPv2)，它包含了原有的特性，这些特性目前被广泛使用，同时增加了很多新特性以克服原先 SNMP 的缺陷。另一个是 SNMPv3，由 RFC2271 到 RFC2275 定义，描述了 SNMPv2 中所缺乏的安全和管理方面的问题。

SNMP 的管理对象包括网桥、路由器、交换机等内存和处理能力有限的网络互联设备。它采用轮询监控方式，管理者隔一定时间间隔向代理请求管理信息，并根据返回的管理信息判断是否有异常事件发生。轮询监控的主要优点是对代理资源的要求不高，缺点是管理通信的开销大。SNMP 由于其简单性得到了业界广泛的支持，成为目前最流行的网络管理协议。

1. SNMP 网络管理模型

SNMP 模型的体系结构如图 9-1 所示。SNMP 网络管理模型是由以下前三个基本部分，加上 SNMP 协议组成的。

图 9-1　SNMP 网络管理模型的结构

(1)　管理进程。

管理进程(Manager)是一个或一组软件程序，它一般运行在网络管理站或网络管理中心的主机上。它在 SNMP 协议下用支持命令代理执行各种管理操作。管理进程的功能是完成各种网络管理功能，通过各种设备中的管理代理实现对网络内的各种设备、设施和资源的控制。另外，管理人员还可以通过管理进程对全网进行管理。管理进程可以通过图形用户接口，以容易操作的方式显示各种网络信息，以及网络中各网络代理的配置图等。有时，网络进程也会将各个管理代理中的数据集中存储，以备事后分析。

(2)　管理代理。

管理代理(Agent)是一种在被管理的网络设备上运行的软件，负责执行管理进程的管理操作。管理代理直接操作本地的信息库 MIB，还可以根据要求改变本地信息库或将数据直接传送给管理进程。管理代理具有以下两个基本的管理功能。

● 读取 MIB 中各种变量的值，这里的变量就是管理对象。

● 修改 MIB 中各种变量的值。

(3)　管理信息库。

管理信息库(MIB)记录管理对象的各种信息。它是一个概念上的数据库，由各个管理对象组成，每个管理代理管理 MIB 中属于本地的管理对象，各管理代理控制的管理对象共同构成全网的管理信息库。

(4)　管理协议。

管理协议用于在管理系统与管理对象之间传递和解释管理操作命令的 SNMP 协议。许多网络管理软件要求所管理的设备支持 SNMP 协议，如果不支持，则无法使用该软件实现对网络系统设备的自动识别和管理功能，如 HP 公司的 Open View 软件。

2. 实际网络管理系统的组成

前面介绍的是 SNMP 网络管理模型的结构，而实际的网络管理系统往往有所区别。比如，实际的网络管理系统的组成如图 9-2 所示，由以下四个基本部分组成。

图 9-2　网络管理系统的组成结构图

在大部分的实际网络管理系统中，只有前三个部分，因此这三个部分是基本和必需的。因并非所有的网络都有"代理设备"，因此第四个部分(代理设备)是可选的。下面将分别介绍这几个基本部分的功能和工作联系。

(1)　网络管理软件。

网络管理软件简称"网管软件"，它是协助网络管理员对整个网络或网络中的设备进行日常管理的软件。网络管理软件除了要求网络设备的"管理代理"定期采集用于管理的各种信息之外，还要定期查询管理代理采集到的主机有关信息，如系统配置信息、运行状态信息和网络性能信息等。网管软件利用这些信息来确定和判断整个网络、网络中的独立设备或者局部网络的运行状态是否正常。

在网络管理系统中，网络管理软件是连接其他几个因素的桥梁，因此有着举足轻重的地位。它的功能的好坏将直接影响到整个网络管理系统的功能。

对于大型网络来说，网络规模较大，网络结构复杂，一旦网络出现故障，查找与维护都很困难，因此网络管理软件是不可缺少的助手；而对于小型网络或个人用户来说，他们的技术水平较低，而聘请专业技术人员的费用又太高，因此网络管理软件可以帮助解决一些棘手的问题。由此可见，网络管理软件已经成为各种网络中必不可少的组成部分。

市场上的网络管理软件种类繁多，因此选择网管软件已成为很多用户关心的问题。选择时可以从以下几方面进行考虑：与自身的管理规模和网络模式(如 C/S)相符；具有智能化的监控能力；具有基于用户策略的控制能力；具有支持多协议、开放式操作系统和第三方管理软件的能力；具有良好的用户界面；具备简单的、无须编程的开发工具；具有良好的技术支持和服务；合适的性能价格比。

(2)　网络设备管理代理。

网络设备管理代理简称"管理代理"，它是驻留在网络设备中的一个软件模块。其中的网络设备可以是系统中的网络计算机、网络打印设备和交换机等。网络设备的管理代理软件能够获得每个网络设备的各种信息，如设备运行状况、系统配置、设备特性和性能等。因此，每个管理代理上的软件就像被管理设备的代理人，它可以完成网管软件所布置的信息采集任务。实际上，它充当了网络管理系统与被管理设备之间的信息中介。管理代理通过被控制设备中的管理信息库(MIB)来实现管理网络设备的功能。

在实际应用中，由于 SNMP 协议确立了不同设备、软件和系统之间通信的基础框架，因此人们通常选用支持 SNMP 协议的网络设备，如选择支持 SNMP 协议的服务器、路由器、交换机和集线器等。这样驻留在其中的管理代理软件就具有了共同语言。正因为有了这个共同语言，网络设备的管理代理软件才可以将网络管理员软件发出的命令按照统一的网络格式进行转化，再收集需要的信息，最后返回正确的响应信息，从而实现网管软件在网络管理系统中进行统一网络管理。

(3) 管理信息库。

如前所述，管理信息库(MIB)定义了一种有关对象的数据库，它由网络管理系统控制。如图 9-1 所示，整个 MIB 中存储了多个(可多达上千个)对象的各种信息数据。网管软件(在 SNMP 模型中又称管理进程)正是通过控制每个对象的 MIB 来实现对该网络设备的配置、控制和监视的，而网络管理员使用的网络管理系统可以通过网络管理的代理软件(管理代理)来控制每个 MIB 对象。

(4) 代理设备。

在网络管理系统中，代理设备是标准的网络协议软件和不支持标准协议的软件之间的一座桥梁。利用代理设备，无须升级整个网络管理系统，即可实现旧版本网管软件到新版本的升级。例如，某网络正在使用的是支持旧版本 SNMP 协议的网管软件，当新版本 SNMP 协议开发出来之后，如果直接升级，则整个网络中所有的现存设备都会受到影响，而使用代理设备则可以方便地解决此类问题。注意，正是由于代理设备的上述特殊功能，所以不是所有的网络管理系统中都有这种设备，也就是说，代理设备在网络管理系统中是可选的。

9.1.4　网络管理工具

由于网络管理已经有了一系列的标准，以及 ISO 定义的网络管理五大功能，使得具有配置管理、性能管理、故障管理、安全管理和计费管理五大功能的管理系统成为可能。同时，也正是得益于这样的网络管理系统，我们才能对网络进行充分、完备和有序的管理。但是由于涉及众多的网络管理协议和五个方面所要求的功能以及不同网络的实际情况，网络管理系统在技术上具有很强的挑战性。

网络管理系统是对以上几个基本要素的组合，我们大致可以将网络管理系统划分为三代。

(1) 第一代网管就是最常用的命令行方式，并结合一些简单的网络监测工具，它不仅要求使用者精通网络的原理及概念，还要求其了解不同厂商的不同网络设备的配置方法。这种方式的优点是具有很大的灵活性；缺点是风险系数增大，容易引发误操作，而且不具备图形化和直观性。比如网络探测工具 NetXray 可以运行在多种协议之下，包括 TCP/IP、SPX/IPX 等，工作在网络环境的底层，拦截所有正在网络上传输的数据并进行筛选处理，实时分析网络状态和设备布局。但第一代网管工具只能统计和分析网络的数据，并不能监控设备的状态，因此需要配合一系列 CLI 命令直接在设备上查看系统和端口信息。

(2) 第二代网管有着良好的图形化界面，用户无须过多了解设备的配置方法，就能图形化地对多台设备同时进行配置和监控，大大提高了工作效率。但它仍然存在人为因素造成的设备功能使用不全面或不正确的问题，比如 CiscoView 是一个基于 GUI 的设备管理软件，可以图形的方式显示 Cisco 的物理视图。另外，它还提供配置和监视功能以及基本的故障排除功能。借助 CiscoView，可以更容易地理解设备提供的大量管理数据，网络管理员无须对远程站点上的每台设备进行物理检测，就能够全面查看 Cisco 产品。

(3) 第三代网管相对来说比较智能，是真正将网络和管理进行有机结合的软件系统，具有"自动配置"和"自动调整"功能。对网管人员来说，只要把用户情况、设备情况以及用户与网络资源之间的分配关系输入网管系统，系统就能自动地建立图形化的人员与网络的配置关系，并自动鉴别用户身份，分配用户所需的资源(如电子邮件、Web、文档服务等)，同时整个企业的网络安全得以保证。因此，第三代网管系统是企业级的管理平台，由多个软件包构成，涉及 OSI 七层协议集。目前第三代系统可选的范围比较广，例如 CA Unicenter TNG、CiscoWorks 2000、HP OpenView、IBM Tivoli、APRISMA Spectrum 等。这些网管软件通常包括一系列的子系统，有些子系统具有第二代系统的功能，如 CiscoWorks 中的 CiscoView；有些系统集成了其他系统的一些子系统以增强功能。

虽然网管系统发展到了第三代，但并不等于前两代系统已经淘汰，如何选择在于用户具体的网络管理需求。这三代系统分别适应不同的网络规模和网络应用，系统结构越是趋同，所需要的网管系统就越简单。而复杂的异构环境则需要完全成熟的网络管理软件。

国内网管软件近几年也取得了一定的发展，但总体来说较大型的成熟的软件不多，国产软件的优势在于本地化，用户对界面的可操作感强，但大部分软件只相当于国外第三代网管系统中的某个子系统功能，网络的监控功能比较强，缺乏自动解决问题和管理用户资源的能力，而且软件更新和售后服务连贯性不强。总体来说，目前国内网管软件比较适用于中等规模企业或作为大型网管系统的辅助工具。

用户在选购网管软件时，必须结合具体的网络条件，所选择的软件应该体现有效管理原则。目前市场销售的网络管理软件可以按功能划分为网元管理(主机系统和网络设备)、网络层管理(网络协议的使用、LAN 和 WAN 技术的应用以及数据链路的选择)、应用层管理(应用软件)三个层次，其中最基础的是网元管理，最上层的是应用层管理。

下面介绍一种网络管理系统：惠普(HP)公司的 Open View，并以它为代表，分析网络管理工具的特点。

HP 的 OpenView 有争议地成为了第一个真正兼容的、跨平台的网络管理系统，因此也得到了广泛的市场应用。但是，虽然 OpenView 被认为是一个企业级的网络管理系统，但它与大多数的网络管理系统一样，不能提供 NetWare、SNA、DECnet、X.25、无线通信交换机以及其他非 SNMP 设备的管理功能。另一方面，HP 努力使 OpenView 由最初的提供给第三方应用厂商的开发系统，转变为一个跨平台的最终用户产品。它的最大特点是被第三方应用开发厂商广泛接受。比如 IBM 就把 OpenView 功能增强并扩展成为自己的 NetView 产品系列，从而与 OpenView 展开竞争。特别在最近几年，OpenView 已经成为网络管理市场的领导者，与其他网络管理系统相比，OpenView 拥有更多的第三方应用开发厂商。在近期，OpenView 看上去更像一个工业标准的网络管理系统。

1. 网络监管特性

OpenView 不能处理因为某一网络对象故障而误导致的其他对象的故障。具体说来就是，它不具备理解所有网络对象在网络中相互关系的能力，因此一旦这些网络对象中的一个发生故障，导致其他正常的网络对象停止响应，它会把这些正常网络对象当做故障对象对待。同时，OpenView 也不能把服务的故障与设备的故障区分开来，比如是服务器上的进程出了问题还是该服务器出了问题，它不能区分。这些是 OpenView 的最大弱点。

另外，在 OpenView 中，性能轮询与状态轮询是分开的，这导致一个网络对象响应性能轮询失败但不触发一个报警，仅仅只有当该对象不响应状态轮询才进行故障报警。这将导致故障响应时间延长。当然两种轮询的分开具有灵活性上的好处，第三方开发商可以对不同的轮询事件分别处理。

OpenView 还使用了商业化的关系数据库，这使得利用 OpenView 采集的数据开发扩展应用变得相对容易。但第三方应用开发厂商需要找地方存放自己的数据，这又限制了数据的共享。

2. 管理特性

OpenView 的 MIB 变量浏览器相对而言是最完善的，而且正常情况下使用该 MIB 变量浏览器只会产生很少的流量开销。但 OpenView 仍然需要更多、更简洁的工具以应对各种各样的故障与问题。

3. 可用性

OpenView 的用户界面显得整洁，相对灵活，但在功能引导上却显得笨拙。同时 OpenView 还在简单、易用的 Motif 图形用户界面上提供状态信息和网络拓扑结构图形，但这些信息和图形在大多数网络管理系统中都提供。OpenView 的所有操作(至少现在)都在 Windows 界面上进行，缺乏一些其他的手段，比如 WWW 界面和字符界面，同时它还缺乏开发基于其他界面应用的 API。

4. 总结

OpenView 是一个昂贵的但相对够用的网络管理系统，它提供了基本层次上的功能需求。它的最大优势在于被第三方开发厂商广泛接受。但得到了 NetView 许可证的 IBM 已经加强并扩展了 OpenView 的功能，以此形成了 IBM 自己的 NetView/6000 产品系列，该产品可以在很大程度上被视为 OpenView 的一种替代选择。

9.2　网络维护技术

9.2.1　网络维护概述

随着计算机技术逐渐应用于企(事)业单位的办公自动化、工业控制及生产管理等各个领域，大量繁杂的日常劳务减少了。计算机网络系统的建立，实现了内部信息共享、外部信息沟通，企业决策者能及时准确了解各部门的情况，及时协调各部门关系，从而实现更加高效的管理体制；通过决策支持系统统计、分析各种内外因素，能给决策者提供最佳的决策方案，获取更佳的经济效益；国际互联网的连接，能获取世界任一个角落的商业信息；电子商务将订单、发货报关、商检、银行结算合成一体，加速完成贸易的全过程，增强企业自身的发展能力。所以对计算机系统的定期维护、保持系统的稳定性对于企业来说举足轻重。由于计算机本身是一个科技含量高的产品，缺乏专门技术人员定期维护将导致计算机系统的瘫痪，从而使大量宝贵的数据丢失，甚至带来灾难性后果，给单位造成重大的经济损失。

网络维护工作的主要内容如下。

- 硬件测试、软件测试、系统测试、可靠性(含安全)测试。
- 网络状态监测和系统管理。
- 网络性能监测及认证测试(工程验收评测)。
- 网络故障诊断和排除、灾难恢复方案。
- 定期测试和文档备案，故障报告、参数登记、资料汇总统计分析等。
- 网络性能分析、预测。
- 故障预防、故障早期发现。
- 维护计划、手段以及实施效果的评测、改进和总结回顾，规章制度的制定。
- 选择合适的网络评测方法，综合可靠性和网络维护的目标评定。
- 人员培训、工具配备等。

网络维护工作的主要方法如下。

(1) 常规检测(监测)和专项检测(监测)。常规检测(监测)指一般性的定期测试，主要监测和分析网络的主要工作状态和性能是否符合要求；专项检测(监测)是指在处理故障时或在进行网络性能详细分析评测时进行的有针对性的专门测试、监测、检测项目。

(2) 定期维护和不定期维护。定期维护是指为了保证网络持续地正常工作，防止网络出现重大故障或重要性能下降而进行的定期、定内容的网络测试和维护工作，并定期监测反映网络基准状态的各项参数；在针对系统故障或出现异常时以及非重要参数的监测时实施的维护和监测工作则是不定期维护的重要内容。

(3) 事前维护和事后维护。事前维护是指预防性维护，包括定期维护、不定期维护和视情维护等内容；事后维护是指在完成修复系统、故障诊断等工作后进行的维护，包括系统升级、结构调整、应用调整和协议调整后的维护。

(4) 视情维护和定量(定期)维护。视情维护是指维护和检测的范围以及深度需根据网络的规模、历史、现状、当前需要和故障特点等确定的维护项目，它需要以良好的定期、定量维护为基础，主要是在怀疑系统存在问题、异常或故障征兆、定期维护未涉及或不便涉及的内容以及非定期检测的关键参数时实施；定期(定量)维护是相对固定的维护、测试、调整工作内容，目的是保持系统良好的工作状态，及时发现隐患和潜在重大故障。

(5) 分级维护。分级维护是指根据系统规模和层次(级别)的不同而分别安排的维护和测试工作。

9.2.2　网络常见故障

如果你经常接触网络或者本身就是网络管理员，一定会经常受到网络故障的困扰。网络和单机最大的不同就是其牵一发而动全身的特性，一台单机上的问题很可能映射到网络中的某个环节，甚至破坏全部网络的运转。能够引起网络故障的因素有多种，但总的来说可以简单地将它们分为硬件故障和软件故障两大类。下面简单介绍常见的硬件和软件故障种类。常见的硬件故障及其原因如表 9-1 所示。

表 9-1 硬件故障

故障种类	原　因
设备本身问题	网线的问题：网线接头制作不良；网线接头部位或中间线路部位有断线
	网卡本身的问题：网卡质量不良或有故障；网卡和主板 PCI 插槽没有插牢从而导致接触不良；网卡和网线的接口存在问题
	集线器本身的问题：集线器质量不良；集线器供电不良；集线器和网线的接口接触不良
	交换机的问题：交换机质量不良；交换机和网线接触不良；交换机供电不良
设备之间的问题	网卡和网卡之间发生中断请求和 I/O 地址冲突
	网卡和显卡之间发生中断请求和 I/O 地址冲突
	网卡和声卡之间发生中断请求和 I/O 地址冲突

以上硬件问题中出现最多的是网线制作方法不当或网线接头部位制作不良。

接下来了解一下软件安装或设置不当引起网络故障方面的情况，如表 9-2 所示。

表 9-2 软件故障

故障种类	原　因
设备驱动程序方面的问题	驱动程序和操作系统不兼容
	驱动程序之间有资源冲突
	驱动程序和主板 BIOS 程序不兼容
	设备驱动程序没有安装好引起设备不能正常工作
网络协议方面的问题	没有安装相关的网络协议
	网络协议和网卡绑定不当
	网络协议的具体设置不当
相关网络服务方面的问题	相关网络服务方面的问题主要指 Windows 操作系统中共享文件和打印机方面的服务，即要安装 Microsoft 文件和打印共享服务
网络用户方面的问题	在对等网中，只需使用系统默认的 Microsoft 登录即可，但是若要登录 Windows NT 域，就需要安装 Microsoft 网络用户
网络表示方面的问题	在 Windows 98、Windows 2000 和 Windows XP 中，甚至是在 Windows NT 或者 Windows 2000 的域中，如果没有正确设置用户计算机在网络中的网络标识，很可能会导致用户之间不能够相互访问
其他问题	这些问题和用户的设置无关，但和用户的某些操作有关，例如大量用户访问网络造成网络拥挤甚至阻塞，用户使用某些网络密集型程序造成网络阻塞

由软件设置引起的局域网不通的问题中，最常见的是 TCP/IP 协议中的 IP 地址设置不当导致的网络不通，其次是网络标识不当引起的相互之间无法访问。

9.2.3 网络故障排除的思路

引起网络不通的因素有很多种，很多人面对故障现象茫然无措，不知道问题出在哪里，这里修一通那里整一下，这样会在解决网络问题时浪费大量的时间和精力。要在解决网络问题时节约时间和精力，就需按照一定的思路和方法对故障原因进行一一排除，最后将故障原因准确定位，从而在解决网络问题时事半功倍。本节主要介绍如何按照科学的方法和思路排除网络故障。

具体排除思路是：先询问、观察故障时间和原因，然后动手检查硬件和软件设置，动手(观察和检查)时要遵循先外(网间连线)后内(单机内部)，先硬(硬件)后软(软件)。由于目前使用星型网络的情况最多，在此以星型网络为例介绍网络故障的排除思路。具体来说，排除网络故障时应该按照以下顺序进行。

1．询问

应该询问用户最后一次网络正常的时间，从上次正常到这次故障之间机器的硬件和软件都有过什么变化与进行过哪些操作，是否是用户的不当操作引起网络故障，然后根据这些信息快速地判断故障的可能位置。很多网络问题实际上和网络硬件本身没有什么关系，大多是由于网络用户对计算机进行误操作造成的。用户若安装了引起问题的软件、误删除了重要文件或改动了计算机的设置，这些都很可能引起网络故障，对于这些故障只需进行一些简单的设置或者恢复工作即可解决。如果网络中有硬件设备改动过，就需要检查改动过的硬件设备。例如，若网线被换过，就需要检查网线类型使用是否正确，PC 到 Hub 或交换机应使用直通线，而不是交叉线或反转线。

2．检查

上述询问工作完成后，就需要进行相关事项的检查，验证网络的物理设备是否工作正常。OSI 网络结构的七层分别是：应用层、表示层、会话层、传输层、网络层、数据链路层和物理层。数据的传送是从本机的应用层到物理层再到目的机的物理层，再到目的机的应用层。所以，排除故障应该先排除物理层的因素，也就是要先排除网线、网线接头、Hub 或交换机的物理故障因素。如果这些因素不排除，而先从网卡方面或协议设置上找原因，很有可能原来的故障没有解决，反而造成新的人为故障。

(1) 首先要检查共同的通道。例如，检查使用相同 Hub 或交换机的计算机网络是否正常。如果都不正常，则可能是 Hub 或交换机故障。如果其他都正常只有故障机不正常，则可先从正常机上拔下网线，给故障机使用，检查一下是否正常。如果正常，说明可能是故障机所连接的 Hub 或交换机口故障，但是这种可能性较小，很有可能是网线故障，如网线断裂，或者是 RJ-45 水晶头接触不良。这时可以使用万用表检测网线的连通性，如果网线不通，可以使用压线钳重新压紧水晶头或者剪掉原来的水晶头重新制作。如果网线正常，说明集线器或交换机的端口有问题。大多数的网络故障都是由物理层的故障引起的。

(2) 如果检查网络的物理层后没有发现问题，接下来就要进行网络数据链路层的检查。数据链路层涉及的设备有网卡和交换机。对于网卡，需要检查其工作状态与设置参数是否正常；对于交换机，如果经过设置，就需要验证交换机设置的正确性，因为极有可能是有人将交换机的设置做了错误的修改，使交换机的部分端口不能正常工作，从而导致网络出现故障。

提示： 每个网卡都有其确定的设置参数，容易出现问题的地方是网卡"中断请求"(IRQ)设置、基本 I/O 端口地址和存储器地址。如果这些方面出现差错，或与工作站及其他终端设备产生冲突，NIC 即使能工作，也无法连续工作。一般情况下，计算机有 16 个 IRQ 号，这些 IRQ 号要分配给不同设备，如表 9-3 所示。在设备发出中断请求时，设备可向处理器发出中断请求信号。I/O 端口地址是处理器和设备之间所有信息传输的通道。

表 9-3　IRQ 号与设备对应表

IRQ 号码	设备类型
00	系统计时器
01	键盘
02	可编程中断控制器
03	通信端口 2 或 4
04	通信端口 1 或 3
05	打印机端口 2(LPT2)或开放
06	软盘控制器
07	打印机端口 1(LPT1)
08	实时时钟
09	从 IRQ 重定向或开放
10	开放
11	开放
12	PS/2 标准端口或开放
13	算术协处理器
14	IDE 硬盘驱动器控制器
15	IDE 硬盘驱动器控制器或开放

(3) 如果检查了网络的数据链路层后没有发现问题，接下来需要检查网络层和传输层。

首先检查是否正确设置了 TCP/IP 协议，如 IP 地址、子网掩码、默认网关、DNS、WINS 设置等的正确性都需要验证，因为这些参数都极有可能被他人误修改。

验证网络协议是否被正确加载，这需要到 DOS 的 Command 窗口下输入"ping 127.0.0.1"命令，如果连通失败，则需要卸载 TCP/IP 协议然后重新安装并设置；如果返回正确的测试结果，如图 9-3 所示，则表明 TCP/IP 协议被正确加载。

接下来需要使用 ping 命令验证网关是否能连通。如果网关不能连通，则表明本地链路有故障；网关如果能连通，则需要进一步连通目的计算机的 IP 地址；如果连不通，则可能是目的计算机未开机或目的计算机链路方面有网络故障。

高等院校计算机教育系列教材

图 9-3　返回正确的测试结果

(4)　如果目的计算机能连通，但是网络应用层的程序却不能连通，则需要检查防火墙的参数设置与加载的设置是否正确，还需要检查相关网络应用程序的参数设置是否正确。

上述的故障排除方法也适用于交换机、路由器等网络硬件设备的故障排除，只是路由器级别的网络硬件设备故障排除需要涉及更多的故障排除方法与手段。但无论哪一方面网络故障的排除，都需要用户对网络基础知识进行全面正确的掌握，这将有助于正确快速地排除网络故障。

💡 **注意：** 由于 PCI 的设备都支持 PNP 功能，因此 PCI 设备可以自动检测没有使用的中断与地址，并为自己设置没有冲突的中断与地址，所以一般不会出现中断与地址的冲突。冲突往往发生在同时使用 PCI 与 ISA 设备的机器中，这时需要在 CMOS 中为 ISA 设备设置并保留其预设的中断与地址，然后让 PCI 设备检测并设置自己的中断与地址。当然也可以使用 ISA 设备自带的设置程序进行中断与地址的修改。

📑 **提示：** IP 地址 127.0.0.1 被规定为环路测试地址(Loop Back)，目标地址为 127.0.0.1 的包不会被送到本机上的网络设备，而是被送到本机的 Loop back driver 上去。此 IP 地址用来检测 TCP/IP 协议组是否正常工作。

9.2.4　常用测试命令

造成局域网发生故障的原因有很多种，但当局域网络发生故障时，为了尽快找到故障的根源，常常需要借助于一些测试命令。在此简单介绍一些 Windows 操作系统中内置的网络测试工具和命令。

1．ping

【用法】

```
ping[-t] [a] [-n count] [-I size] [-f] [-I TTL] [-v TOS] [-r count]
[-s count] [[-j host-list] | [-k host-list]] [-w timeout]
```

【参数】

-t——用当前主机不断向目的主机发送数据包。

-n count——指定连通的次数。

-I size——指定发送数据包的大小。

-w timeout——指定超时的时间间隔(单位为 ms,默认为 1000ms)。

这个命令用来检测一帧数据从本地传送到目的主机所需的时间。它通过发送一些小的数据包并接收应答信息来确定两台计算机之间的网络连接情况。当网络出现故障时,ping 是第一个用到的工具,它可以有效地检测网络故障。

如果执行 ping 不成功,则可以预测故障出现在以下方面:网线没有连通、网络适配器配置不正确、IP 地址不可用等。如果 ping 程序成功返回而网络仍无法使用,那么问题很可能出在网络系统的软件配置方面。ping 执行成功只能保证本地与目的主机存在一条连通的物理途径。

通常使用较多的参数是-t、-n 和-w。

【例 1】屏幕上输入命令:

```
E:\>ping www.263.net
```

使用 ping 命令后返回的结果:

```
pinging www.263.net[219.239.95.131]with 32 bytes of data:
Reply from 219.239.95.131:bytes=32 time=80ms TTL=241
Request timed out.
Reply from 219.239.95.131:bytes=32 time=70ms TTL=241
Reply from 219.239.95.131: bytes=32 time=70ms TTL=241
Ping statistics for 219.239.95.131:
Packets: Sent=4, Received=3, Lost=1(25% loss),
Approximate round trip times in milli-seconds:
Minimum=70ms, Maximum=80ms, Average=72ms
```

从上面的返回结果可以知道,向 www.263.net(其 IP 为 219.239.95.131)发送的 4 个大小为 32 字节的测试数据包中,有 3 个得到了服务器的正常响应(Reply from…),另一个响应超时(Request Timed Out)。平均每个数据包自发送到收到服务器响应的时间间隔为 72ms(最小为 70ms,最大为 80ms)。

这一结果显示,本机到 www.263.net 的网速较快(平均响应时间短),但是网络可能不太稳定(丢失了一个数据包)。

【例 2】ping 命令返回结果如下:

```
E:\>ping 202.112.89.118
pinging 202.112.89.118 with 32 bytes of data:
Request timed out.
Request timed out.
Request timed out.
Request timed out.
ping statistics for 202.112.89.118:
Packets: Sent=4, Received=0, Lost=4(100% loss),
Approximate round trip times in milli-seconds:
Minimum=0ms, Maximum=0ms, Average=0ms
```

上例中 4 个测试数据包均超时，说明本机很可能无法与 202.112.89.118 通信。

但是也存在例外情况，即连接不通但实际网络是连通的。这是因为 ping 命令是用来检测最基本的网络连接情况的，它使用的数据包为 TCP/IP 协议族最基本的 ICMP 包。不幸的是，某些操作系统(尤其是 Windows)存在缺陷，无法正常处理对方发送过来的大的 ICMP 包或者数量巨大的碎小的 ICMP 包，导致网络阻塞、瘫痪，甚至系统崩溃、死机。目前的网络防火墙所采用的一种简便方法是，对对方发来的 ICMP 包不作任何处理，直接抛弃。在连接装有这样防火墙的主机时，将被告知 Request Time Out，其实这并不是网络不通。

【例 3】命令如下：

```
E:\>ping noabcd.com
Unknown host noabcd .com.
```

这一结果显示域名 noabcd .com 不存在。

2．ipconfig

顾名思义，ipconfig 用于显示和修改 IP 协议的配置信息。它适用于 Windows 9x/NT/2000，但命令格式稍有不同。下面以 Windows 2000 为例简要介绍。

【用法】

```
ipconfig [/all |/release [adapter] |/renew [adapter]]
```

【参数】

/all——显示所有的配置信息。

/release——释放指定适配器的 IP。

/renew——更新指定适配器的 IP。

【例 4】用 ipconfig/renew 0 命令可以更新 0 号适配器的 IP。

【例 5】用 ipconfig/all 命令可以显示有关本地 IP 配置的详细信息，结果如下。

```
E:\> ipconfig/all
Windows 2000 IP Configuration
Host Nam..........: WhatEver
Primary DNS Suffix..........:
Node Type..........: Hybrid
IP Routing Enabled..........: No
WINS Proxy Enabled..........: No
Ethernet adapter 本地连接:
Connection-specific DNS
Suffix . :
Description..........: Realtek RTL8139/810X Family PCI
Fast Ethernet NIC Physical Address..........: 00-E0-4C-3A-28-E9
DHCP Enabled..........: No
IP Address..........: 162.105.81.179
Subnet Mask..........: 255.255.255.0
Default Gateway..........: 162.105.81.1
ONS Servers..........: 202.112.1.12
202.112.1.13
```

3．Tracert

【用法】

```
tracert[-d] [-h maximum_hops] [-j hostlist] [-w timeout]
```

【参数】

-d——不解析主机名。

-w timeout——设置超时时间(单位：ms)。

tracert 用于跟踪路径，可记录从本地至目的主机所经过的路径，以及到达时间。利用它，可以确切地知道究竟在本地到目的地之间的哪一个环节上发生了故障。

【例 6】命令如下：

```
E:\> tracert www.Yahoo.com
tracing route to www.yahoo.akadns.net[216.115.102.75]
Over a maximum of 30 hops:
1 <10ms   <10ms   <10ms   166.111.174.1
2 <10ms   <10ms   <10ms   166.111.1.73
3 *  *  *  Request timed out.
4 *  *  *  Request timed out.
5 ^  ^  *  Request timed out.
6 *  *  *  Request timed out.
7 *  *  ^C
E:\>
```

由上面的返回结果可知，本地路由器为 166.111.174.1，转发路由器为 166.111.1.73，166.111.1.73 拦截了本地到 www.yahoo.com 的国际流量。

4．netstat

【用法】

```
netstat [-a] [-e] [-n] [-s] [-p proto] [-r] [interval]
```

【参数】

-a——显示主机的所有连接和监听端口信息。

-e——显示以太网统计信息。

-n——以数据表格显示地址端口。

-p proto——显示特定协议的具体使用信息。

-r——显示本机路由表的内容。

-s——显示每个协议的使用状态(包括 TCP、UDP 和 IP)。

interval——刷新显示的时间间隔(单位：ms)。

netstat 程序可以帮助用户了解网络的整体使用情况。

【例 7】netstat -p TCP 表示查看 TCP 连接。netstat -a 表示查看所有信息。

9.2.5 故障实例及排除方法

前面介绍了网络故障的种类和原因，及排除网络故障的一般思路和常用工具。本节有针对性地介绍一些网络故障现象的分析和解决方法，从而使读者能够轻松排除常见的网络故障。

1. 组网过程中的常见故障

在组建局域网过程中，常常会遇到一些问题，如网卡安装不上、网络连接不通等，此时需要按照前面讲解的排除故障的思路对故障进行排除。下面简单介绍几种在组网过程中常会遇到的故障现象。

1) 网卡和其他设备冲突，导致不能正常工作

故障分析： 在组网过程中，安装到系统中的网卡不能正常工作，有时甚至不能启动计算机。出现这种故障一般是由于网卡的驱动程序没有安装好，导致网卡和系统中的其他设备发生中断冲突。这种现象最容易发生在一台安装了两块以上网卡的计算机上，而网卡又最容易和显卡、声卡、内置式调制解调器甚至是网卡发生资源冲突。当然这种现象也有可能是由于网卡和主板的插槽没有插牢，因接触不良使得网卡无法正常工作。还有一种可能就是网卡的驱动程序或者网卡坏了，这种情况不大可能发生，但也不是没有发生的可能性，所以别的故障原因都排除后再考虑这一因素。

解决方法： 首先将计算机中的其他板卡，如声卡、内置调制解调器等设备拔掉，只保留显卡和网卡，然后重新启动计算机。进入操作系统以后，首先安装网卡的驱动程序，然后再安装显卡的驱动程序，如果一切正常则说明网卡和显卡之间的冲突已经解决。一般情况下，先安装网卡驱动再安装其他板卡的驱动，就能够解决网卡和其他板卡的冲突问题。

如果问题解决不了，还有一个办法就是在 CMOS 的 PnP/PCI Configrations 页面中将 Resources Controlled By 选项的值由 Manual 改为 Auto，同时将系统中不存在的设备的设置值改为 Disabled(禁用)，此后重新安装网卡驱动程序，一般能解决设备冲突问题。

如果以上办法都不行，最后只剩下一种可能情况，就是网卡的驱动程序不良或者网卡本身有问题，此时建议更换网卡。验证办法是将此网卡安装到局域网另外一台计算机中查看能否正常工作，如果不行则证明网卡确实有问题，可以毫不犹豫地将其换掉。

2) 网络不通，看不到网上邻居，或者查看网络邻居时提示"无法访问网络"

故障分析： 一般出现这种故障的原因是网线不良或者没有插好；网卡安装不正确；网络属性没有设置好。

解决方法： 首先检查网线是否良好，接头是否安插到位。先检查网线的接触状况，主要检查网线和计算机网卡的接触情况以及网线和集线器接口的接触状况。

首先检查网线和计算机网卡的接触情况，然后检查网线和集线器接口的接触状况。如果接插部位接触良好，将网线拆下来检查网线的类型对不对，如果是双机跳接线，将其更换为直连线。

接下来具体检查网线的物理状况。网线是由一根线和两个水晶头组成的，网线的问题主要集中在水晶头上，可以按如下顺序进行检查。首先，检查水晶头的弹性。好的水晶头的防松卡弹性非常好，插入网卡插座时，能听到清脆的"咔哒"声。质量差的水晶头，其防松卡插进插座时声音很小或没有声音，插拔几次就失去弹性，插头与插座的间隙越来越大，接触性能变差，网线稍微一受力，就会出现网络时通时断的现象。其次，检查水晶头的压线片。网线是靠压线片与插座内的弹性金属丝的接触连通网卡的。使用时间较长或质

量较差的水晶头使用一段时间后，压线片会松弛，从水晶头上脱落，从而造成网络不通。另外制作网线时，由于制作粗心或水晶头质量太差，有时网线绝缘皮未能压在水晶头内。这种网线开始使用时一般不会出现问题，但时间长了，网线受力后可能会从水晶头内脱落造成网络不通。最后，检查网线通路，可以用电缆测试仪测试其连通状况，如果网线连通不良将其换掉，如果网线正常，就排除了网线方面的因素。

随后，进入操作系统检查网卡的安装状况。在此以 Windows 为例(风格为经典设置)，在桌面上右击"我的电脑"图标，在弹出的快捷菜单中选择"属性"命令，打开"系统属性"对话框，在"硬件"选项卡中单击"设备管理器"按钮，打开"设备管理器"窗口，如图 9-4 所示。在其中检查"网络适配器"选项前面是否有黄色的惊叹号，如果有惊叹号说明该设备没有安装好，如果没有惊叹号则说明该设备安装正确。

图9-4 检查"网络适配器"选项前面是否有黄色的惊叹号

如果网卡安装正确，接下来检查网络属性的设置情况。一般在局域网中需要给每台计算机设置一个确定的且各不相同的网络 IP 地址和网络标识。如果没有给计算机设置明确的 IP 地址和网络标识，会导致看不到网上邻居。具体检查步骤如下。

(1) 检查网络标识。在桌面上右击"我的电脑"图标，在弹出的快捷菜单中选择"属性"命令，打开"系统属性"对话框，切换到"计算机名"选项卡，如图 9-5 所示。

(2) 在"计算机名"选项卡中单击"更改"按钮，打开"计算机名称更改"对话框，如图 9-6 所示。在该对话框中查看计算机的网络标识，如果指定的域或者工作组名称正确，则完成确认工作。

(3) 检查网络 IP 地址的设置状况。在桌面上右击"网上邻居"图标，在弹出的快捷菜单中选择"属性"命令，打开"网络连接"窗口，右击"本地连接"选项，在弹出的菜单上选择"属性"命令，弹出"本地连接2属性"对话框，如图9-7所示。

(4) 在对话框中选择"Internet 协议(TCP/IP)"选项，然后单击"属性"按钮，打开"Internet 协议(TCP/IP)属性"对话框，如图9-8所示。在其中确认网络 IP 地址是否被正确设置，如果没有请将其正确设置。经过以上检查步骤，故障一般都能够排除。

图 9-5　"计算机名"选项卡

图 9-6　"计算机名称更改"对话框

图 9-7　"本地连接 2 属性"对话框

图 9-8　"Internet 协议(TCP/IP)属性"对话框

3)　用户无法登录到 Windows 2000 域中

故障分析：这种现象一般在新手组建局域网时经常出现，造成这种故障的原因有多种。例如用户在服务器中没有创建相应客户机的登录账户和密码；客户机没有加入到域环境中；网络连接不正常；服务器工作状况不良等。

解决方法：一般情况下，在局域网中创建域服务器后，一般都会给客户机创建相应的登录账户，也会将客户机加入到域环境中，所以出现此类故障时，前两种原因的可能性比较小，除非有人将客户机从"域"改动到"工作组"，或者将客户机的登录账号删除，否则不会由于前两种原因导致此故障的发生。但是为了保险起见，最好检查一下服务器和客户机的设置情况。

(1)　首先，检查网络的连接状况，查看网络连接是否正常。网络连接中最常见的问题是网线和集线器的连接断路，重点检查域控制器的网线和客户机的网线是否松动。

(2)　接下来检查服务器的工作状况。一般情况下，服务器出问题的概率不大，但是如果服务器出现故障，用户将无法登录到 Windows 2000 域中，所以要检查服务器是否关机、死机，是否有重要服务项目出错。可以使用事件查看器来检查服务器的工作状态。通过查看事件日志，系统管理员可以很方便地得知系统出现的问题以及可能的原因。要查看事件日志，需要先打开"事件查看器"窗口。首先在"控制面板"窗口中双击"管理工具"图标，打开"管理工具"窗口，然后双击"事件查看器"图标，打开"事件查看器"窗口，如图 9-9 所示。有关事件查看器的具体使用请参阅帮助。

图 9-9　"事件查看器"窗口

(3)　如果发现服务器端工作良好，接下来检查服务器上的用户账号、密码是否正常，客户机的账号是否被锁定。如果都正常，接下来检查客户机的 TCP/IP 设置状况，具体方法是使用 ipconfig 命令检查客户机端是否正确设置了要登录的域，是否安装了所需要的网络组件等。一般经过这些检查就能够将故障排除。

4)　用户登录时发生 IP 地址冲突现象

故障分析： 一般这种故障都是由于手动为局域网中的用户分配 IP 地址资源时发生重复导致的。

解决方法： 一般有两种方法可以解决这个问题。一种是将局域网中的 IP 地址重新进行规划，为所有的资源分配 IP 地址。但是这种方法的缺点是静态划分 IP 地址不能适应局域网中资源的动态变化，当局域网中设备增加时，还会引发冲突。另外一种解决方法是动态划分 IP 地址，在域控制器上架设 DHCP(动态主机配置协议)。DHCP 服务器可以为局域网中的各种设备动态分配 IP 地址，并对已经分配的地址进行保留，有效地避免了资源冲突。

2. 局域网使用过程中的常见故障

建成局域网以后，由于用户的误操作或者配置不当，有时也会出现与组建局域网相类似的故障。如果遇到此类故障，要按照上面介绍的方法排除。本节主要介绍一些在局域网使用过程中常出现的问题以及相应的解决方法。

1)　用户在网络上可以看到其他用户，但是却无法访问他们的共享资源

故障分析： 导致这种故障的原因通常是用户计算机网络连接属性中的文件和打印机共享服务没有安装；用户的资源共享设置不正确；网络连接有问题。

解决方法： 首先检查用户计算机网络连接属性中的文件和打印机共享服务有没有安装，方法如下。

（1）双击"控制面板"窗口中的"网络连接"图标，在打开的"网络连接"窗口中右击"本地连接"选项，在弹出的快捷菜单中选择"属性"命令，打开"本地连接 属性"对话框，如图 9-10 所示。

（2）在"本地连接 属性"对话框中查看有没有"Microsoft 网络的文件和打印机共享"选项，如果没有，说明此项服务没有安装，请将它安装上去，方法是：单击对话框中的"安装"按钮，在弹出的"选择网络组件类型"对话框中选择"服务"选项，如图 9-11 所示。

图 9-10　"本地连接 属性"对话框

图 9-11　"选择网络组件类型"对话框

（3）单击"添加"按钮，在弹出的"选择网络服务"对话框中选择"Microsoft 网络的文件和打印机共享服务"选项，单击"确定"按钮即可添加 Microsoft 文件和打印机共享服务。

（4）如果 Microsoft 文件和打印机共享服务已经安装好了，接下来查看是否所有的协议都绑定了 Microsoft 文件和打印机共享服务，方法是：双击"控制面板"窗口中的"网络连接"图标，在打开的"网络连接"窗口中选择"高级"→"高级设置"命令。

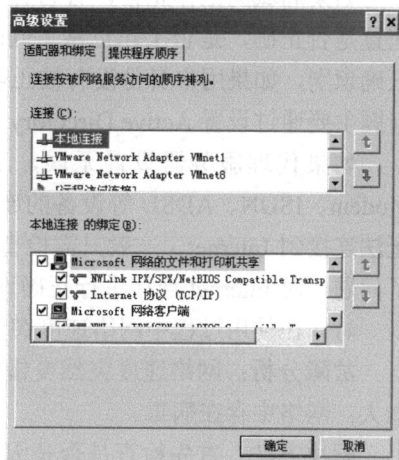

图 9-12　"高级设置"对话框

（5）在打开的"高级设置"对话框中查看网络连接，例如"本地连接"，如图 9-12 所示，在"本地连接 的绑定"列表中列出了与本地连接绑定的客户端程序、服务以及与客户端程序和服务绑定的各种通信协议，查看这些绑定项目的复选框有没有被选定，如果没有被选定，请将绑定项目前面的复选框选中。

最后检查网络连接有没有问题，可以按照上节讲解的方法检查。

2) 不能共享网络打印机

故障分析：不能共享网络打印机的原因大致为网络连接有问题；没有正确安装及设置文件和打印机共享服务；没有正确安装网络打印机驱动程序；网络管理权限的限制。

解决方法：首先检查用户端是否安装了网络打印机的驱动程序，方法是双击桌面上的"网上邻居"图标，在打开的"网上邻居"窗口中单击左侧的"打印机和传真"选项，然后在打开的"打印机和传真"窗口中检查有没有安装好的网络打印机。如果没有，安装网络打印机；如果安装好了，还要激活它，将它设置为"默认首选打印机"，方法是右击"网络打印机"选项，在弹出的快捷菜单中选择"设为默认打印机"命令。

如果打印机驱动程序安装及设置正常，接下来要检查有没有正确安装与配置文件和打印机共享服务。检查和安装方法参见上一故障的排除方法。

如果以上检查都没有发现问题，接下来检查网络连接状况，查看网络打印机是否打开，是否连接在网络上；打印服务器是否打开，工作是否正常。网络连线是否正常的检查方法参见前文内容。

这些情况都检查后，一般可以将故障排除。如果故障还得不到解决，还可以检查用户使用网络打印机的权限，如使用网络打印机的时段、能否访问及使用打印机的用户等情况。如果用户在非工作时间或者非使用权限时间来使用网络打印机，会造成无法共享网络打印机的"假故障"现象发生。

3) 无法连接到 Internet

故障分析：导致这种故障的原因有局域网的问题；代理服务器的问题；Internet 连接的问题。

解决方法：首先检查局域网是否连通，如果局域网没有连通，根本无法进行 Internet 连接共享。确认局域网是否连通，主要检查网线、网卡、集线器的连接状况，用户的 TCP/IP 协议配置状况，用户是否登录到域中等。如果由于局域网不通导致无法上网，在解决了局域网的连通问题后即可实现上网。

如果局域网工作正常，各台计算机相互连通正常，接下来检查局域网中的代理服务器配置是否正确，是否工作正常。同时还要检查局域网中的用户身份是否已经被代理服务器正确识别，如果用户身份没有被正确识别，用户无法通过代理服务器来共享 Internet。这些问题主要通过设置 Active Directory 和 DHCP 服务器进行解决。

如果代理服务器设置无误，工作正常，接下来要检查局域网的 Internet 连接，如 Modem、ISDN、ADSL 等设备的连接状况。如果这些连接出现问题，整个局域网的用户都无法连接到 Internet，一般只需检查是不是连接设置方面出了问题。如果是连接设置方面出了问题，对 Internet 连接进行正确设置。一般经过以上检查，可以将故障排除。

4) 在使用过程中网络速度突然变慢

故障分析：网络速度突然变慢的原因可能有网络中的设备出现故障；网络通信量突然加大；网络中存在病毒。

解决方法：首先检查是否是因为网络通信量的激增导致了网络阻塞，是否同时有很多用户在传输大量的数据，或者是网络中用户的某些程序在用户不经意的情况下发送了大量的广播数据到网络上。对于这种现象，只能尽量避免局域网中的用户同时或长时间地发送和接收大批量的数据，否则会造成局域网中的广播风暴，导致局域网出现阻塞。

如果上述现象没有发生，接下来需要检查网络中是否存在设备故障。设备故障造成局域网速度变慢主要有两种情况，一种是设备不能够正常工作，导致访问中断；另一种是设备出现故障后，由于得不到响应而不断向网络发送大量的请求数据，从而造成网络阻塞，甚至网络瘫痪。遇到这种情况，只有及时对故障设备进行维修或者更换，才能彻底解决故障根源。

提示： 一般来说，广播风暴通常是由有故障的网卡和集线器造成的，也可能是由整个 NetBEUI 网络上过多的广播信息引起的。为了诊断造成广播风暴的故障，需要利用协议分析仪来隔离检查这些设备，以便确定故障设备并且更换；如果采用内部路由器和可选路由协议，也可以减弱广播风暴带来的影响，因为路由器并不为广播信息选择路由。

如果网络设备工作正常，那么极有可能是病毒造成的网络速度下降，严重时甚至造成网络阻塞和瘫痪。例如计算机中的"蠕虫"病毒，受感染的计算机会通过网络发送大量数据，从而导致网络瘫痪。如果网络中存在病毒，请用专门的杀毒软件对网络中的计算机进行彻底杀毒。

以上简单介绍了一些比较典型的网络故障现象及其排除方法，目的是起到抛砖引玉的作用。具体到每一个不同的网络，其故障现象会多种多样，总的来说不外乎硬件故障和软件故障两大类。遇到问题时要冷静观察，具体问题具体分析，相信最终能够克服困难，排除故障，让网络重新运转起来。

思 考 题

1. 市场上有哪些常用的网络管理软件？请试着分析它们的特点。
2. 网络维护的内容与方法有哪些？
3. 局域网常见故障的排除思路是什么？
4. 故障排除的常用工具和命令如何使用？
5. 组网中的常见故障有哪些？如何解决？

第 10 章
网络系统集成案例分析

本章学习目标

网络方案的选择非常重要，一个好的方案不仅可以满足企业当前的应用需求，还可能在投资成本控制和满足未来发展需求方面提供足够的支持。本章介绍几种比较经典的有线局域网与无线局域网组建方案，每种方案中分别采用了国内外不同厂家的产品。通过本章的学习，读者应掌握以下内容。

- ➥ 不同类型网络的组网方案的特点与要求。
- ➥ 小型网络系统集成解决方案。
- ➥ 中型网络系统集成解决方案。
- ➥ 大型网络系统集成解决方案。

10.1　小型网络系统集成方案

小型网络一般指结点数在 254 个以内，可直接采用单段 C 类 IP 地址的网络。总的来说，这类局域网相对简单，网络设备的选择余地大。在有线局域网中，中小型企业网络中通常使用快速以太网和双绞线几亿位每秒以太网技术；在无线局域网中，通常使用 IEEE 802.11g 标准下的 WLAN 无线 AP+WLAN 无线网卡的方式连接。

在广域网连接方面，小型办公室网络通常是各种宽带直接(如光纤以太网连接、ADSL、Cable Modem)共享连接方式，如代理服务器共享方式、网关服务器共享方式，以及宽带路由器共享方式，基本上不使用边界路由器。而像有 100 个结点以上的小型局域网则需要更多的广域网连接应用，所以通常需要采用支持其他广域网连接(如 ISDN、X.25、FR 和 ATM 等)的专门边界路由器，应用和配置更加复杂。

本节以小型办公室局域网为例来讲解小型网络的组网方法。

10.1.1　小型网络方案的特点与要求

小型办公室局域网的网络规模通常在 50 个结点以内，是一种结构简单、应用较为单一的小型局域网。这种小型办公室网络方案的特点与要求主要体现在以下几个方面。

(1) 网络结构非常简单。这类企业网络通常是由少数几台交换机组成一个包括核心交换机和接入层交换机的双层网络结构，没有中间的分布层。有的还可能是一个没有层次结构的单交换机网络。

(2) 普通技术支持。在这类网络方案中，出于成本和实际应用需求考虑，不必刻意追求高新技术，只需采用当前最普通的双绞线千兆位核心服务器连接、百兆位到桌面的以太网接入技术即可。虽然现在的以太网技术可达 10Gbps，但具有这样高带宽设备的价格非常昂贵，且在这类企业网络中根本用不上。由于用户少和网络应用比较简单，所以在这类企业网络中，核心交换机只需要选择普通的 10/100Mbps 宽带以太网交换机即可。在网络规模扩大，需要用到千兆位连接时，原有的核心交换机可降为汇聚层或接入层使用；如果核心交换机支持双绞线千兆位，在网络规模扩大时，仍可作为核心层使用。

(3) 软件类设备较多。出于成本和应用需求考虑，对于那些价格昂贵又对网络应用影响不是很大的路由器和防火墙，通常采用软件类型。在因特网连接方面，通常采用软件网关和代理服务器，或者廉价的宽带路由器方案。当然有条件或有需求的企业也可以选择较低档的边界路由器方案，这类路由器可以支持更多的因特网接入方式。防火墙产品通常也是采用软件防火墙。打印机只是采用普通的串/并口打印机，通常不会选择昂贵的网络打印机。

(4) 需要充分考虑网络扩展。这类企业多数成长较快，通常只需一两年，网络规模和应用都将发生非常大的改变，所以在选择网络设备时要充分考虑网络的扩展。网络扩展方面的考虑主要体现在交换机端口和所支持的技术上。在端口方面，要留有一定量的余地，不要选择只满足当前网络结点数端口的交换机，如目前只有 50 个用户，则至少要使总的端口数在 60 个，甚至更多；在技术支持方面，最好选择支持千兆位以太网技术的交换机，至少有两个以上的双绞线千兆位以太网端口。

(5) 投资成本要尽可能低。由于这类企业自身的经济实力一般较差，所以在网络上的成本投资一般比较低。这就要求在进行方案设计时充分考虑方案投资成本，在满足企业网络应用和未来发展的前提下尽可能降低成本，使所选方案具有较高的性价比。

10.1.2 3COM 小型有线局域网络解决方案

1. 方案介绍

华为 3COM 是由我国著名的网络设备商华为公司和美国 3COM 公司共同组成的新公司，是国内最大的网络设备提供商。在本方案中，将主要采用华为产品构建网络，其拓扑结构如图 10-1 所示。

图 10-1 3COM 小型有线局域网络拓扑图

在小型办公室网络中，按照低成本的原则，可以选择 Quidway S3900 和 Quidway S2100-SI 两个系列的部分型号交换机进行组合。Quidway S3900 和 Quidway S2100-SI 两个系列交换机在华为公司的总体分类中都属于接入层层次，对于 50 个结点以内的网络规模，它们同样可以组成完整的网络层次，Quidway S3900 系列交换机位于核心层，Quidway S2100-SI 系列交换机位于接入层。

具体来讲，假设网络结点在 50 个左右，在本方案中则采用分层交换结构。首先选用 S3928TP-SI 型号交换机作为核心交换机，接入层交换机可用两台 S3924-SI 型号的交换机，总端口数为 74 个，保证有足够的冗余。核心交换机与两台接入交换机之间可通过普通的 10/100Mbps 端口级联，S3928TP-SI 交换机的一个 10/100/1000Mbps 端口可用于服务器连接，另一个端口用来冗余。

在小型办公室企业局域网中，通常对外网的连接没有太多要求，只要能共享上网即可。在本方案中，可采用宽带路由器共享上网的方式接入 Internet。综上所述，组建网络拓扑如图 10-1 所示。

2. 方案产品

Quidway S3900 系列智能弹性以太网交换机是华为 3COM 公司为设计和构建高弹性、

高智能网络需求而推出的新一代以太网交换机产品。系统采用华为 3COM 创新的 IRF (Intelligent Resilient Framework，智能弹性架构)技术，将多台分散的设备组成统一的交换矩阵(相当于 Cisco 的堆栈技术)，非常适合作为关注扩展性、可靠性、安全性和易管理性的办公网、业务网和驻地网的汇聚层和接入层交换机。

Quidway S2100-SI 系列包括 S2108-SI、S2116-SI、S2126-SI，分别提供 8 口、16 口、24 口三种规格的二层交换机。Quidway S2100-SI 系列交换机可分别提供 6.4Gbps、6.4Gbps、8.6Gbps 的总线带宽，为交换机所有的端口提供二层线速交换能力，保证所有端口无阻塞地进行报文转发；均支持最大 256 个 IEEE 802.1q VLAN 和 HGMP 集群管理，是为高性能且易于安装的网络环境设计的楼道级/桌面级二层线速以太网交换产口；具备在户外环境下正常工作的能力，适用于城域网 IP 接入和金融、院校、政府及其他企业工作组用户接入。而且，S2100-SI 系列交换机支持 Quidview 网管系统，也可以进行 CLI 命令行配置、HGMP 集群管理，使设备管理更方便。在本方案中，它可作为网络的接入层交换机。

3. 方案主要特点

华为 3COM 的 Quidway S3900 和 Quidway S2100-SI 两系列交换机都支持二层的 VLAN 技术和端口汇聚技术，如果是快速以太网端口，则可以支持最多 8 个端口的汇聚；如果是 10 亿位每秒以太网端口，最多只能支持 4 个端口的汇聚。除此之外，两系列都属于网管型交换机，支持端口镜像(即端口映射)技术，还可以多对一镜像。本方案虽未采用高技术含量的交换机型号，但技术也较丰富，可以满足企业相当长一段时间的发展需求。另外，这一方案的投资成本比较低廉，非常适合规模较小的公司。

10.1.3 小型无线局域网络解决方案

小型网络除了用有线以太网来部署外，还可以用纯 WLAN 无线网络进行部署。当前无线网络在校园网的建设中得到了广泛的应用，许多学校的校园网都部分采用无线网络方式。无线网络在校园网建设中有着许多有线网络所无法比拟的优势。首先，对于一些不方便布线的场所，采用无线方式可有效地解决布线方面的困难，如礼堂、操场和阅览室等。其次，大大节省了网络投资成本，布线是一项复杂的工程，其成本往往占总投资的 30%左右。当然这不仅是网线的成本，更重要的是人工布线成本。第三，大大方便了用户位置的灵活移动，当用户改变位置时，不用重新布线。

1. 方案简介

现在许多学校的多媒体教学系统，也采用无线方式，它同样具有以上三个方面的优势。本案例为某一多媒体教室设计无线网络。在一个教室中通常有 40～60 个座位，教室面积在 80m^2 左右。在这样一个空间中，一个基于 IEEE 802.11b/a/g 的 AP 都能有效覆盖，但这不适用于单 AP。因为在此种应用中，无线用户相对集中，况且各用户所进行的是需要高带宽的多媒体教学、听课。针对该实际情况，建议选择高速率的 IEEE 802.11a 或 IEEE 802.11b 标准方案，并且在一个教室中安排放置三个 AP，各 AP 分区域覆盖，其拓扑结构如图 10-2 所示。

图 10-2　多媒体教室无线网络拓扑结构

在这样一种应用方案中，发布多媒体教学内容的计算机可以在机房中，也可以在其他任何网络位置，并且以有线方式与交换机连接。交换机的端口数根据实际需要选择，但连接各 AP 的端口带宽最好在 10/100Mbps 以上。在多媒体教室中，教师讲解所用的计算机也最好通过有线方式直接与有线网络交换机的高带宽端口连接，以确保连接的稳定性和高带宽。多媒体教室中的用户划分为三个区域，各用一个 AP 覆盖，各自与有线网络的交换机连接。在配置时要注意这三个 AP 的所有信道不要重叠，例如可以采用 1、6、11 这三个信道。如果采用双绞线连接，注意单段双绞线的最大长度在 100m 以内，如果超过这个距离，则应采用多个交换机或集线器级联扩展。

因为多媒体教学需要较高的带宽，并且要求稳定性较高，所以在此方案中选用 802.11g+ 标准的无线网络方案，因为它们可以提供 108Mbps 的超高连接速率。将 50 个用户平均分为三个 AP 区域，则每个 AP 区域用户在 17 个左右，按总带宽 108Mbps 计算，平均每个用户有超过 6Mbps 的连接速率，即使按理论值的一半计算，也有 3Mbps 左右的带宽，足以满足多媒体教学的需求。

目前能全面提供 IEEE 802.11g+解决方案的厂商比较少，主要是一线厂商，如 3COM、Intel、D-LINK 等。在此采用 D-LINK 的 IEEE 802.11g+方案。

2．方案产品

D-LINK 公司的 IEEE 802.11g+系列产品是 D-LINK AirPlusXtremeGTM 系列，该系列的无线产品采用最先进的无线技术，应用了突发包、快速帧、压缩、加密和 Turbo 模式等新的无线提升处理技术，在完全由 D-LINK 108Mbps 系列产品构建的网络环境中可达到 108Mbps 的无线网络传输速率，为处理视频、音频流及视频点播等应用程序提供了足够大的带宽。

在本方案中，主要采用 D-LINK AirPlusXtremeGTM 系列中的 DWL-7100AP 无线访问

点与 DWL-G520 PCI 接口无线网卡。

DWL-7100AP 无线访问点可同时工作于 2.4GHz 和 5.8GHz 频率下，支持 IEEE 802.11b、IEEE 802.11a、IEEE 802.11g 无线标准。使用 DWL-7100AP，网络管理员可根据频段将用户分组，可以将 IEEE 802.11a 信道分配给那些需要访问公司机密数据、参加视频会议或连接到特殊部门的用户使用，将 IEEE 802.11b 和 IEEE 802.11g 信道分配给其他员工使用。这种用户分配方式能优化路由器的性能，为每一组用户带来最好的网络体验。它集成了 IEEE 802.11x 无线用户认证标准和 WPA，可以在传输时动态加密数据。

DWL-G520 是一款功能强大的 32 位 PCI 接口 WLAN 网卡，可快捷、方便地安装在对应的笔记本电脑或台式机上，当和其他 AirPlusXtremeGTM 产品一起使用时，可自动连接至网络。像其他 D-LINK 无线网卡一样，它可工作于特殊模式下，直接与其他 2.4GHz 无线计算机以点对点方式共享文件或工作于普通模式下，在办公室或家中连接无线访问点或路由器接入 Internet。它提供的配置工具可探测可用的无线网络并创建和保存这些常用的网络连接配置文件的详细信息。

3. 方案主要特点

该方案中的产品均可实现高达 108Mbps 的传输性能，相当于标准的 IEEE 802.11g 方案的两倍。同时，该方案比较注重网络的安全性，提供了比标准的 IEEE 802.11g 标准更高的安全要求。

10.2　中型网络系统集成方案

典型的中型企业网络解决方案是整体性的，既考虑了园区网建设，又注重广域互联及多种接入手段。在设计网络方案时，还需综合考虑网络安全、网络管理和网络优化等方面的问题。企业园区网建设本着模块化设计思想，将网络的易管理性、高安全性和高性能协调地统一起来。相对小型网络系统来说，中型网络系统结构和应用都更复杂，所选择的网络设备，特别是位于核心层和汇聚层的交换机和路由器设备在性能和可扩展性方面要求更高，所使用的技术也必将更多、更复杂。在中型网络系统中，网络结点数都超过一个 C 类专用 IP 地址段所支持的 254 个结点。

10.2.1　中型网络方案的特点与要求

500 个结点左右的中型企业网络现在非常普遍，特别是在制造业，一个营销部门就可能有上百个用户。当然这种规模的企业网络更多是以多个子网方式组合而成的。这种规模企业网络的主要特点如下。

1. 网络结构复杂

在这种中等规模的网络中，网络结构更复杂一些，在整个网络结构中，可分为核心层、分布层与接入层三层。从整个网络结构来看，变化不仅体现在结构层次上的复杂化，更体现在各层的交换机设备数量、端口类型和端口数更多(通常采用堆叠方式)。另外，链路冗余技术也被广泛应用。

2．用户分布广

在这样一个网络中，由于用户数多，且通常不是在同一楼层，甚至不在同一建筑物内分布，这就要求在各楼层或各建筑物之间采用高性能的远距离连接方式。另外，还可能要组成多个分支子网，如在大型集团公司网络中，网络中心位于公司总部，而下面的分公司各有自己的网络，将它们的网络当做整个公司网络的子网，与总部网络连接。网络设备多而高档。这类中型企业网络用户多，网络设备多，网络不仅要提供高性能、高安全性，还要提供全网设备的统一管理性。更重要的是，这类网络的核心层和骨干层交换设备通常采用模块化结构，并以堆叠方式连接，以进一步提高核心层和骨干层的交换性能。

3．高背板带宽和交换速率

网络规模大、应用复杂，所以核心层交换机需要高的背板带宽和交换速率。在小型企业网络中，核心层交换机通常只需具有 100Gbps 以内的背板带宽、20Mbps 左右的包转发速率即可。而在中型网络中，核心层交换机的背板带宽通常需要 200Gbps，包转发速率也都在 100Mbps 以上。

4．高密度千兆位端口

在这类网络中，核心层和分布层都需要 10 亿位每秒速率端口，特别是核心层。而且在核心层通常还需要有较多的光纤千兆位速率端口，甚至万兆位速率端口。这些高性能端口主要用于各类服务器、边界路由器和网络存储设备的连接，而不是像小型网络那样采用普通双绞线。

5．网络应用更复杂

在这种中等规模的网络中，核心层交换机的档次会更高，具有更加丰富和先进的交换机技术，如三层 VLAN、智能化管理、快速数据交换和多模块化结构等。其原因是这类网络中的具体网络应用通常较复杂，如大型的数据库系统、ERP 系统、MIS 系统和因特网应用服务器等，所以对网络带宽和交换机及吞吐性能要求较高。

6．可靠性和扩展性要求高

网络的可靠性相当重要。为了提高网络的可靠性，通常采取冗余连接，如汇聚层与骨干层的连接、骨干层与核心层交换机的连接，以及关键设备与核心层交换机的连接，通常都要求采用冗余连接方式。这样即使通信链路中某一交换机失效，它同样可以利用其他冗余链路进行正常通信。

在可扩展性方面，这种中型网络比中型网络要求更高，因为涉及的部门或分公司多，每个部门或分公司只要增加少数几个用户，整个网络就可能增加几十、上百个用户。在可扩展性方面，网络一般是通过交换机的模块化结构、级联和堆栈技术实现的。模块化结构可以使交换机增加和改变端口类型变得简捷，而级联技术主要用于扩展连接距离，当然也可以成倍增加交换机端口数。交换机堆栈技术使得交换机端口和背板总带宽得以成倍增加，从而提高了每个端口的实际可用带宽。当然堆栈也不是随意增加的，一般最多只是 9

台相同或者不同型号的交换机进行堆栈，而且不是所有型号的交换机都支持堆栈技术。

7．智能化要求高

由于网络规模较大，结构较复杂，网络设备多，如果没有良好的网络管理系统，管理员很难有效地管理这样一个庞大的网络。所以在这类网络中通常要求至少分布层以上的设备是可网管的，有的甚至需要所有设备都是可网管的。

10.2.2 锐捷中型网络解决方案

1．方案简介

假定现在要为一个有约 500 个用户的中型企业建设企业网络，该企业处于一个中型规模园区内。这种网络有一个比较明显的特点就是包括多个子网，如同一集团公司内部不同分公司的网络。这些网络尽管不在同一网段中，但是它们之间可能需要某种级别的互访，这时就要使用三层路由器或者中间结点路由器来连接办公大楼中心网络与各公司子网，或者园区集团公司总部网络与各分支公司网络。在各子网之间联系不是很紧密的情况下，可以选择中间结点路由器连接；如果各子网互访比较频繁，或者互访应用程序带宽需求较高，则建议选择三层交换机，它不仅可以为各子网进行宽带路由，还可提供高速的数据交换性能。基于上述考虑，可以为企业规划出网络拓扑图，如图 10-3 所示。整个网络分为核心层、分布层与接入层。网络产品采用国内网络设备生产厂家锐捷公司的不同系列的产品，如核心层可采用 RG-S6800 系列中的 RG-S6810，分布层采用 S3550 系列，接入层采用 STAR-S2100 系列。核心层由 RG-S6810 单交换机构成，服务器群直接接入核心层。为保证接入层有足够的接入能力，采用交换机级联或堆叠技术。

图 10-3　锐捷中型局域网络组网拓扑结构

2．方案产品

核心层采用的 RG-S6800 系列是全模块化、高密度端口的锐捷万兆核心路由交换机，目前提供 10 竖插槽设计和 6 横插槽设计两种主机——RG-S6810 和 RG-S6806，多种模块，可以根据用户的需求灵活配置，灵活构建弹性可扩展的网络。RG-S6800 系列交换机高达 512Gbps/256Gbps 的背板带宽和 286Mbps/143Mbps 的二/三层包转发速率可为用户提供高速无阻塞的交换，强大的交换路由功能、安全智能技术可同锐捷各系列交换机配合，为用户提供完整的端到端解决方案，是中型网络核心骨干交换机的理想选择。

全 10 亿位每秒智能多层交换机 S3550 系列为网络提供高性价比的多层交换解决方案，拥有多个 10 亿位每秒端口，提供高性能数据处理能力，具有丰富的 IP 组播传输特性，完善的管理策略可帮助管理带宽，保证语音、组播音视频服务及视频点播等关键任务的应用；同时它还具有丰富的安全管理策略，提供高安全接入控制和有效控制网络访问，可担任大型网络的汇聚层和中小型网络的核心层交换机。

STAR-S2100 系列是全线速可堆栈的安全智能交换机，在提供智能的流分类、完善的服务质量(QoS)和组播应用管理特性的同时，可以根据网络实际使用环境，实施灵活多样的安全控制策略，能有效防止和控制病毒传播和网络攻击，控制非法用户使用网络，保证合法用户合理使用网络资源，充分保障网络安全和网络合理化使用与运营。该系列可通过 SNMP、Telnet、Web 和 Console 口等多种配置方式提供丰富的管理方法，以极高的性价比为各类型网络提供完善的端到端的 QoS 服务质量、灵活丰富的安全策略管理和基于策略的网管，可最大化满足高速、安全、智能的企业网需求。

3. 方案主要特点

在这一网络方案中，除了接入层，核心层与分布层选用的交换机系列均支持三层路由，为所有子网的交换提供了极大的方便。核心层采用万兆交换机，最大程度满足了整个网络的交换能力。有了万兆核心、千兆汇聚、百兆接入，使得网络在速度上不存在瓶颈。该架构是一种较常规的组网形式，具有推广意义。

10.3　大型网络系统集成方案

10.3.1　大型网络方案的特点与要求

本节专门针对 1000 或 1000 个结点以上的大型企业局域网方案进行介绍。大型网络相对于中小型网络来说，同样具有非常明显的特点，在配置网络方案时要对这些特点充分考虑。具体特点如下。

1. 园区化分布

这类大型网络通常不是同一楼层或者少数一两栋楼可以承载的，而是分布在一个大型的园区中，如大型企业网络、大型校园网等。网络结构一般也是由核心层、骨干层、分布层和接入层四层组成。在这种网络中，不同建筑物之间可能相距较远，而且基本上都不会位于同一交换网中，而是以多个子网的方式连接，各子网、各办公大楼之间采用高性能、高可靠性的光纤进行连接，子网之间通过高性能的三层交换机进行连接。

2．高可靠网络配置

在这类大型网络系统中，核心交换机和路由器通常需要采用冗余配置，服务器群和下级交换机要同时连接冗余的核心交换机。另外这类网络通常分布较广，为了确保这些分散的子网、办公大楼之间连接的高可靠性，通常采用光纤千兆位连接方式。

3．高性能，全交换

为了确保上千个网络结点都能充分发挥自己的性能优势，要求各交换层有充分的可用带宽。在核心层通常采用光纤千兆位 GE 聚合，最高可实现 4Gbps 可用带宽，或者干脆采用最新的 10Gbps 技术。在骨干层、分布层通常是用光纤或双绞千兆位连接，对于需要高宽带的结点同样用 GE 链路聚合技术连接，双绞线 GE 可实现最高 8Gbps，而光纤 GE 同样可实现 4Gbps。一般工作站用户仍可以采用 10/100Mbps 连接，但会有大量需要千兆位连接的桌面用户。

4．三层以上交换

为了使路由器专注于处理广域网流量，核心层、骨干层甚至分布层通常都需采用专用芯片的三层或三层以上的线速交换机。核心交换机和路由器要求具有更高的数据处理能力和扩展能力。

5．高扩展性

这类大型网络的可扩展性要求非常高，因为在短时间内可能会添加大量的结点。这种网络的扩展性可以通过如下方式保障：核心层通常采用多插槽的机箱式结构，这样可以安装许多种模块和提供更多的各种接口；在骨干层通常采用模块化结构的交换机；在分布层和接入层通常采用堆叠方式，一方面可以提高每个端口实际可用的带宽，另一方面为可扩展性提供了保障。

6．多广域网业务支持

这样一种大型网络的广域网应用会非常复杂和多样，所以要求核心边缘路由器支持多种广域网链路，如 DDN、FR、ISDN、ATM、DPT 等；支持数据、语音、视频多业务集成；支持广域网链路备份；支持丰富的带宽优化技术，如 QoS，按需拨号、按需带宽和链路压缩等方法能降低链路费用，保护关键及实时业务等。

10.3.2　Cisco 大型局域网方案

1．方案概述

本 Cisco 大型局域网方案的网络拓扑结构参见图 10-4。

在这一结构中，在中心网络部署两台核心层交换机，用来连接中心服务器和各大楼或各子网的核心交换机，并且是 GE 链路聚合或者 10Gbps 高性能连接。在各大楼或子网核心层交换机与中心网络核心层交换机之间采用冗余链路，以提高网络核心层的可用性。各大楼或子网的核心交换层与下面的分布层，以及分布层与接入层交换机的连接均采用千兆位连接，可根据需要选择光纤或者双绞线传输介质，也可以选择使用 GE 链路聚合技术，以进一步提高传输性能。

图 10-4   Cisco 大型局域网络拓扑图

目前在 Cisco 公司中，用于企业局域网的最新交换机系统是 Cisco Catalyst 6500 系列。核心层采用同时支持第二、三和四层的电信企业级 Cisco Catalyst 6500 系列核心交换机，根据不同网络规模和应用需求，可以有 3 槽、6 槽、9 槽和 13 槽的机箱硬件和性能配置选择；骨干层根据不同的网络规模和应用需求，可选用支持二、三和四级的 Catalyst 4900 系列交换机的不同型号，如 Cisco Catalyst 4948；分布层可选用运行第二、三层的 Catalyst 3750 系列中的 Catalyst 3750G-24TS 或 Catalyst 3750G-24T 型号交换机；接入层可选择二层的 Cisco Catalyst Express 500 系列交换机。

在本方案中，核心层和骨干层均采用机箱结构的模块化交换机，分布层和接入层交换机支持堆叠，不仅可扩展性能得到高度保障，而且各种类型的复杂应用均可以通过它们所提供的各种类型、用途和带宽的端口实现。

2．方案产品

Cisco Catalyst 6500 系列交换机含有多种集成式服务模块，包括网络安全性、内容交换、语音和网络分析模块，能够提供安全的端到端融合网络服务，其使用范围从布线室到核心，再到数据中心和广域网边缘。Cisco Catalyst 6500 系列能够通过多种机箱配置和 LAN/WAN/MAN 接口提供可扩展的性能和端口密度，因而能帮助企业和电信运营商降低总体拥有成本。

在所有的 Cisco Catalyst 6500 系列机箱中，采用了拥有通用模块组和操作系统软件的前瞻性架构，提供了高水平的运营一致性，可以优化 IT 基础设施，增加投资回报。从 48～576 个 10/100/1000Mbps 端口或 1152 个 10/100Mbps 端口的以太网布线室，到支持 192 条 1Gbps 或 32 个 10Gbps 中继线的每秒数亿转发速率的网络核心，Cisco Catalyst 6500 系列交换机利用冗余路由和转发引擎间的状态化故障转换功能，提供了理想的平台功能，大幅度延长了网络正常运营时间。

Cisco Catalyst 4948 是一款线速、低延迟、第二到四层、1 机架单元(1RU)的固定配置交换机，可提供进行了优化设计的服务器集群机架的交换。Cisco Catalyst 4948 以成熟的 Cisco Catalyst 4500 系列硬件和软件架构为基础，为高性能服务器和工作站的低密度、多层汇聚提供了出色的性能和高可靠性。

Cisco Catalyst 3750 系列交换机采用了最新的思科 Stack Wise 技术，不但实现了高达 32Gbps 的堆叠互联，还从物理和逻辑上使若干独立交换机在堆叠时集成在一起，便于用户建立一个统一、高度灵活的交换系统，就好像一整台交换机一样，代表了堆叠式交换机新的工业技术水平和标准。它可以通过提供配置灵活性支持融合网络模式，自动配置智能化网络服务，降低融合应用的部署难度，以适应不断变化的业务需求。此外 Cisco Catalyst 3750 系列交换机针对高密度千兆位以太网部署进行了专门的优化，其中包含多种可以满足接入、汇聚或者小型网络骨干网连接需求的交换机。

Cisco Catalyst Express 500 系列交换机可为员工数量不超过 250 名的企业提供智能、简单和安全的联网功能，这为第二层可管理快速以太网和千兆位以太网系列交换机提供了无阻塞的线速功能，以及一个针对数据、无线和 IP 通信进行了优化的安全网络平台。

3. 方案的主要特性和优势

本方案的一个重要特点就是可扩展性能非常好，核心层和骨干层均采用了电信级的机箱式模块化结构交换机，每个交换机都可以提供几百个端口；在分布层和接入层，可以通过最多 8 台设备的堆叠进一步提高网络的可扩展性和网络性能。另外，该方案的核心层 Cisco Catalyst 6500 系列和骨干层 Cisco Catalyst 4500 系列交换机都提供了 10Gbps 以太网的支持，而且 Cisco Catalyst 6500 系列提供了几十个这样的高带宽端口，完全满足了高带宽连接需求。

与所有其他网络一样，该网络的主要特性和优势主要体现在核心层设备上，所以下面着重介绍本方案中核心交换机的主要特性和优势。

(1) 极高的可靠性。Cisco Catalyst 6500 系列交换机提供数据包丢失保护，能够从网络故障中快速恢复数据；利用平台、电源、控制引擎、交换矩阵和集成网络服务冗余性，提供 1～3 秒的状态故障切换，提供应用和服务连续性统一在一起的融合网络环境，减少关键业务数据和服务的中断。

(2) 极高的扩展性能。Cisco Catalyst 6500 系列交换机的机箱有 3 槽、6 槽、9 槽和 13 槽，提供了多种端口和模块密度配置。每台设备可提供 576 个支持语音的、具有在线电源的 10/100/1000Mbps 铜线接口，192 个 GBIC 千兆位以太网接口，32 个万兆位以太网接口和高密度的 OC-3POS 接口的通道化的 OC-48 接口。

(3) 操作一致性。Cisco Catalyst 6500 系列交换机的 3 槽、6 槽、9 槽和 13 槽机箱配置使用相同的模块，可部署在布线室、数据中心和广域网边缘。用户还可以自行选择所有控制引擎上支持的 Cisco IOS Software 和 Cisco Catalyst Operating System，确保顺利地从 Cisco Catalyst 5000 系列和 Cisco 7500 系列移植到 Cisco Catalyst 6500 系列。

(4) 能感知网络内容和网络应用的第二至七层交换服务。

- 集成式内容交换模块能够为 Cisco Catalyst 6500 系列交换机提供功能丰富的高性能服务器和防火墙网络负载平衡连接，以提高网络基础设施的安全性、可管理性和强大控制。

- 集成式数千兆位的 SSL 加速模块与 CSM 结合在一起，能提供高性能的电子商务解决方案。
- 基于网络的应用识别等软件特性，可提供增加网络管理和 QoS 控制机制。

(5) 丰富的第三层网络服务。对于核心层来说，对 OSI 第三层的支持是非常重要的，因为这类大型园区网络中肯定会存在多个子网。Cisco Catalyst 6500 系列交换机在第三层的支持方面主要有如下特性。

- 多协议第三层路由支持满足了传统的网络要求，能够为企业网络提供平滑的过滤机制。
- 硬件支持从企业级到电信运营商级的大规模路由表。
- 硬件支持 IPv6，并提供高性能的 IPv6 服务。
- 在硬件中提供 MPLS 及 MPLS/VPN 支持，可应用在高速电信运营商的网络核心和城域以太网，并提供丰富的 MPLS 服务。

(6) 增加的数据、语音和视频服务。在大型网络中，对语音、视频服务的支持也是必不可少的，这也是一些大型网络的主要应用。在 Cisco Catalyst 6500 系列交换机中，提供了全面的技术和服务支持，具体如下。

- 在所有 Cisco Catalyst 6500 系列平台上提供集成式 IP 通信。
- 提供高密度的 T1/E1 和 FXS 的 VoIP 语音网关接口，并通过公共电话网(PSTN)、传统的电话、传真和 PBX 连接来提供 VoIP 服务。
- 支持高性能的 IP 组播视频和音频应用。

(7) 全面的网络安全性。不需要部署外部设备，直接在 Cisco Catalyst 6500 机箱内部署集成式的千兆位网络服务模块，以简化网络管理，降低网络的总体成本。这些网络服务模块如下。

- 数千兆位防火墙模块：提供接入保护。
- 高性能入侵检测系统(IDS)模块：提供入侵检测保护。
- 千兆位网络分析模块：提供可管理性更高的基础设施和全面的远程超级支持。
- 高性能 SSL 模块：提供安全的高性能电子商务流量终结。
- 千兆位 VPN 和基于标准的 IP Security 模块：具有低的因特网和内部专网的连接成本。

(8) 高速广域网接口和城域网服务。Cisco Catalyst 6500 系列交换机虽然主要用于局域网，但它同样提供了广泛的广域网技术支持，其实也相当于是广域网交换机，因为它可同时用于广域网接入。它所提供的高速广域网接口有 ATM、SONET 等。

在城域网服务方面，Cisco Catalyst 6500 系列交换机所支持的 IEEE 802.1Q 和 IEEE 802.1Q 隧道(QinQ)提供点到点和点到多点的以太网服务；EoMPLS 功能提供了 VLAN 的透传功能，可大幅提升 MPLS 骨干网中的以太网服务扩展能力；通过在第二层和第三层 QoS 功能中提供速率限制和流量整形，可在城域以太网中提供分级的带宽服务；增加的生成树协议、链路聚合功能提供了网络超高的可用性。

(9) 卓越的服务集成和灵活性。Cisco Catalyst 6500 系列交换机将安全和内容等高级服务与融合网络集成在一起,提供从 10/100Mbps 和 10/100/1000Mbps 以太网到万兆位以太网,从 DS0 到 OC-48 和各种接口和密度,并能够在任何部署项目中端到端地执行。

思 考 题

1. 试述大、中、小型网络各自的需求特点。

2. 尝试为一目标单位设计一个完整的网络集成方案,并按第 1 章所述网络设计流程完整地规划与记录设计内容。

附录A 参考实验

实验1 双绞线的制作

实验目的

(1) 认识双绞线。

(2) 学会双绞线的制作方法。

实验设备

双绞线、RJ-45水晶头、压线钳、测线器、测试用的计算机与网络设备等。

实验原理

双绞线是局域网中最常见的连线。双绞线制作是网络学习者应掌握的一项基本功。双绞线内8条细线的排列顺序遵循一定的规则。有两种国际标准: T568A(橙白—橙—绿白—蓝—蓝白—绿—棕白—棕)与T568B(绿白—绿—橙白—蓝—蓝白—橙—棕白—棕)。双绞线内的8根细线在两端RJ-45插头内的排列顺序(色谱)一致,都按T568A或都按T568B排列,叫做直通线。反之,排列顺序不一致,一端为T568A,另一端为T568B,叫做交叉线。直通线用于不同设备相连,如交换机与计算机之间;而交叉线用于相同设备连接,如计算机与计算机直接相连。

实验内容

制作一根T568B直通线。T568B标准排序及功能如表A-1所示。

表A-1 T568B标准排序及功能表

编 号	颜 色	功 能
1	橙色/白色	发送+
2	橙色	发送-
3	绿色/白色	接收+
4	蓝色	保留
5	蓝色/白色	保留
6	绿色	接收-
7	棕色/白色	保留
8	棕色	保留

实验步骤

步骤1: 准备好5类线、RJ-45插头和一把专用的压线钳,如图A-1所示。

步骤2: 用压线钳的剥线刀口将5类线的外保护套管划开(不要将里面双绞线的绝缘层划破),刀口距5类线的端头至少2cm,如图A-2所示。

图A-1　步骤1

图A-2　步骤2

步骤3: 将划开的外保护套管剥去(旋转、向外抽),如图A-3所示。

步骤4: 露出5类线电缆中的4对双绞线,如图A-4所示。

图A-3　步骤3

图A-4　步骤4

步骤5: 按照 EIA/TIA-568B 标准和导线颜色将导线按规定的序号排好,如图 A-5 所示。

步骤6: 将8根导线整齐地平行排列,导线间不留空隙,如图A-6所示。

图A-5　步骤5

图A-6　步骤6

步骤7: 准备用压线钳的剪线刀口将8根导线剪断,如图A-7所示。

步骤8: 剪断电缆线,一定要剪整齐。剥开的导线长度不可太短(10~12mm),可以先留长一些。不要剥开每根导线的绝缘外层,如图A-8所示。

图 A-7　步骤 7

图 A-8　步骤 8

步骤 9：将剪断的电缆线放入 RJ-45 插头试试长短(插到底)，电缆线的外保护层应能在 RJ-45 插头内的凹陷处被压实。反复进行调整，如图 A-9 所示。

步骤 10：在确认一切都正确后(不要将导线的顺序排列反了)，将 RJ-45 插头放入压线钳的压头槽内，准备最后的压实，如图 A-10 所示。

图 A-9　步骤 9

图 A-10　步骤 10

步骤 11：双手紧握压线钳的手柄，用力压紧，如图 A-11 所示。请注意，在这一步骤完成后，插头的 8 个针脚接触点就穿过导线的绝缘外层，分别和 8 根导线紧紧地压接在一起。

(a)

(b)

图 A-11　步骤 11

步骤 12：双绞线制作完成，如图 A-12 所示。

步骤 13：用测线仪测试双绞线是否符合要求。

最后，利用实验室中网络设备及制作的双绞线，组建一个简单的以太网。实现网络拓扑结构如图 A-13 所示(注意连接方法)。

图 A-12　步骤 12

图 A-13　网络拓扑图

实验要求

(1)　预习双绞线的基础知识。

(2)　记录实验数据，写出实验报告。

实验 2　虚拟局域网 VLAN 的设置

实验目的

掌握虚拟局域网 VLAN 的配置方法。

实验设备

二层交换机(2 台)、主机(4 台)、直连线(5 条)。

实验原理

VLAN(Virtual Local Area Network，虚拟局域网)是一种将局域网内的设备逻辑地而不是物理地划分成一个个网段的技术。VLAN 最大的特性是不受物理位置的限制，能够在逻辑分组、限制广播和保证效率之间达到较佳的平衡。VLAN 具备了一个物理网段所具备的特性。同一 VLAN 内的主机可以互相直接访问，不同 VLAN 间的主机互相访问必须经由路由设备进行转发。广播数据包只可以在本 VLAN 内进行传播，不能传输到其他 VLAN 中。对 VLAN 进行划分一般有三类规则：基于端口、基于 MAC 地址和基于 IP 地址。基于端口的划分方式是最常见、管理最方便的一种方式。

实验内容

本实验使用锐捷 S2126G 交换机实现基于端口的 VLAN 的划分，要求实验者用两台 S2126 连接作为交换设备，添加至少四台计算机连入交换机，如图 A-14 所示。首先设置各计算机的 IP 地址与子网掩码使其位于同一子网内，并测试连接情况。连通后，设置 VLAN。设置 PCA 与 PCC 所连接的端口为 VLAN10，设置 PCB、PCD 所连接的端口为 VLAN20。然后设置两交换机相连的端口模式为 Trunk(端口聚合模式)，再次测试各计算机之间的连通性。

图 A-14　VLAN 实验拓扑

实验步骤

步骤 1：按如图 A-14 所示连接网络设备。

步骤 2：为 PCA、PCB、PCC、PCD 分配 IP 地址，使之属于同一子网，测试连通性，并分析通与不通的原因。

PCA 的 IP：192.168.0.1，子网掩码：255.255.255.0。

PCB 的 IP：192.168.0.2，子网掩码：255.255.255.0。

PCC 的 IP：192.168.0.3，子网掩码：255.255.255.0。

PCD 的 IP：192.168.0.4，子网掩码：255.255.255.0。

步骤 3：创建 VLAN。

在 SwitchA 上创建 VLAN10 和 VLAN20：

```
switchA#configure terminal
switchA (config)#vlan 10                    !创建 VLAN(查看 VLAN)
switchA (config-vlan)#name test10           !为 VLAN 命名
switchA (config-vlan)#exit                  !退出 VLAN 设置模式
switchA (config)#vlan 20
switchA (config-vlan)#name test20
switchA (config-vlan)#exit
```

验证测试：

```
SwitchA#show vlan                           !查看已配置的 VLAN 信息
```

同样的方法，在 SwitchB 上创建 VLAN10 和 VLAN20。

步骤 4：将接口分配到 VLAN。

```
SwitchA#configure terminal
SwitchA (config)#interface fastethernet 0/5         !进入端口配置模式
SwitchA (config-if)#switchport access vlan 10        !将端口划分到 VLAN 中
SwitchA (config-if)#exit
SwitchA (config)#interface fastethernet 0/15
SwitchA (config-if)#switchport access vlan 20
SwitchA (config-if)#exit
```

同样的方法，在 SwitchB 上将接口分配到 VLAN。

步骤 5：把交换机 SwitchA 与交换机 SwitchB 相连的端口(假设为 0/24 端口)定义为 Trunk 模式。

```
SwithA(config)#interface fastethernet0/24
SwithA(config-if)#switchport mode trunk                    !设置端口为 Trunk 模式
```

注：当交换机与交换机相连时，常将交换机之间连接的链路设置为 Trunk 链路，用来确保连接不同交换机的链路可以传递多个 VLAN 的信息。

验证测试：验证 fastethernet0/24 已被设置为 Trunk 模式。

```
SwithA(config)#show interfaces fastethernet0/24 switchport
```

在交换机 SwithB 上做同样设置。

步骤 6：查看设备配置情况。

```
SwitchA#show vlan
SwitchA#show running-config          !查看设备的全部配置情况
```

步骤 7：验证 PCA 与 PCC、PCB 与 PCD 能互相通信，而 PCA 与 PCB、PCC 与 PCD 不能相互通信。如：

```
C:\>ping 192.168.0.3                 !在 PCA 的命令行方式下验证能 ping 通 PC3
```

其他类似。

实验要求

(1) 提前预习 VLAN 知识。

(2) 详细记录实验数据，并将数据与分析结果写入实验报告。

实验 3　快速生成树协议配置

实验目的

理解快速生成树协议 RSTP 的原理及配置。

实验设备

二层交换机(2 台)、主机(2 台)、直连线(4 条)。

实验原理

生成树协议(Spanning-tree)的作用是在交换网络中提供冗余备份链路，并且解决交换网络中的环路问题。生成树协议是利用 SPA 算法(生成树算法)，在存在交换环路的网络中生成一个没有环路的树形网络。运用该算法将交换网络冗余的备份链路在逻辑上断开，当主要链路出现故障时，能够自动地切换到备份链路，保证数据的正常转发。生成树协议目前常见的版本有 STP(生成树协议 IEEE 802.1d)、RSTP(快速生成树协议 IEEE 802.1w)和MSTP(多生成树协议 IEEE 802.1s)。

生成树协议的特点是收敛时间长。当主要链路出现故障，切换到备份链路需要 50 秒的时间。快速生成树协议(RSTP)在生成树协议的基础上增加了两种端口角色——替换端口(Alternate Port)和备份端口(Backup Port)，分别作为根端口(Root Port)和指定端口(Designated

Port)的冗余端口。当根端口出现故障时，冗余端口不需要经过 50 秒的收敛时间，可以直接切换到替换端口或备份端口，从而实现 RSTP 协议小于 1 秒的快速收敛。

实验内容

为了提高网络的可靠性，用两条链路将交换机互连，同时在交换机上做快速生成树协议配置，使网络避免环路。本实验以两台 S2126 交换机为例，两台交换机分别命名为 SwitchA 和 SwitchB。PC1 和 PC2 在同一网段，假设 IP 地址分别为 192.168.0.137、192.168.0.136，网络掩码为 255.255.255.0。实验拓扑如图 A-15 所示。

图 A-15 快速生成树实验拓扑

实验步骤

步骤 1：对交换机进行基本配置。

```
Switch#configure terminal
Switch(config)#hostname SwitchA
SwitchA(config)#vlan 10
SwitchA(config)#interface fastethernet0/3
SwitchA(config-if)#switchport access vlan 10
SwitchA(config-if)#exit
SwitchA(config)#interface range fastethernet 0/1-2
SwitchA(config-if-range)#switchport mode trunk
```

SwitchB 与 SwitchA 配置相同。

步骤 2：配置快速生成树协议。

```
SwitchA# configure terminal
SwitchA(config)#spanning-tree
SwitchA(config)#spanning-tree mode rstp
```

验证测试：

```
SwitchA#show spanning-tree                    !验证快速生成树协议已经开启
```

SwitchB 与 SwitchA 的操作相同。

步骤 3：设置交换机的优先级，指定 SwitchA 为根交换机。

```
SwitchA(config)#spanning-tree priority 4096    !设置交换机优先级为 4096
```

验证测试：

```
SwitchA#show spanning-tree                    !验证 SwitchA 的优先级
```

SwitchB 与 SwitchA 的操作相同。

步骤 4： 按图 A-15 所示实验拓扑连接网络设备，并配置 PC1、PC2 的 IP 地址、子网掩码。

步骤 5： 验证测试。

(1) 验证交换机 SwitchB 的端口 1 和端口 2 的状态。

```
SwitchB#show spanning-tree interface fastethernet 0/1
SwitchB#show spanning-tree interface fastethernet 0/2
```

(2) 如果 SwitchA 与 SwitchB 的端口 F0/1 之间的链路断掉，验证交换机 SwitchB 的端口 2 状态，并观察状态转换时间。

```
SwitchB#show spanning-tree interface fastethernet 0/2
```

(3) 如果 SwitchA 与 SwitchB 之间的一条链路断掉(如拔掉网线)，验证计算机 PC1 与 PC2 仍能互相连通，并观察连通时的丢包情况。

PC1 上：

```
ping 192.168.0.136              !观察连通性
```

PC2 上：

```
ping 192.168.0.136 -t           !观察丢包情况
```

实验要求

(1) 按照拓扑图连接网络时注意，两台交换机都配置快速生成树协议后，再将两台交换机连接起来。如果先连线再配置会造成广播风暴，影响交换机的正常工作。

(2) 详细记录实验数据，并将数据与分析结果写入实验报告。

实验 4 三层交换机设置

实验目的

配置三层交换机的三层功能，实现路由作用。

实验设备

三层交换机(1 台)、主机(2 台)、直连线(2 条)。

实验原理

三层交换机是在二层交换机的基础上实现三层的路由功能。三层交换机基于"一次路由，多次交换"的特性，在局域网环境的转发性能远远高于路由器。三层交换机同时具备二层的功能，能够和二层交换机进行数据转发。三层交换机的以太网接口比一般的路由器多很多，更加适合多个局域网段之间的互联。

三层交换机的所有端口在默认情况下都属于二层端口，不具备路由功能。不能给物理端口直接配置 IP 地址，但可以开启物理端口的三层路由功能。

三层交换机默认开启路由功能，可利用 ip routing 命令进行控制。

实验内容

本实验完成的是开启三层交换机物理端口的路由功能，使其完成不同网段数据的转发。按图 A-16 所示连接设备，三层交换机采用锐捷 S3550，PCA 与 PCB 分别连接到三层交换机的两端口(F0/5，F0/15)上，连接线为直连双绞线。两台 PC 分别配置 IP 地址与子网掩码，使其不属于同一网段。用 ping 命令测试二者的连通性。开启三层交换机及其端口的三层功能，为接口 F0/5、F0/15 配置 IP 地址与掩码，使 F0/5 与 PCA 属同一网段，F0/15 与 PCB 属同一网段。配置 PCA 的网关地址为 F0/5 地址，配置 PCB 的网关地址为 F0/15 地址。再测试各计算机的连通性。

图 A-16 三层交换机实验拓扑

实验步骤

步骤 1：连线并配置 PCA、PCB 的 IP 地址，如图 A-16 所示。

步骤 2：测试 PCA、PCB 的连通性，并分析原因。

步骤 3：开启三层交换机的路由功能。

```
switch#configure terminal
switch(config)#hostname s3550              !为交换机更改名称
s3550(config)#ip routing                   !开启三层交换机的路由功能
```

步骤 4：配置三层交换机端口的路由功能。

```
s3550(config)#interface fastethernet 0/5
s3550(config-if)#no switchport             !开启交换机端口路由功能
s3550(config-if)#ip address 192.168.5.1 255.255.255.0
                                           !为交换机端口配置IP地址
s3550(config-if)#no shutdown
s3550(config-if)#end
```

用同样方法为 F0/15 做相应配置。

验证测试：

```
s3550#show ip interface                    !查看端口信息
s3550#show interface f0/5
s3550#show ip route                        !查看交换机中的路由表信息
```

步骤 5: 配置 PCA、PCB 的网关地址,PCA 的网关地址为 F0/5 地址,PCB 的网关地址为 F0/15 地址。

步骤 6: 验证 PCA 与 PCB 的连通性,并分析原因。如:

```
C:\>ping 192.168.6.2          !在 PCA 的命令行方式下验证能否连通 PCB
```

实验要求

(1) 提前预习交换机知识。

(2) 实验中先连接线缆,再进行配置,注意连接线缆的接口编号。

(3) 详细记录实验数据,对通与不通的各种情况都要作分析,找出其原因,并将数据与分析结果写入实验报告。

实验 5   路由器连接局域网

实验目的

掌握路由器的基本设置,掌握计算机网关的作用及设置。

实验设备

路由器(1 台)、二层交换机(2 台)、主机(4 台)、直连线(多条)。

实验原理

路由器是互联网络中必不可少的网络设备之一。路由器是一种连接多个网络或网段的网络设备,它能将不同网络或网段之间的数据信息进行"翻译",以使它们能够相互"读"懂对方的数据。路由器一般有两个以上的端口,每个端口连接到不同的网络,该端口的 IP 地址也往往成为该网络的网关地址。为了完成"路由"的工作,在路由器中保存着各种传输路径的相关数据——路由表(Routing Table),供路由选择时使用。路由表中保存着子网的标志信息、网上路由器的个数和下一个路由器的名字等内容。

实验内容

(1) 认识路由器的端口类型,了解路由器构造,熟悉路由器配置命令。

(2) 按图 A-17 所示组建网络。将四台计算机分别连入两台二层交换机组成局域网,然后将两个局域网用路由器进行连接。配置各计算机的 IP 地址信息,使 PCA、PCB 与 PCC、PCD 分别属于两个不同子网,在未配置路由器的情况下,测试 PC 间的连通性。配置路由器端口 IP,并使各 PC 的网关分别设置为自身所连接的路由器端口地址。再次测试 PC 间连通性。

图 A-17   路由器连接局域网实验拓扑

实验步骤

步骤 1：连线并配置 PCA、PCB、PCC、PCD 的 IP 地址、子网掩码，如图 A-17 所示。

设置 PCA 的 IP 地址为：10.65.1.1 255.255.0.0，网关：10.65.1.254。

设置 PCB 的 IP 地址为：10.65.1.2 255.255.0.0，网关：10.65.1.254。

设置 PCC 的 IP 地址为：10.66.1.1 255.255.0.0，网关：10.66.1.254。

设置 PCD 的 IP 地址为：10.66.1.2 255.255.0.0，网关：10.66.1.254。

步骤 2：测试 PC 间的连通性，并分析原因。

步骤 3：配置路由器端口。

```
Red-Giant#configure terminal
Red-Giant (config)#hostname Ra                        !为路由器更改名称
Ra (config)#interface fastethernet 1/0                !进入端口模式
Ra (config-if)#ip address 10.65.1.254 255.255.0.0     !配置端口的 IP 地址
Ra (config-if)#no shutdown
Ra (config-if)#exit

Rb (config)#interface fastethernet 1/1                !进入端口模式
Rb (config-if)#ip address 10.66.1.254 255.255.0.0     !配置端口的 IP 地址
Rb (config-if)#no shutdown
Rb (config-if)#exit
```

验证测试：

```
Ra #show ip interface           !查看端口 IP 信息
Ra #show interface f1/1         !查看端口信息
Ra #show ip route               !查看路由器中的路由表信息，并判断路由类型
```

步骤 4：设置各 PC 的网关。

设置 PCA、PCB 的网关：10.65.1.254(路由器 F1/0 端口 IP)。

设置 PCC、PCD 的网关：10.66.1.254(路由器 F1/1 端口 IP)。

步骤 5：验证 PCA 与 PCB、PCA 与 PCC 的连通性，要求从每个计算机用 ping 命令测试与其他 3 台机器的连接情况，并分析原因。如：

```
C:\>ping 10.65.1.2              ! 在 PCA 的命令行方式下验证能 ping 通 PCB
```

实验要求

(1)　实验中主机间通与不通的各种情况都要进行分析，找出其原因。

(2)　详细记录实验数据，并将数据与分析结果写入实验报告。

实验 6　静态路由实验

实验目的

掌握路由器中静态路由的设置方法，通过实验加深对路由表的认识。

实验设备

路由器(2台)、主机(2台)、直连线(2条)、V.35线缆(1条)。

实验原理

路由器可完成网络互联任务。路由器是根据路由表进行选路和转发的，而路由表就是由一条条的路由信息组成。路由表的产生方式一般有以下三种。

(1) 直连路由：给路由器接口配置一个IP地址，路由器自动产生本接口IP所在网段的路由信息。

(2) 静态路由：在简单的拓扑结构网络中，网管员通过手工的方式配置本路由器未知网段的路由信息，从而实现不同网段之间的连接。

(3) 动态路由：在大规模的网络中，或网络拓扑相对复杂的情况下，通过在路由器上运行动态路由协议，路由器之间互相学习产生路由信息。

实验内容

本实验中设置两台路由器，分别连接不同的局域网，两个路由器之间通过串行口连接，如图 A-18 所示。首先设置每个路由器的各个端口以及所连接局域网的计算机，使得一个局域网内部主机可以互相连通。然后，设置两个路由器相互连接的串行口，使得它们位于同一逻辑网内；在两个路由器上分别设置合理的静态路由，完成后测试各个局域网之间的连通情况。

图 A-18　静态路由实验拓扑

实验步骤

步骤 1：按图 A-18 所示的拓扑结构连接网络。

步骤 2：配置路由器 A、B 的各端口的 IP 地址，如图 A-18 中所示。

```
Red-Giant#configure terminal
Red-Giant (config)#hostname Ra                       !为路由器更改名称
Ra (config)#interface fastethernet 1/0               !进入端口模式
Ra (config-if)#ip address 192.168.10.1 255.255.255.0 !配置端口的IP地址
Ra (config-if)#no shutdown
Ra (config-if)#exit

Ra (config)#interface serial 1/2                     !进入端口模式
Ra (config-if)#ip address 172.16.2.1 255.255.255.0   !配置端口的IP地址
Ra (config-if)#clock rate 64000                      !配置RA的时钟频率(DCE)
Ra (config-if)#no shutdown
Ra (config-if)#exit
```

对路由器 B 做同样配置，需注意，R_b串口为 DTE，不需配置时钟频率。

验证：查看端口配置，查看路由器中路由表内容。

```
Ra #show ip interface
Ra #show interface serial 1/2
Ra #show ip route
```

步骤 3：配置 PC1、PC2 的 IP 地址、子网掩码和网关。

设置 PC1 的 IP 地址为：192.168.10.5 255.255.0.0，网关：192.168.10.1。

设置 PC2 的 IP 地址为：202.99.8.3 255.255.0.0，网关：202.99.8.1。

步骤 4：测试 PC 间的连通性，并分析原因。

步骤 5：配置路由器中的静态路由。

```
Ra (config)#ip route 202.99.8.0 255.255.255.0 172.16.2.2
Rb(config)# ip route 192.168.10.0 255.255.255.0 172.16.2.1
```

验证测试：

```
Ra #show ip route
Rb #show ip route
```

步骤 6：验证 PC1 与 PC2 的连通性，并分析原因。如：

```
C:\>ping 202.99.8.3          !在 PC1 的命令行方式下验证能否连通 PC2
```

实验要求

(1) 在实验报告中详细记录实验过程中的操作及结果，对连接通断情况进行分析。

(2) 掌握静态路由的配置方法。

(3) 观察路由器串行端口与以太网端口外观及配置的不同。

实验 7　NAT 网络地址转换

实验目的

掌握网络地址转换(NAT)技术，通过配置使内网中所有主机可访问 Internet。

实验设备

路由器(2 台)、二层交换机(1 台)、主机(3 台)、直连线(2 条)、V.35 线缆(1 条)。

实验原理

NAT 是指将网络地址从一个地址空间转换为另一个地址空间的行为，它允许内部所有主机在公网缺乏的情况下访问外部网络。NAT 将网络划分为内部网络(Inside)和外部网络(Outside)两部分。局域网主机利用 NAT 访问网络时，是将局域网内部的本地地址转换为全局地址(互联网合法 IP 地址)后转发数据包。NAT 分为两类：NAT(网络地址转换)和NAPT(网络地址端口转换)。NAT 是实现转换后一个本地 IP 地址对应一个全局地址；NAPT 是实现转换后多个本地地址对应一个全局 IP 地址。

实验内容

(1) 按图 A-19 所示连接整个网络，首先设置每个路由器的各个端口以及它所连接的局域网的各个计算机，使得各个局域网之间可以互相连通，具体 IP 地址的分配可参见后面的实验步骤。

图 A-19　NAT 实验拓扑

(2) 设置 NAT 转换，在 Lan-router 中配置内部私有 IP 地址的主机可以访问外部网络主机，要求掌握 NAT 配置的方法，了解每一步都完成了什么功能。

(3) 在 Server 上用 Ethereal 软件捕获 PC1 或 PC2 发来的数据包，观察数据包的源 IP 地址是什么，它们与 NAT 配置中的 POOL 地址池存在什么样的关系。

实验步骤

步骤 1：按图 A-19 所示的拓扑结构连接网络。

步骤 2：对路由器进行基本配置。

(1) 局域网路由器配置。

```
Red-Giant#configure terminal
Red-Giant (config)#hostname lan-router                    !为路由器更改名称
lan-router (config)#interface fastethernet 1/0            !进入端口模式
lan-router (config-if)#ip address 192.168.10.1 255.255.255.0 !配置端口的IP地址
lan-router (config-if)#no shutdown
lan-router (config-if)#exit

lan-router (config)#interface serial 1/2       !进入端口模式
lan-router (config-if)#ip address 200.1.8.7 255.255.255.0
                                                !配置端口的IP地址
lan-router (config-if)#clock rate 64000         !配置lan-router的时钟频率(DCE)
lan-router (config-if)#no shutdown
lan-router (config-if)#exit
```

(2) 互联网路由器配置。

```
Red-Giant#configure terminal
Red-Giant (config)#hostname internet-router               !为路由器更改名称
internet-router  (config)#interface fastethernet 1/0      !进入端口模式
internet-router )#ip address 63.19.6.1 255.255.255.0      !配置端口的IP地址
internet-router #no shutdown
internet-router (config-if)#exit

internet-router (config)#interface serial 1/2             !进入端口模式
internet-router (config-if)#ip address 200.1.8.8 255.255.255.0
                                                          !配置端口的IP地址
```

```
internet-router (config-if)#no shutdown
internet-router (config-if)#exit
```

（3）在 Lan-router 上配置默认路由。

```
lan-router (config)#ip route 0.0.0.0 0.0.0.0 serial 1/2
```

（4）验证：查看端口配置，查看路由器中路由表内容。

```
lan-router #show ip interface
lan-router #show interface serial 1/2
lan-router #show ip route
```

步骤 3： 配置动态 NAT 映射。

```
lan-router (config)# interface fastethernet 1/0
lan-router (config-if)#ip nat inside
lan-router (config-if)exit
lan-router (config)#interface serial 1/2
lan-router (config-if)#ip nat outside
lan-router (config-if)exit
lan-router (config)#ip nat pool to_internet 200.1.8.9 200.1.8.10 netmask
255.255.255.0
                !定义内部全局地址池
lan-router (config)#access-list 10 permit 192.168.10.0 0.0.0.255
                !定义允许转换的地址
lan-router (config)#ip nat inside source list 10 pool to_internet
                !为内部本地调用转换地址池
```

验证：

```
lan-router #show ip nat translations      !查看 NAT 的动态映射表
```

步骤 4： 配置 PC1、PC2 及 Server 的 IP 地址、子网掩码、网关。

设置 PC1 的 IP 地址为：192.168.10.2 255.255.0.0，网关：192.168.10.1。
设置 PC2 的 IP 地址为：192.168.10.3 255.255.0.0，网关：192.168.10.1。
设置 Server 的 IP 地址为：63.19.6.3 255.255.255.0，网关：63.19.6.1。
步骤 5： 在 Server 上安装网络数据包捕获软件 Ethereal，正确配置使其能正常工作。
步骤 6： 测试验证。

（1）验证 PC1、PC2 与 Server 的连通性，并分析原因。如：

```
C:\>ping 63.19.6.3    ! 在 PC1 的命令行方式下验证能否连通 Server
```

做双向测试，即 PC1 连通 Server，Server 连通 PC1，分别观察结果。

（2）在 Server 上打开网络数据包捕获软件 Ethereal，使其处于捕获状态，在 PC1、PC2 上向 Server 发送数据，观察 Ethereal 的捕获结果，重点观察数据包的源 IP 地址、目的 IP 地址分别是什么，并分析原因。

实验要求

（1）要求提前预习 Ethereal 软件的用法，Ethereal 需要底层链接库 Winpcap 的支持，所以工作前需先安装 Winpcap。

(2) 详细记录实验数据，并将数据与分析结果写入实验报告。

实验 8 交换机的端口安全

实验目的

掌握交换机的端口安全功能，控制用户的安全接入。

实验设备

二层交换机(1 台)、主机(1 台)、直连线(1 条)。

实验原理

交换机端口安全功能，是指针对交换机的端口进行安全属性的配置，从而控制用户的安全接入。交换机端口安全功能主要有两类：一是限制交换机端口的最大连接数，二是针对交换机端口进行 MAC 地址、IP 地址的绑定。

(1) 限制交换机端口的最大数，可以控制交换机端口下连接的主机数，并防止用户进行恶意的 ARP 欺骗。

(2) 交换机端口的地址绑定，可以针对 IP 地址、MAC 地址、IP+MAC 进行灵活的绑定，实现对用户的严格控制，保证用户的安全接入，防止常见的内网网络攻击，如 ARP 欺骗、IP 和 MAC 地址欺骗，以及 IP 地址攻击等。

配置了交换机的端口安全功能后，当实际应用超出配置的要求时，将产生一个安全违例。产生安全违例的处理方式有以下三种。

- Protect：当安全地址个数满后，安全端口将丢弃未知名地址(不是该端口的安全地址中的任何一个)的包。
- Restrict：当违例产生时，将发送一个 Trap 通知。
- Shutdown：当违例产生时，将关闭端口并发送一个 Trap 通知。

当端口因为违例而被关闭后，在全局配置模式下使用命令 errdisable recovery 可将接口从错误状态中恢复过来。

实验内容

在本实验中采用锐捷 S2126 交换机作为实验设备，将主机 PCA 通过直连线接入交换机的 F0/3 端口，实验拓扑如图 A-20 所示。针对该交换机的所有端口，配置最大连接数为1，针对 PCA 主机的接口进行 IP+MAC 地址绑定。

图 A-20　交换机端口安全实验拓扑

实验步骤

步骤 1： 配置交换机端口的最大连接数限制。

```
Switch#configure terminal
Switch(config)#interface range fastethernet 0/1-23 !进行一组端口的配置模式
Switch(config-if-range)#switchport port-security    !开启交换机的端口安全功能
Switch(config-if-range)#switchport port-security maximum 1
    !配置端口的最大连接数为1
Switch(config-if-range)#switchport port-security violation shutdown
    !配置安全违例的处理方式为 Shutdown
```

验证测试：

```
Switch#show port-security                    !查看交换机的端口安全配置
```

步骤 2： 配置交换机端口的地址绑定。

(1) 查看主机 PCA 的 IP 和 MAC 地址信息。

在主机上打开 CMD 命令提示符窗口，执行 ipconfig/all 命令，观察并记录该主机的 IP 地址和 MAC 地址信息(假设该主机的 IP 地址是 192.168.0.22，MAC 地址为 0006.1dbe.13b4)。

(2) 配置交换机端口的地址绑定。

```
Switch#configure terminal
Switch(config)#interface fastethernet 0/3
Switch(config-if)#switchport port-security
Switch(config-if)#switchport port-security mac-address 0006.1dbe.13b4
ip-address 192.168.0.22                       !配置 IP 地址和 MAC 地址的绑定
```

验证测试：

```
Switch#show port-security address             !查看地址安全绑定配置
```

实验要求

(1) 预习交换机端口安全知识，实验中注意以下事项。

- 交换机端口安全功能只能在 Access 接口进行配置。
- 交换机最大连接数限制的取值范围是 1～128，默认是 128。
- 交换机最大连接数限制默认的处理方式是 Protect。

(2) 详细记录实验数据，并将数据与分析结果写入实验报告。

实验 9 PPP CHAP 认证

实验目的

掌握 PPP CHAP 认证的过程及配置。

实验设备

路由器(2 台)、V.35 线缆(1 条)。

实验原理

PPP 协议位于 OSI 七层模型的数据链路层，PPP 协议按照功能分为两个子层：LCP 和 NCP。LCP 主要负责链路的协商、建立、回拨、认证，数据的压缩，多链路捆绑等功能；NCP 主要负责和上层的协议进行协商，为网络层协议提供服务。

PPP 的认证功能是指在建立 PPP 链路的过程中进行密码验证，验证通过建立连接，验证不通过拆除链路。

CHAP(Challenge Handshake Authentication Protocol，挑战式握手验证协议)是指验证双方通过三次握手完成验证过程。由验证方主动发出挑战报文，由被验证方应答。在整个验证过程中，链路上传递的信息都进行了加密处理，比 PAP 更安全。

实验内容

本实验模拟专线接入功能，实验拓扑如图 A-21 所示。要求客户端路由器与 ISP 进行链路协商时要验证身份，配置路由器保证链路建立及其安全性，即链路协商时密码以密文的方式传输。

图 A-21   PPP CHAP 认证实验拓扑

实验步骤

步骤 1：基本配置。

```
Red-Giant(config)#hostname Ra
Ra(config)#interface serial 1/2
Ra(config-if)#ip address 1.1.1.1 255.255.255.0
Ra(config-if)#no shutdown

Red-Giant(config)#hostname Rb
Rb(config)#interface serial 1/2
Rb(config-if)#ip address 1.1.1.2 255.255.255.0
Rb(config-if)#clock rate 64000
Rb(config-if)#no shutdown
```

验证测试：

```
Ra#show interface serial 1/2
Rb#show interface serial 1/2
```

步骤 2：配置 PPP CHAP 认证。

```
Ra(config)#username Rb password 0 star
                            !以对方的主机名作为用户名，密码和对方的路由器一致
Ra(config)#interface serial 1/2
Ra(config-if)#encapsulation ppp !PPP 启用 CHAP 方式验证
Ra(config-if)#ppp authentication chap
                            !以对方的主机名作为用户名，密码和对方的路由器一致
```

```
Rb(config)#username Ra password 0 star
                              !以对方的主机名作为用户名，密码和对方的路由器一致
Rb(config)#interface serial 1/2
Rb(config-if)#encapsulation ppp !PPP 启用 CHAP 方式验证
```

步骤 3：验证测试。

```
Ra#debug ppp authentication
Ra#show running-config
Rb#show running-config
```

实验要求

(1) 提前预习 PPP 协议相关知识，在实验中注意以下事项。

● 在 DCE 端要配置时钟。

● 在接口下封装 PPP。

● Debug ppp authentication 在路由器物理层 up，链路尚未建立的情况下打开才有信息输出，本实验的实质是链路层协商建立的安全性，该信息出现在链路协商的过程中。

(2) 详细记录实验数据，并将数据与分析结果写入实验报告。

实验 10　交换三级网综合实验

实验目的

通过构建一个完整的交换三级网络，全面掌握组网规划及设备配置等知识。

实验设备

三层交换机(2 台)、二层交换机(2 台)、路由器(2 台)、主机(若干台)、直连线(若干条)。

实验原理

结构化设计模型(Hierarchical Network Design Model)是 Cisco 提出的一种适合于大多数交换网的网络设计方法，该模型将网络分为三层，分别为核心层(Core Layer)、分布层(Distribution Layer)和接入层(Access Layer)，对应于网络拓扑，每一级都有一组不同的功能。通过采用分级方法，可以建立非常灵活和可缩放性极好的网络。

实验内容

假设你是某系统集成公司的技术工程师，公司现在承接一个搭建企业网的项目。经过现场勘测及与客户充分沟通，你作出以下规划：网络采用"核心—汇聚—接入"三级网络构架，通过出口路由器做 NAT 供内网用户访问外网，同时要求财务部(VLAN1)内网用户不能访问内网 FTP 服务，其他员工(VLAN2)不作限制。接入层交换机要实现防冲击波的功能。

实验拓扑如图 A-22 所示。整个实验用 RG-S2126G1 模拟 VLAN1 用户接入交换机，

RG-S2126G2 模拟 VLAN2 用户接入交换机，VLAN1 与 VLAN2 的用户通过 RG-S3760-1 实现 VLAN 间路由。RG-S3760-1 与 RG-S3760-2 之间通过静态路由实现内网用户的对外数据包转发及对内网服务器的访问。在 R1 上启用 NAT 功能，保证内网用户可以访问外网，实验拓扑中以 R2 模拟 Internet。

图 A-22　三级交换网实验拓扑

实验步骤

步骤 1：IP 地址规划与网络设备连接。

IP 地址规划如表 A-2 所示。

表 A-2　IP 地址规划表

设备名称	VLAN 端口名称	IP 地址	端口连接状况
RG-S3760-1	VLAN1	192.168.11.1/24	F0/1-RG-S2126G1
	VLAN2	192.168.12.1/24	F0/2-RG-S2126G2
	VLAN10	192.168.13.1/24	F0/10-RG-S3760-2 F0/10
RG-S3760-2	VLAN10	192.168.13.2/24	F0/10-RG-S3760-1 F0/10
	VLAN11	192.168.1.11/24	F0/11-R1 S1/2
	VLAN24	192.168.24.1/24	F0/24-内网服务器
R1	Fastethernet1/0	192.168.1.12/24	F1/0- RG-S3760-2 F0/11
R2	Serial1/2(DTE)	202.202.1.1/24	S1/2-R2 S1/2
	Serial1/2(DCE)	202.202.1.2/24	S1/2-R1 S1/2

依据表 A-2 中的端口连接规划对网络设备进行连接，形成网络拓扑，如图 A-22 所示。

步骤 2：基本配置。

(1) RG-2126G1 基本配置。

```
Switch(config)#host RG-2126G1
RG-2126G1(config)#interface range fa 0/1-24           !该步骤可省略
RG-2126G1(config-if-range)#switchport access vlan 1   !该步骤可省略
```

(2) RG-2126G2 基本配置。

```
Switch(config)#host RG-2126G2
RG-2126G2(config)#vlan2
```

```
RG-2126G2(config-vlan)#exit
RG-2126G2(config)#interace range fa 0/1-24
RG-2126G2(config-config-if-range)#switchport access vlan 2
```

(3) RG-3760-1 基本配置。

```
Switch(config)#host RG-3760-1
RG-3760-1(config)#vlan 2
RG-3760-1(config-vlan)#exit
RG-3760-1(config)#vlan 10
RG-3760-1(config-vlan)#exit
RG-3760-1(config)#interface fa 0/1
RG-3760-1(config-if)#switch access vlan 1
RG-3760-1(config-if)#exit
RG-3760-1(config)# interface fa 0/2
RG-3760-1(config-if)#switch access vlan 2
RG-3760-1(config-if)#exit
RG-3760-1(config)# interface fa 0/10
RG-3760-1(config-if)#switch access vlan 10
RG-3760-1(config-if)#exit
RG-3760-1(config)#interface vlan 1
RG-3760-1(config-if)#ip address 192.168.11.1 255.255.255.0
RG-3760-1(config-if)#no sh
RG-3760-1(config-if)#exit
RG-3760-1(config)#interface vlan 2
RG-3760-1(config-if)#ip address 192.168.12.1 255.255.255.0
RG-3760-1(config-if)#no sh
RG-3760-1(config-if)#exit
RG-3760-1(config)#interface vlan 10
RG-3760-1(config-if)#ip address 192.168.13.1 255.255.255.0
RG-3760-1(config-if)#no sh
RG-3760-1(config-if)#exit
```

(4) RG-3760-2 基本配置。

```
Switch(config)#host RG-3760-2
RG-3760-2(config)#vlan 10
RG-3760-2(config-vlan)#exit
RG-3760-2(config)#vlan 11
RG-3760-2(config-vlan)#exit
RG-3760-2(config)#vlan 24
RG-3760-2(config-vlan)#exit
RG-3760-2(config)#interface fa 0/10
RG-3760-2(config-if)#switch access vlan 10
RG-3760-2(config-if)#exit
RG-3760-2(config)# interface fa 0/11
RG-3760-2(config-if)#switch access vlan 11
RG-3760-2(config-if)#exit
RG-3760-2(config)# interface fa 0/24
RG-3760-2(config-if)#switch access vlan 24
RG-3760-2(config-if)#exit
```

```
RG-3760-2(config)#interface vlan 10
RG-3760-2(config-if)#ip address 192.168.13.2 255.255.255.0
RG-3760-2(config-if)#no sh
RG-3760-2(config-if)#exit
RG-3760-2(config)#interface vlan 11
RG-3760-2(config-if)#ip address 192.168.1.11 255.255.255.0
RG-3760-2(config-if)#no sh
RG-3760-2(config-if)#exit
RG-3760-2(config)#interface vlan 24
RG-3760-2(config-if)#ip address 192.168.24.1 255.255.255.0
RG-3760-2(config-if)#no sh
RG-3760-2(config-if)#exit
```

(5) R1 基本配置。

```
Red-Giant(config)#host R1
R1(config)#interface fa 1/0
R1(config-if) #ip add 192.168.1.12 255.255.255.0
R1(config-if) #no sh
R1(config)#interface serial 1/2
R1(config-if) #ip add 202.202.1.1 255.255.255.0
R1(config-if) #no sh
```

(6) R2 基本配置。

```
Red-Giant(config)#host R2
R2(config)#interface serial 1/2
R2(config-if) #ip add 202.202.1.2 255.255.255.0
R2(config-if) #clock rate 64000
R2(config-if) #no sh
```

(7) 测试各个直连接口能否连通(步骤略)。

步骤 3：路由配置。

(1) RG-S3760-1 路由配置。

```
RG-S3760-1(config)#ip routing
RG-S3760-1(config)#ip route 0.0.0.0 0.0.0.0 192.168.13.2
RG-S3760-1(config)#exit
RG-S3760-1#show ip route
```

(2) RG-S3760-2 路由配置。

```
RG-S3760-1(config)#ip routing
RG-S3760-1(config)#ip route 0.0.0.0 0.0.0.0 192.168.1.12
RG-S3760-1(config)#ip route 192.168.11.0 255.255.255.0 192.168.13.1
RG-S3760-1(config)#ip route 192.168.12.0 255.255.255.0 192.168.13.1
RG-S3760-1(config)#exit
RG-S3760-1#show ip route
```

(3) R1 路由配置。

```
R1(config)#ip route 192.168.11.0 255.255.255.0 192.168.1.11
R1(config)#ip route 192.168.12.0 255.255.255.0 192.168.1.11
```

高等院校计算机教育系列教材

```
R1(config)#ip route 0.0.0.0 0.0.0.0  serial 1/2
R1(config)#exit
R1#show ip route
```

步骤 4： 安全配置。

(1)　RG-S2126G1 与 RG-S2126G2 防病毒配置(以 RG-S2126G2 为例)。

```
RG-S2126G2(config)#ip access-list extended deny_worms
RG-S2126G2(config-ext-nacl)#deny tcp any any eq 135
RG-S2126G2(config-ext-nacl)#deny tcp any any eq 136
RG-S2126G2(config-ext-nacl)#deny tcp any any eq 137
RG-S2126G2(config-ext-nacl)#deny tcp any any eq 138
RG-S2126G2(config-ext-nacl)#deny tcp any any eq 139
RG-S2126G2(config-ext-nacl)#deny tcp any any eq 445

RG-S2126G2(config-ext-nacl)#deny udp any any eq 135
RG-S2126G2(config-ext-nacl)#deny udp any any eq 136
RG-S2126G2(config-ext-nacl)#deny udp any any eq netbios-ns
RG-S2126G2(config-ext-nacl)#deny udp any any eq netbios-dgm
RG-S2126G2(config-ext-nacl)#deny udp any any eq netbios-ss
RG-S2126G2(config-ext-nacl)#deny udp any any eq 445
RG-S2126G2(config-ext-nacl)#permit ip any any
RG-S2126G2(config-ext-nacl)#exit
RG-S2126G2(config)#interface range fa 0/1-24
RG-S2126G2(config-if-range)#ip access-group deny_worms in
```

RG-S2126G1 配置同上。

(2)　RG-3760-1 安全配置。

```
RG-3760-1(config)#ip access-list extended deny_ftp
RG-3760-1(config-ext-nacl)#deny tcp 192.168.11.0 0.0.0.255 192.168.24.0
0.0.0.255 eq ftp
RG-3760-1(config-ext-nacl)#deny tcp 192.168.11.0 0.0.0.255 192.168.24.0
0.0.0.255 eq ftp-data
RG-3760-1(config-ext-nacl)#permit ip any any
RG-3760-1(config-ext-nacl)#end
```

步骤 5： R1 的 NAT 配置。

```
R1(config)#access-list 1 permit 192.168.11.0 0.0.0.255
R1(config)#access-list 1 permit 192.168.12.0 0.0.0.255
R1(config)#int fa1/0
R1(config-if)#ip nat inside
R1(config-if)#exit
R1(config)#int s1/2
R1(config-if)#ip nat outside
R1(config-if)#exit
R1(config)#ip nat inside source list 1 interface serial 1/2 overload
```

步骤 6：验证测试。

(1) 查看配置结果。

```
RG-3760-1#show running-config
RG-3760-2#show running-config
RG-2126G1#show running-config
RG-2126G2#show running-config
```

(2) 测试网络中各网段的连通性，如：

● VLAN1 内部主机连通性。

● VLAN1 与 VLAN2 的连通性。

● VLAN1 与内部服务器群的连通性。

● VLAN1 与 R2 的连通性。

实验要求

(1) 实验过程中注意以下事项。

● 各个接口地址及连线要保证正确。

● 在添加安全规则之前要保证全网路由正常。

(2) 详细记录实验数据，并将数据与分析结果写入实验报告。

附录 B　工程项目训练

工程项目训练 1

工程背景与项目需求

假设一中型公司有多个部门，其中包括销售部、市场推广部、财务部及总经理室等。现要组建自己的办公网络，组建需求如下。

(1) 公司内部员工可以通过网络互相交流，各部门之间又相对独立。

(2) 保证销售部的员工能够全部接入网络，并且要保障接入交换机的工作效率。

(3) 保证财务部接入网络时不因线路问题而出现不能访问的情况。

(4) 保证市场推广部高速利用网络传输文件。

项目实施

为满足该公司的正常业务需要，可做以下设计。

(1) 考虑该公司为中型规模，采用两层结构设计，省略分布层，选用一中档三层交换机(SW-L3)作为核心层交换机，接入层交换机选用普通二层交换机(S2126)，直接将接入交换机与三层交换机相连。

(2) 为实现公司内部员工可以通过网络互相交流，各部门之间又相对独立，以部门为单位划分 VLAN，在二层交换机上实现；并借三层交换机实现 VLAN 之间的通信，销售部为 VLAN10，市场推广部为 VLAN2，财务部为 VLAN4，其他部门类推。

(3) 为保证财务部接入网络时不因线路问题而出现不能访问的情况，可在通向核心交换机线路上采用冗余链路。

(4) 在接入层上利用交换机堆叠技术保证销售部的员工能够全部接入网络且保障接入交换机的工作效率。

(5) 为使市场推广部能高速传输文件，在通向核心层链路上应用链路聚合技术。

(6) 考虑到总经理在公司中的特殊性，可将总经理室的主机(属 VLAN99)直接接入网络核心层。

基于以上考虑，可得出网络组建方案，如图 B-1 所示。

设计方案有了，下面所要做的便是对各设备进行安装、连接及配置，使设备正常工作。

各设备地址配置及接口连接情况可参考表 B-1，VLAN 分配情况如表 B-2 所示。

图 B-1　网络组建拓扑图

表 B-1　设备地址及接口连接表

设备名称	设备地址	接口连接
SW-L3	VLAN2：192.168.2.1/24	F0/1 连接 S2126G1 F0/1
	VLAN3：192.168.3.1/24	F0/2 连接 S2126G1 F0/2
	VLAN10：192.168.10.1/24	F0/23 连接 S2126G2 F0/23 F0/24 连接 S2126G2 F0/24
	VLAN11：192.168.11.1/24	F0/11(VLAN11)连接 S2126G3 F0/1
	VLAN99：192.168.99.1/24	F0/9(VLAN99)连接总经理 PC
S2126G1	VLAN3：192.168.3.2/24	F0/1 连接 SW-L3 F0/1 F0/2 连接 SW-L3 F0/2
S2126G2	VLAN11：192.168.5.2/24	F0/23 连接 SW-L3 F0/23 F0/24 连接 SW-L3 F0/24
S2126G3	VLAN11：192.168.11.2/24	F0/1 连接 SW-L3 F0/11
S2126G4		S2126G4 与 S2126G3 堆叠
总经理 PC	IP：192.168.99.99/24	网卡与 SW-L3 F0/9 连接

表 B-2　VLAN 分配表

设备名称	VLAN ID	接口分配
SW-L3	VLAN11	F0/11(VLAN11)
	VLAN99	F0/9(VLAN99)
S2126G1	VLAN2	F0/3-F0/11
	VLAN3	F0/12-F0/24
S2126G2	VLAN11	F0/1-F0/22
S2126G3	VLAN11	全部接口分配到 VLAN11
S2126G4		

下面介绍如何配置设备。

步骤 1：划分 VLAN。

(1) 在相关交换机上创建 VLAN，并将接口划分到相关 VLAN 中。

```
S2126G1(config)#vlan 2                                    !创建 VLAN 2
S2126G1(config- vlan)#exit
S2126G1(config)#vlan 3
S2126G1(config- vlan)#exit
S2126G1(config)#interface range fastethernet 0/3-11       !分配接口
S2126G1(config-if-range)#switchport access vlan 2
S2126G1(config-if-range)#exit
S2126G1(config)#interface range fastethernet 0/12-24
S2126G1(config-if-range)#switchport access vlan 3
```

要注意的是，在三层交换机 SW-L3 上同样要建立相关 VLAN，并将相应接口加入到相应 VLAN 中。

(2) 在核心交换机上开启 VLAN 间路由。

```
SW-L3(config)#interface vlan 2                            !创建虚拟接口 VLAN 10
SW-L3(config-if)#ip address 192.168.2.1 255.255.255.0    !为虚拟接口 VLAN 10 配置 IP
SW-L3(config-if)#no shutdown
SW-L3(config-if)#exit
SW-L3(config)#interface vlan 3
SW-L3(config-if)#ip address 192.168.3.1 255.255.255.0
SW-L3(config-if)#no shutdown
SW-L3(config-if)#exit
SW-L3(config)#interface vlan 10
SW-L3(config-if)#ip address 192.168.10.1 255.255.255.0
SW-L3(config-if)#no shutdown
SW-L3(config-if)#exit
SW-L3(config)#interface vlan 11
SW-L3(config-if)#ip address 192.168.11.1 255.255.255.0
SW-L3(config-if)#no shutdown
SW-L3(config-if)#exit
SW-L3(config)#interface vlan 99
SW-L3(config-if)#ip address 192.168.99.1 255.255.255.0
SW-L3(config-if)#no shutdown
SW-L3(config-if)#exit
```

📖 **说明**：　虚拟接口的 IP 地址就是该接口所对应 VLAN 中的主机网关地址。

步骤 2：将销售部 S2126G3 与 S2126G4 上的堆叠模块用堆叠线缆连接起来。

在这里，不需要配置交换机，只需要根据堆叠的规则正确连接交换机就可以了。连接方式为：S2126G3 UP — S2126G4 DOWN，S2126G3 DOWN — S2126G4 UP。

步骤 3：建立财务部冗余链路。

(1) 建立 S2126G1 与 SW-L3 之间的双链路。

```
S2126G1(config)#interface range fastethernet 0/1-2
S2126G1(config-if-range)#switchport mode trunk
```

```
SW-L3(config)#interface range fastethernet 0/1-2
SW-L3(config-if-range)#switchport mode trunk
```

(2) S2126G1 与 SW-L3 运行快速生成树协议 RSTP。

```
S2126G1(config)#spanning-tree
S2126G1(config)#spanning-tree mode rstp
SW-L3(config)#spanning-tree
SW-L3(config)#spanning-tree mode rstp
```

步骤 4：建立市场推广部聚合链路。

(1) 建立 S2126G2 与 SW-L3 之间的双链路，将 S2126G2 的 F0/23、F0/24 与 SW-L3 的 F0/23、F0/24 级联。

(2) 建立 S2126G2 与 SW-L3 之间的聚合链路。

```
S2126G2(config)#interface range fastethernet 0/23-24
S2126G1(config-if-range)#port-group 1
SW-L3(config)#interface range fastethernet 0/23-24
SW-L3(config-if-range)# port-group 1
```

结果测试

至此，所有的设置完成，用户的需求已完全满足，运行相关命令可查看设置情况。

```
SW-L3#show spanning-tree          !生成树协议查看
SW-L3#show aggregateport summary  !聚合端口查看
SW-L3#show vlan                   !查看 VLAN
SW-L3#show ip route               !查看路由表
```

为测试网络运行是否正常，可使用最经典的方法，在一台主机上运行 ping 命令，看是否能与目标主机连通。

思考讨论

课堂教学与真正的工业生产还是不尽相同的。学生往往到了工作岗位上才会发现，把学校里所学的理论知识与实际工作联系起来，要经过一个磨合的过程。若想培养高素质网络工程人才，依靠教授课本知识是不够的，要同时给学生展现出实际的工作场景，使其知道自己所学知识是为哪一个领域服务，在哪一个环节会用到学过的哪个原理。要让学生的脑海里不光保存众多的知识碎片，还要让他们把这些知识片断联系起来，还原出事物的全貌。

在网络课程中经常会提到一些重要的网络设备，如交换机、路由器等，教师在课堂上讲述路由器的相关原理与特性，并告诉学生在网络中怎样应用它。在网络拓扑结构中，学生看到的路由器只是代表路由器的图标，对他们来说很抽象。但到了实验室真正看到路由器，大多数学生会发现路由器原来也是方方正正的，与代替它的圆形图标是不一样的。在实验中，学生可以亲自连接路由器，配置路由器。当学生真正配置成功并查看到结果时，会发现这确确实实与课本上讲到的知识是相同的，这一知识便会深刻地印到脑海里。

基于任务驱动的教学方法正是能够达到上述效果的方法。在这种教学模式中，学生的自主性得到极大发挥，在没有教师过多干预的情况下，实验过程中可能会出现各种各样与实验预期不同的状况，而这正是我们想要的结果，这可以让学生在问题中得到更多的收获。

工程项目训练 2

项目背景

某企业由公司总部与分公司两部分组成。总部网络采用三层结构，整个网络分为核心层、汇聚层和接入层，核心层和汇聚层使用两台三层交换机 S3760-1 和 S3760-2，接入层采用二层交换机 S2026。总部通过边缘路由器 R1 与分公司网络的边缘路由器 R2 相连，从而实现总部与分公司的通信。

为了加快核心层与汇聚层两个交换机的数据传输速度，S3760-1 与 S3760-2 之间采用链路聚合技术，使用两条链路相连，并根据目的 MAC 地址平衡流量。S2026 上连接一台PC，PC 处于 VLAN10 中。S3760-1 上连接一台网络管理服务器和一台打印服务器，两台服务器处于 VLAN20 中。网络管理服务器集成域控制器及 DNS 服务功能，打印服务器建立打印机网络共享。S3760-1 开启 F0/3 端口的三层功能，并使其与 R1 相连，R1 与 R2 间采用双绞线连接。分公司设一台 Web 服务器，直接连接在路由器 R2 上。网络拓扑结构如图 B-2 所示。

图 B-2　网络拓扑结构

拓扑地址如下。

PC：192.168.0.10/24。

S3760-1 的 VLAN20 接口：192.168.1.20/24。

S3760-1 的 VLAN10 接口：192.168.0.10/24。

S3760-1 的 F0/3：192.168.2.10/24。

R1 的 F1/0：192.168.2.20/24。

R1 的 S1/2：10.10.10.1/24。

R2 的 S1/2：10.10.10.2/24。

R2 的 F1/0：192.168.3.20/24。

FTP 服务器：192.168.1.10/24。

打印服务器：192.168.1.20/24。

WEB 服务器：192.168.3.10/24。

网络设备组建部分训练

(1) 按要求正确连接网络线路。

(2) 在公司总部按要求完成 VLAN 划分，并把 PC 机与服务器加入到相应的 VLAN 中。

(3) 通过配置完成 VLAN 间通信。

(4) 正确连接 S3760-1 与 S3760-2 之间的双链路，并配置链路聚合。

(5) 为三层交换机上的物理接口和路由器的接口配置 IP 地址。

(6) 为三层交换机与路由器配置静态路由，实现全网的互通。

参考与提示

步骤 1：按要求正确连接网络线路(参照网络拓扑图)。

(1) 将 S3760-1 与 S3760 2 的 F0/23 、F0/24 分别级联。

(2) 将 R1 与 R2 的 RJ-45 接口用双绞线连接。

(3) 将四台计算机分别连到正确位置。

(4) 将其他线缆正确连接。

步骤 2：在公司总部按要求完成 VLAN 划分，并把 PC 机与服务器加入到相应的 VLAN 中。

(1) 在 S2026 上创建 VLAN10，并将 F0/1、F0/2 接口加入到 VLAN10 中。

```
S2026#configure
S2026(config)#vlan 10
S2026(config-vlan)#exit
S2026(config)#interface fastEthernet 0/1-2
S2026(config-if)#switchport access vlan 10
```

(2) 在 S3760-2 上创建 VLAN 10，并将 F0/23、F0/24 接口设置为 Trunk 端口。

```
S3760-2#configure
S3760-2 (config)#vlan 10
S3760-2 (config-vlan)#exit
S3760-2 (config)#interface fastEthernet 0/1
S3760-2 (config-if)#switchport access vlan 10
S3760-2 (config-if)#exit
S3760-2 (config)#interface fastEthernet 0/23-24
S3760-2(config-if-range)#switchport mode trunk
```

显示结果：

```
S3760-2#show running-config
```

(3) 在 S3760-1 上创建 VLAN10、VLAN20，并将 F0/23、F0/24 接口设置为 Trunk 端口。

```
S3760-1#configure
S3760-1 (config)#vlan 10
S3760-1 (config-vlan)#exit
S3760-1 (config)#vlan 20
S3760-1 (config-vlan)#exit
S3760-1 (config)#interface fastEthernet 0/1-2
S3760-1 (config-if-range)#switchport access vlan 20
S3760-1 (config-if-range)#exit
S3760-1 (config)#interface fastEthernet 0/23-24
S3760-1 (config-if-range)#switchport mode trunk
```

显示结果:

```
S3760-1#show running-config
```

步骤 3: 通过配置完成 VLAN 间通信。

为 S3760-1 配置 VLAN 接口 IP 地址。

```
S3760-1#configure
S3760-1 (config)#interface vlan 10
S3760-1 (config-if)#ip address 192.168.0.10 255.255.255.0
S3760-1 (config)#interface vlan 20
S3760-1 (config-if)#ip address 192.168.1.10 255.255.255.0
```

显示结果:

```
S3760-1#show ip interface brief
S3760-1#show ip route
```

步骤 4: 正确连接 S3760-1 与 S3760-2 之间的双链路, 并配置链路聚合, 设置流量平衡方式为根据目的 MAC 地址平衡。

(1) 建立 S3760-1 与 S3760-2 之间的聚合链路。

```
S3760-1 (config)#interface range fastethernet 0/23-24
S3760-1(config-if-range)#port-group 1
S3760-2 (config)#interface range fastethernet 0/23-24
S3760-2 (config-if-range)# port-group 1
```

(2) 建立 S3760-1 与 S3760-2 之间的聚合链路。

```
S3760-1 (config)# aggregateport load-balance dst-mac
S3760-2 (config)# aggregateport load-balance dst-mac
```

显示结果:

```
S3760-1 #show aggregateport summary
S3760-2 #show aggregateport summary
```

步骤 5: 为三层交换机上的物理接口和路由器的接口配置 IP 地址。

(1) 开启 S3760-1 的路由功能, 开启 F0/3 的三层属性, 为 F0/3 配置 IP。

```
S3760-1(config)#ip routing
S3760-1(config)#interface f0/3
S3760-1(config-if)#no switchport
S3760-1(config-if)#ip address 192.168.2.10 255.255.255.0
```

(2) 为 R1 端口配置 IP 地址。

```
R1(config)#interface F1/0
R1(config-if)#ip address 192.168.2.20 255.255.255.0
R1(config)#interface S1/2
R1(config-if)#ip address 10.10.10.1 255.255.255.0
```

(3) 为 R2 端口配置 IP 地址。

```
R2(config)#interface F1/0
R2(config-if)#ip address 192.168.3.10 255.255.255.0
R2(config)#interface S1/2
R2(config-if)#ip address 10.10.10.2 255.255.255.0
```

显示结果：

```
R1#show ip interface brief
R2#show ip interface brief
S3760-1#show ip interface brief
```

步骤 6： 为三层交换机与路由器配置静态路由，实现全网的互通。

(1) 在 S3760-1 上配置。

```
S3760-1 (config)#ip route 192.168.3.0 255.255.255.0 192.168.2.20
S3760-1 (config)#ip route 10.10.10.0 255.255.255.0 192.168.2.20
```

(2) 在 R1 上配置。

```
R1 (config)#ip route 192.168.0.0 255.255.255.0 192.168.2.10
R1 (config)#ip route 192.168.1.0 255.255.255.0 192.168.2.10
R1 (config)#ip route 192.168.3.0 255.255.255.0 10.10.10.2
```

(3) 在 R2 上配置。

```
R2 (config)#ip route 192.168.0.0 255.255.255.0 10.10.10.1
R2 (config)#ip route 192.168.1.0 255.255.255.0 10.10.10.1
R2 (config)#ip route 192.168.2.0 255.255.255.0 10.10.10.1
```

显示结果：

```
S3760-1#show ip route
R1#show ip route
R2#show ip route
```

项目完成标准

(1) 设备之间连线正确。
(2) 设备配置正确完整。
(3) 四台主机可相互 ping 通。

工程项目训练 3

项目背景

图 B-3 为某企业网络的拓扑图,接入层采用二层交换机 S2026,汇聚层和核心层使用了两台三层交换机 S3760A 和 S3760B,网络边缘采用一台路由器 RSR20 用于连接到外部网络。

为了实现链路的冗余备份,S2026 与 S3760A 之间使用两条链路相连。S2026 上连接一台 PC,PC 处于 VLAN100 中。S3760B 上连接一台 FTP 服务器和一台打印服务器,两台服务器处于 VLAN200 中。S3760A 使用具有三层特性的物理端口与 RSR20 相连,在 RSR20 的外部接口上连接一台外部的 Web 服务器。

图 B-3 网络拓扑结构图

(1) 拓扑地址如下。

PC:172.16.100.100/24。

S3760A 的 VLAN100 接口:172.16.100.1/24。

S3760A 的 VLAN200 接口:172.16.200.1/24。

S3760A 的 F0/20:10.1.1.2/24。

FTP 服务器:172.16.200.10/24。

打印服务器:172.16.200.20/24。

RSR20 F1/0:10.1.1.1/24。

RSR20 F1/1:10.1.2.1/24。

Web 服务器:10.1.2.2/24。

(2) 设备标识如下。

- PC：A1。
- FTP 服务器：A2。
- 打印服务器：A3。
- Web 服务器：A4。

项目要求

(1) 交换机与路由器部分。

- 在 S2026 与 S3760B 上划分 VLAN，并把 PC 机与服务器加入到相应的 VLAN 中。
- 配置 S2026 与 S3760A 之间两条链路，以及 S3760A 与 S3760B 之间的链路。
- 在 S2026 与 S3760A 之间的冗余链路中使用 STP 技术防止桥接环路的产生，并通过手工配置使 S3760A 成为 STP 的根。
- 为 S3760A 的 VLAN 接口和 RSR20 的接口配置 IP 地址。
- 在 S3760A 上使用具有三层特性的物理端口实现与 RSR20 的互联。
- 在 S3760A 上实现 VLAN100 与 VLAN200 间的通信，并在 S3760A 与 RSR20 上使用静态路由，实现全网的互通。

(2) Windows 部分。

- 在 A1 中安装 Windows XP 操作系统。
- 在 A2 中安装 Windows Server 2003，并安装 FTP 服务器，在 A1 的 C 盘 upload 目录中建立文本文件 upload.txt，内容为"上传文件测试"，压缩为 RAR 文件上传至 FTP 服务器。
- 在 A3 中安装 Windows 2000，并安装网络打印机；在 A1 中安装 Office，并创建文件 printtest.doc，内容为"远程打印文件测试"，利用远程打印机打印出测试页。
- 在 A2 中 Windows server 2003 禁用开机。
- 在 A2 中 Windows Server 2003 安装 IIS，启用 ASP 支持。

(3) Linux 部分

- 在 A4 中安装 FC5，配置 WWW 服务器，建立服务器配置文件 httpd.conf 中相应的部分。
    - 服务器主机名称：10.1.2.2。
    - Apache 服务器把网页放置在/home/www 目录中。
    - 添加监听端口 10.1.2.2：8080。
    - 设置管理员 E-mail 地址为 jack@163.com。
    - 建立 index.html 文件并发布，内容为"apache 服务器网站测试"，在 A1 浏览器中输入 http://10.1.2.2/index.html 浏览页面。
- 文件拷贝及相关问题。
    - 建立目录/option1。
    - 在目录/option1 下生成一个空文件 empty，该文件拥用者为 jack。
- 虚拟机部分。
    - 在 A1 中安装虚拟机 VM Server 1.0，内存设定为 512MB，硬盘大小为 10GB，网络连接使用桥接模式。

◆ 在虚拟机中安装 FC5，在 FC5 上设置 SAMBA 服务器，并设置一个共享文件夹 myshare，使 Windows XP 用户能通过网上邻居以用户名 user1、密码 user1 访问这个共享文件夹。

项目实施过程

步骤 1：在 S2026 与 S3760B 上划分 VLAN，并把 PC 机与服务器加入到相应的 VLAN 中。

(1) 在 S2026 上创建 VLAN100，并将 F0/1 接口加入到 VLAN 100 中。

```
S2026#configure
S2026(config)#vlan 100
S2026(config-vlan)#exit
S2026(config)#interface fastEthernet 0/1
S2026(config-if)#switchport access vlan 100
```

显示结果：

```
S2026#show running-config
vlan 100
!
interface fastEthernet 0/1
 switchport access vlan 100
```

(2) 在 S3760B 上创建 VLAN200，并将 F0/1、F0/2 接口加入到 VLAN200 中。

```
S3760B#configure
S3760B(config)#vlan
S3760B(config)#vlan 200
S3760B(config-vlan)#exit
S3760B(config)#interface range fastEthernet 0/1-2
S3760B(config-if-range)#switchport access vlan 200
```

显示结果：

```
S3760B#show running-config
vlan 200
!
interface FastEthernet 0/1
 switchport access vlan 200
!
interface FastEthernet 0/2
 switchport access vlan 200
```

步骤 2：配置 S2026 与 S3760A 之间的两条链路，以及 S3760A 与 S3760B 之间的链路。

(1) 将 S2026 的 F0/23、F0/24 接口设置为 Trunk 端口。

```
S2026#configure
S2026(config)#interface range fastEthernet 0/23-24
S2026(config-if-range)#switchport mode trunk
```

显示结果：

```
S2026#show running-config
interface fastEthernet 0/23
 switchport mode trunk
!
interface fastEthernet 0/24
 switchport mode trunk
```

(2) 将 S3760A 的 F0/23、F0/24 接口设置为 Trunk 端口。

```
S3760A#configure
S3760A (config)#interface range fastEthernet 0/23-24
S3760A (config-if-range)#switchport mode trunk
```

显示结果：

```
S3760A #show running-config
interface fastEthernet 0/23
 switchport mode trunk
!
interface fastEthernet 0/24
 switchport mode trunk
```

(3) 将 S3760A 的 F0/10 接口和 S3760B 的 F0/10 接口设置为 Trunk 端口。

```
S3760A#configure
S3760A (config)#interface fastEthernet 0/10
S3760A (config-if)#switchport mode trunk

S3760B#configure
S3760B (config)#interface fastEthernet 0/10
S3760B (config-if)#switchport mode trunk
```

显示结果：

```
S3760A #show running-config
interface fastEthernet 0/10
 switchport mode trunk

S3760B #show running-config
interface fastEthernet 0/10
 switchport mode trunk
```

步骤 3：在 S2026 与 S3760A 之间的冗余链路中使用 STP 技术防止桥接环路的产生，并通过手工配置使 S3760A 成为 STP 的根。

(1) 在 S2026 中启用 STP。

```
S2026(config)#spanning-tree mode stp
S2026(config)#spanning-tree
```

显示结果：

```
S2026#show spanning-tree
StpVersion: STP
```

```
SysStpStatus: Enabled
```

(2) 在 S3760A 中启用 STP。

```
S3760A(config)#spanning-tree mode stp
S3760A (config)#spanning-tree
```

显示结果:

```
S3760A #show spanning-tree
StpVersion: STP
SysStpStatus: Enabled
```

(3) 在 S3760A 上配置优先级(小于 32 768,并且是 4096 的倍数),使其成为根。

```
S3760A(config)# spanning-tree priority 4096
```

显示结果:

```
S2026#show spanning-tree
StpVersion: STP
SysStpStatus: Enabled
BaseNumPorts: 24
MaxAge: 20
HelloTime: 2
ForwardDelay: 15
BridgeMaxAge: 20
BridgeHelloTime: 2
BridgeForwardDelay: 15
MaxHops: 20
TxHoldCount: 3
PathCostMethod: Long
BPDUGuard: Disabled
BPDUFilter: Disabled
BridgeAddr: 00d0.f88b.ca34
Priority: 32768
TimeSinceTopologyChange: 0d:0h:45m:54s
TopologyChanges: 0
DesignatedRoot: 100000D0F821A542
RootCost: 200000
RootPort: Fa0/23
S3760A#show spanning-tree
StpVersion: STP
SysStpStatus: ENABLED
MaxAge: 20
HelloTime: 2
ForwardDelay: 15
BridgeMaxAge: 20
BridgeHelloTime: 2
BridgeForwardDelay: 15
MaxHops: 20
TxHoldCount: 3
PathCostMethod: Long
```

```
BPDUGuard: Disabled
BPDUFilter: Disabled
BridgeAddr: 00d0.f821.a542
Priority: 4096
TimeSinceTopologyChange: 0d:0h:47m:4s
TopologyChanges: 6
DesignatedRoot: 1000.00d0.f821.a542
RootCost: 0
RootPort: 0
```

步骤 4：为 S3760A 的 VLAN 接口和 RSR20 的接口配置 IP 地址。

(1) 为 S3760A 的 VLAN 接口配置 IP 地址。

```
S3760A#configure
S3760A(config)#vlan 100
S3760A(config-vlan)#exit
S3760A(config)#vlan 200
S3760A(config-vlan)#exit
S3760A(config)#interface vlan 100
S3760A(config-if)#ip address 172.16.100.1 255.255.255.0
S3760A(config)#interface vlan 200
S3760A(config-if)#ip address 172.16.200.1 255.255.255.0
```

显示结果：

```
S3760A#show ip interface brief
Interface            IP-Address(Pri)     OK?      Status
VLAN100              172.16.100.1/24     YES      UP
VLAN200              172.16.200.1/24     YES      UP
```

(2) 为 RSR20 的接口配置 IP 地址。

```
RSR20(config)#interface f1/0
RSR20(config-if)#ip address 10.1.1.1 255.255.255.0

RSR20(config)#interface f1/1
RSR20(config-if)#ip address 10.1.2.1 255.255.255.0
```

显示结果：

```
RSR20#show ip interface brief
Interface                IP-Address(Pri)     OK?      Status
FastEthernet 1/0         10.1.1.1/24         YES      UP
FastEthernet 1/1         10.1.2.1/24         YES      UP
```

步骤 5：在 S3760A 上使用具有三层特性的物理端口实现与 RSR20 的互联，将 S3760A 的 F0/20 配置为三层端口。

```
S3760A(config)#interface f0/20
S3760A(config-if)#no switchport
S3760A(config-if)#ip address 10.1.1.2 255.255.255.0
```

显示结果：

```
S3760A#show ip interface brief
Interface                    IP-Address(Pri)    OK?    Status
FastEthernet 0/20            10.1.1.2/24        YES    UP
```

步骤 6: 在 S3760A 上实现 VLAN100 与 VLAN200 间的通信,并在 S3760A 与 RSR20 上使用静态路由,实现全网的互通。

(1) A1 能够连通 FTP 服务器与打印服务器。

(2) 在 S3760A 上配置静态路由。

```
S3760A(config)#ip route  10.1.2.0 255.255.255.0 10.1.1.1
```

显示结果:

```
S3760A#show ip route

Codes: C - connected, S - static, R - RIP B - BGP
       O - OSPF, IA - OSPF inter area
       N1 - OSPF NSSA external type 1, N2 - OSPF NSSA external type 2
       E1 - OSPF external type 1, E2 - OSPF external type 2
       i - IS-IS, L1 - IS-IS level-1, L2 - IS-IS level-2, ia - IS-IS inter area
       * - candidate default


Gateway of last resort is no set
C    10.1.1.0/24 is directly connected, FastEthernet 0/20
C    10.1.1.2/32 is local host.
S    10.1.2.0/24 [1/0] via 10.1.1.1
C    172.16.100.0/24 is directly connected, VLAN 100
C    172.16.100.1/32 is local host.
C    172.16.200.0/24 is directly connected, VLAN 200
C    172.16.200.1/32 is local host.
```

(3) 在 RSR20 上配置静态路由。

```
RSR20(config)#ip route  172.16.100.0 255.255.255.0  10.1.1.2
RSR20(config)#ip route  172.16.200.0 255.255.255.0  10.1.1.2
```

显示结果:

```
RSR20#show ip route
Codes: C - connected, S - static,  R - RIP B - BGP
       O - OSPF, IA - OSPF inter area
       N1 - OSPF NSSA external type 1, N2 - OSPF NSSA external type 2
       E1 - OSPF external type 1, E2 - OSPF external type 2
       i - IS-IS, L1 - IS-IS level-1, L2 - IS-IS level-2, ia - IS-IS
inter area
       * - candidate default
Gateway of last resort is no set
C    10.1.1.0/24 is directly connected, FastEthernet 1/0
C    10.1.1.1/32 is local host.
S    172.16.100.0/24 [1/0] via 10.1.1.2
S    172.16.200.0/24 [1/0] via 10.1.1.2
```

(4) A1 能够连通 Web 服务器。

步骤 7：在 A1 中安装 Windows XP 操作系统。

步骤 8：在 A2 中安装 Windows Server 2003，并安装 FTP 服务器，在 A1 的 C 盘 upload 目录中建立文本文件 upload.txt，内容为"上传文件测试"，压缩为 RAR 文件上传至 FTP 服务器。

(1) 成功安装 Windows Server 2003。

(2) 安装 FTP 服务器并成功上传文件。

(3) 文本文件压缩为 RAR 文件。

步骤 9：在 A3 中安装 Windows Server 2003，并安装网络打印机；在 A1 中安装 Office，并创建文件 printtest.doc，内容为"远程打印文件测试"，利用远程打印机打印出测试页。

(1) 成功安装 Windows Server 2003。

(2) 安装网络打印服务并成功上传。

(3) 成功安装 Office。

(4) 打印测试页，注意页面顶部必须出现系统自动产生的"远程打印"字样。

步骤 10：A2 的 Windows Server 2003 禁用开机快捷键 Ctrl+Alt+Del。

选择"开始"→"运行"命令，在弹出的"运行"对话框中输入 gpedit.msc，单击"确定"按钮，打开组策略编辑器。在组策略编辑器的左窗格中依次展开"计算机配置"→"Windows 设置"→"安全设置"→"本地策略"选项，这时在"本地策略"下面可见"安全选项"选项，单击"安全选项"选项，在右窗格中找到"交互式登录：不需要按 Ctrl+Alt+Del"选项，右击该选项，在弹出的快捷菜单中选择"属性"命令，在"交互式登录：不需要按 Ctrl+Alt+Del 属性"对话框中选中"已启用"单选按钮。然后单击"确定"按钮，关闭窗口。这样以后启动计算机时就不必按 CTRL+ALT+DEL 组合键登录了。

步骤 11：在 A2 中 Windows Server 2003 启用 ASP 支持。

(1) 成功安装 ISS，配置参数。

(2) Windows Server 2003 默认是不安装 IIS 6 的，需要另外安装。安装完 IIS 6，还需要单独开启对于 ASP 的支持。方法是选中"控制面板"→"管理工具"→"Web 服务扩展"→"Active Server Pages"→"允许"。

步骤 12：在 A4 中安装 FC5，配置 WWW 服务器，建立服务器配置文件 httpd.conf 中相应的部分。

(1) 服务器主机名称：10.1.2.2。

```
ServerName 10.1.2.2
```

(2) Apache 服务器把网页放置在/home/www 目录中。

```
DocumentRoot  "/home/www"
```

(3) 添加监听端口 10.1.2.2：8080。

```
Listen 10.1.2.2:8080
```

(4) 设置管理员 E-mail 地址为 jack@163.com。

```
ServerAdmin Jack@163.com
```

(5) 建立 index.html 文件并发布，内容为"apache 服务器网站测试"，在 A1 浏览器中输入 http://10.1.2.2/index.html 成功浏览页面。

步骤 13：文件拷贝及相关问题。

(1) 创建目录/option1。

```
mkidr /option1
```

(2) 在目录/option1 下生成一个空文件 empty，该文件的拥用者为 jack。

```
touch  empty
chown  jack  empty(如无 jack 用户，需 useradd jack)
```

步骤 14：虚拟机部分。

(1) 在 A1 中安装虚拟机 VM Server 1.0，内存设定为 512MB，硬盘大小为 10GB，网络连接使用桥接模式。

(2) 在虚拟机中安装 FC5，在 FC5 上设置 SAMBA 服务器，并设置一个共享文件夹 myshare，使 Windows XP 用户能通过网上邻居以用户名 user1、密码 user1 访问这个共享文件夹。

参 考 文 献

[1] 谢希仁. 计算机网络[M]. 8 版. 北京：电子工业出版社，2021

[2] 王宝智. 局域网设计与组网实用教程[M]. 2 版. 北京：清华大学出版社，2010

[3] 谢钧，谢希仁. 计算机网络教程(微课版)[M]. 5 版. 北京：人民邮电出版社，2019

[4] 刘永华. 计算机网络技术基础(微课版)[M]. 北京：清华大学出版社，2021

[5] 锐捷网络. 网络互联与实现[M]. 北京：希望电子出版社，2006

[6] 刘永华. 局域网组建、管理与维护[M]. 3 版. 北京：清华大学出版社，2018

[7] 施晓秋. 网络工程实践教程[M]. 北京：高等教育出版社，2010

[8] 赵春晓. 计算机网络管理案例教程[M]. 北京：清华大学出版社，2010

[9] 刘彦舫. 网络综合布线实用技术[M]. 2 版. 北京：清华大学出版社，2010

[10] 刘永华. Windows Server 2008 网络操作系统[M]. 北京：清华大学出版社，2018

[11] 刘增杰. 中小型企业网络管理实战宝典：基于 Windows 平台[M]. 北京：清华大学出版社，2011

[12] 刘建伟. 网络安全：技术与实践[M]. 2 版. 北京：清华大学出版社，2011

[13] 凤舞科技. 局域网组建和维护入门与提高：Windows 8 版[M]. 北京：清华大学出版社，2014

[14] Andrew S.T. 计算机网络[M]. 北京：机械工业出版社，2011

[15] 邓秀慧. 路由与交换技术[M]. 北京：电子工业出版社，2012

[16] 刘永华. 计算机网络信息安全[M]. 2 版. 北京：清华大学出版社，2019